生命にとって金属とはなにか

誕生と進化のカギをにぎる「微量元素」の正体

桜井 弘　著

ブルーバックス

カバー装幀／五十嵐徹（芦澤泰偉事務所）
カバー写真／PM Images／Stone／Getty Images
もくじ・章扉画像／Adobe Stock
本文デザイン・図版制作／鈴木颯八＋島村圭之＋斉藤聡子

はじめに

私の手許に、一冊の本がある。

1977（昭和52）年に刊行された『生命の起原への挑戦――謎はどこまで解けたか』（講談社ブルーバックス）と題するもので、著者はA・I・オパーリンとC・ポナムペルマ、今堀宏三の3氏である。

「生命の起源」を探究する先駆者であったオパーリンとポナムペルマは、同年に京都で開催された「第5回生命の起原国際会議」に出席するために、わが国を訪れていた。その彼らが、大阪大学の教授を務めていた生物学者の今堀とともに、「生命の起源」研究の最前線についてまとめた、きわめてインパクトの大きい書物であった。

筆者は当時、教育・研究の世界に入り、「生命と金属」に関する研究をはじめて6年ほどが経ったところだった。動物の肝臓に含まれる薬物代謝酵素であるへム鉄タンパク質「シトクロムP450」の研究に携わり、ドイツの大学で共同研究をおこなっていた。それまでの研究や経験から、「生物のなりたちに、金属の果たす役割が欠くことのできない重要な位置を占めている」ことを実感しはじめていた矢先だった。

先に挙げた書籍の最後に、今堀による興味深い付録「『生命の起原』に関する略年表」が掲載されていた。生命の起源に関する教科書などでよくお目にかかる著名な研究者たちと、彼らの業績や考え方が簡潔に紹介されており、印象的なページとして強く記憶に残っている。この略年表には、当時の筆者が知らなかったことも多く記載されており、新鮮であった。

一方で、そのころ関心を抱いていた生命と金属との重要な関係については解説がなく、少し物足りなさを感じていた。オパーリンをはじめ、ユーリーやミラー、オローにキャルヴィン（カルヴィン）、江上不二夫といった、この分野でリーダーとよばれる研究者の仕事のなかには金属に関係するものが含まれており、彼らの後継者には、生体における金属の役割に関する研究を発展させていた研究者もいたのだが、それらについては紹介されていなかったからである。「なぜだろう？」と疑問に感じつつも、「この略年表の背後にひそんでいることが重要なのではないか」とひそかに考えていた。

それから10年ほどして、同じブルーバックスから『金属は人体になぜ必要か』を執筆する機会を得て、１９９６年に上梓した。生命における金属の重要性を広く紹介しつつ、生命の始原物質の合成段階から金属がはたらいていて、生命の発生と進化の過程で金属が利用されてきたのではないかと論じた一冊である。

その後、シトクロムＰ４５０の反応機構の研究を進める過程で、Ｐ４５０とその化学モデル錯体（「錯体」については本文で詳しく紹介する）が酸素分子の結合を円滑に切断して、そのうちの1個の酸素原子を生体分子や薬物に導入する反応に魅せられていった。金属と酸素分子との関係を学び、研究を進めているなかで、『金属なしでは生きられない』（岩波書店、２００６年）を刊行した。

これらの著作を上梓して以来、長い年月が流れ、生命のあり方、生命の起源と進化、健康や医療と金属に関する研究は跳躍的な進歩を遂げた。豊富なデータや貴重な考え方が多数、蓄積されてきている。

21世紀も最初の4分の1が経過した今、前著よりもさらに広い視野から「生命と金属」の関係をとらえ、最新の知見やデータなどを加えたうえで、「生命にとって金属とはなにか」をあらためて問い直すために書かれたのが本書である。筆者自身、生命のあり方における金属の重要性を再認識しながら、本書の原稿を書き進めた。

本書が、生命と金属について蓄積されてきた知識の拠りどころとなり、今後のさらなる議論に資するものであることを願う次第である。読者のみなさんに楽しんでいただき、お役に立つことができたならば、望外の幸せである。

＊

さあ、「生命にとって金属とはなにか」を探る旅へ出発しよう！

本書の執筆と出版をお勧めいただき、編集の労をとってくださった講談社ブルーバックス編集部の倉田卓史さんに心からお礼と感謝を申し上げます。

刊行に際し、京都大学総合博物館所蔵の鉱物の写真をご提供くださいました愛媛大学大学院理工学研究科の白勢洋平博士にお礼と感謝を申し上げます。

また、本書を執筆するにあたり、巻末に掲げた多数の書籍や論文を参考にさせていただきました。引用させていただいたもの以外にも、筆者の考え方を形成するにあたり、書き尽くせない多数の書籍や論文も参考にさせていただいています。これら多数の書籍や論文の著者、編集者ならびに出版社のみなさんにも、お礼と感謝を申し上げます。

2025年2月吉日

桜井 弘

もくじ

第5章 金属とはなにか――その性質を決める「周期律」を探る

巻末付録

元素周期表

族番号 → 1
原子量 → 1.008
原子番号 → 1H ← 元素記号
水素
↑
元素名

10	11	12	13	14	15	16	17	18
								4.003 2He ヘリウム
			10.81 5B ホウ素	12.01 6C 炭素	14.01 7N 窒素	16.00 8O 酸素	19.00 9F フッ素	20.18 10Ne ネオン
			26.98 13Al アルミニウム	28.09 14Si ケイ素	30.97 15P リン	32.07 16S 硫黄	35.45 17Cl 塩素	39.95 18Ar アルゴン
58.69 28Ni ニッケル	63.55 29Cu 銅	65.38 30Zn 亜鉛	69.72 31Ga ガリウム	72.63 32Ge ゲルマニウム	74.92 33As ヒ素	78.97 34Se セレン	79.90 35Br 臭素	83.80 36Kr クリプトン
106.4 46Pd パラジウム	107.9 47Ag 銀	112.4 48Cd カドミウム	114.8 49In インジウム	118.7 50Sn スズ	121.8 51Sb アンチモン	127.6 52Te テルル	126.9 53I ヨウ素	131.3 54Xe キセノン
195.1 78Pt 白金	197.0 79Au 金	200.6 80Hg 水銀	204.4 81Tl タリウム	207.2 82Pb 鉛	209.0 83Bi ビスマス	(210) 84Po ポロニウム	(210) 85At アスタチン	(222) 86Rn ラドン
(281) 110Ds ダームスタチウム	(280) 111Rg レントゲニウム	(285) 112Cn コペルニシウム	(278) 113Nh ニホニウム	(289) 114Fl フレロビウム	(289) 115Mc モスコビウム	(293) 116Lv リバモリウム	(293) 117Ts テネシン	(294) 118Og オガネソン

152.0 63Eu ユウロピウム	157.3 64Gd ガドリニウム	158.9 65Tb テルビウム	162.5 66Dy ジスプロシウム	164.9 67Ho ホルミウム	167.3 68Er エルビウム	168.9 69Tm ツリウム	173.0 70Yb イッテルビウム	175.0 71Lu ルテチウム
(243) 95Am アメリシウム	(247) 96Cm キュリウム	(247) 97Bk バークリウム	(252) 98Cf カリホルニウム	(252) 99Es アインスタイニウム	(257) 100Fm フェルミウム	(258) 101Md メンデレビウム	(259) 102No ノーベリウム	(262) 103Lr ローレンシウム

104番から118番までの元素の化学的性質はまだ詳しくわかっていない。
本書では、黒枠内に示した金属元素と白抜きで示した半金属元素を扱う。

金属とは？

「金属」とは、一般に次の5つの特徴を備える元素として定義される。
①常温で固体である（水銀を除く）
②力を加えることで、形を変えたり引き伸ばしたりすることができる
③不透明で金属光沢がある
④電気と熱をよく伝導する
⑤水溶液中で陽イオンとして存在する

このなかで、本書では⑤の陽イオンおよびそれを含む化合物として存在する金属元素を扱う。元素の周期表で示せば、この元素周期表に示す金属元素と半金属元素である。

「金属」と簡単に記している場合は、すべてイオン形の金属元素および半金属元素と、それらの化合物を示している。元素と周期表については、第5章を参照していただきたい。

1	2	3	4	5	6	7	8	9
1.008 1H 水素								
6.941 3Li リチウム	9.012 4Be ベリリウム							
22.99 11Na ナトリウム	24.31 12Mg マグネシウム							
39.10 19K カリウム	40.08 20Ca カルシウム	44.96 21Sc スカンジウム	47.87 22Ti チタン	50.94 23V バナジウム	52.00 24Cr クロム	54.94 25Mn マンガン	55.85 26Fe 鉄	58.93 27Co コバルト
85.47 37Rb ルビジウム	87.62 38Sr ストロンチウム	88.91 39Y イットリウム	91.22 40Zr ジルコニウム	92.91 41Nb ニオブ	95.95 42Mo モリブデン	(99) 43Tc テクネチウム	101.1 44Ru ルテニウム	102.9 45Rh ロジウム
132.9 55Cs セシウム	137.3 56Ba バリウム	57～71 ランタノイド	178.5 72Hf ハフニウム	180.9 73Ta タンタル	183.8 74W タングステン	186.2 75Re レニウム	190.2 76Os オスミウム	192.2 77Ir イリジウム
(223) 87Fr フランシウム	(226) 88Ra ラジウム	89～103 アクチノイド	(267) 104Rf ラザホージウム	(268) 105Db ドブニウム	(271) 106Sg シーボーギウム	(272) 107Bh ボーリウム	(277) 108Hs ハッシウム	(276) 109Mt マイトネリウム

ランタノイド	138.9 57La ランタン	140.1 58Ce セリウム	140.9 59Pr プラセオジム	144.2 60Nd ネオジム	(145) 61Pm プロメチウム	150.4 62Sm サマリウム
アクチノイド	(227) 89Ac アクチニウム	232.0 90Th トリウム	231.0 91Pa プロトアクチニウム	238.0 92U ウラン	(237) 93Np ネプツニウム	(239) 94Pu プルトニウム

（　）内の数値は、安定同位体がなく天然で特定の同位体組成を示さない元素について、日本化学会の「元素の原子量表（2024）」にしたがって質量数を記した。

プロローグ　カンブリア大爆発はなぜ起こったか?

「生命にとって金属とはなにか」——この大きな問いについて探究していくにあたり、まずは最も身近な金属と生命との関わりについて、焦点を当ててみよう。

すなわち、「鉄と生命」の関係である。鉄にフォーカスする理由は、たんにそれが最も身近であることにとどまらない。生命と金属との関わりは、じつにこの鉄から始まったといっても過言ではないからだ。いったいどういうことなのか。

「体の中の鉄」はどう見出されたか

現代に生きる人々はたいてい、貧血症の原因の一つとして血液中の鉄が関係していることを知っている。そして、鉄が欠乏すると、血液中の赤い色素であるヘモグロビンが体内でつくられる量が減っていくか、あるいは、つくられたヘモグロビンが早く分解してしまうことも知っている。

ヘモグロビンを多くつくって貧血症を予防することを目的に、鉄を含む食品をなるべく多く摂《と》るよう心がけている人も少なくないだろう。さらに知識のある人は、無機形の鉄イオンの多いホウレンソウよりも、ヘモグロビンをつくっている鉄を含む分子「ヘム鉄」の多い食品、たとえば赤身の牛肉などを食べるように心がけているかもしれない。

今では当然の常識となっている「体の中には鉄がある」という事実は、いったい誰が発見したのだろうか?

血液中の赤い粒子「赤血球」に鉄が含まれることを最初に見つけた人は、人の尿から元素リンを発見した人や、高価なダイヤモンドを燃やしてダイヤモンドが炭素からできていることを見出した人と同じくらい立派な科学者だと思われる。誰もが常識と思っている事実のなかには、誰もが考えつくような素朴な実験から生まれたことがいくつかある。それらを実現した人々が、本当の科学の基礎を生み出したのだといえるだろう。

『ヒポクラテス全集』によれば、古代ギリシャの医師であったヒポクラテス（紀元前460年ごろ~前375年ごろ）は、「貧血には鉄を摂ることが薬になる」と記したとされている。また、17世紀のイギリスの医師トマス・シデナム（1624~1689年）は貧血の治療には鉄分が有用と考え、『医学観察』（1676年）によれば、鉄分の摂取を勧めたとされている。

しかし、ヒポクラテスもシデナムも、人体の成分に鉄や鉄を含む化学的成分が存在していることは知らず、分析も進めなかったと考えられている。いったい誰が、動物や人体の成分に鉄が存在していることを明らかにしたのだろうか?

赤血球の発見

自作した初期の顕微鏡で昆虫を研究していたオランダの博物学者ヤン・スワンメルダム（1637〜1680年）は、1658年にカエルや人の血液中に赤血球を発見していた。彼はまた、1669年にカタツムリの血液が酸素に触れると青色に変化することも観察していた。

一方、オランダの博物学者で、「微生物学の父」ともよばれるアントニ・ファン・レーウェンフック（1632〜1723年）は、自ら製作した顕微鏡でさまざまな対象物を覗《のぞ》いていた。レーウェンフックは1674年、スワンメルダムの事績とは独立に人の血液中に赤血球を見出し、その大きさは8・5㎛で円盤状をしていると報告した。

ちなみにレーウェンフックは、陶器で有名なオランダ南西部の都市デルフトの出身で、同年生まれの同郷の画家ヨハネス・フェルメール（1632〜1675年）の友人であったことでもよく知られている。『真珠の耳飾りの少女』に代表される傑作を遺したフェルメールは、レーウェンフックがつくったレンズをはめ込んだカメラを用いて絵画を制作したという。

磁石にくっつく生体成分

レーウェンフックの報告から70年ほど経った1746年、イタリアのボローニャの医師であり、化学者でもあったヴィンチェンツォ・メンギニ（１７０４～１７５９年）は、哺乳動物や鳥、魚や人の血液サンプルを集め、いくつかの成分に分離して燃焼したところ、燃えかすに細かな粒子が残ることに気づいた。

そこでメンギニは、イギリスの医師・物理学者であり、『磁石論』でよく知られていたウィリアム・ギルバート（１５４４～１６０３年）が報告していた方法を用いて、精錬した鉄を長く延《の》ばした磁石をつくり、燃えかすに残った細かな粒子が、その磁石にくっつくかどうかを調べてみた。

その結果、赤血球を燃やした後に残る粒子が磁石にくっつくことがわかった。赤血球の中に、鉄が存在していることを見出したのである。メンギニによるこの発見がおそらく、人体の成分に鉄が存在することを証明した最初の例であると推定されている。

メンギニはこのとき、ある重要な研究を展開した。人や動物に鉄を含むサプリメントを与える実験をおこなったところ、鉄を与えた動物から採取した赤血球中では鉄の量が増えていた。しかし、与えた鉄がすべて赤血球に吸収されるわけではないことや、場合によっては望ましくない副作用（おそらくは「鉄過剰症」と思われる）をもたらすことも観察していた。

メンギニが実験的におこなったこれらの観察が、のちの時代に、貧血症の患者に鉄を投与する治療法につながっていったと考えられている。しかし、その後の多くの観察や研究によって、貧血症は必ずしも鉄の投与のみでは改善されないことがわかり、鉄投与とともに銅や亜鉛を同時に与えなければならないことが明らかにされていった。

ヘモグロビンの探究

ヨーロッパで新しい化学が始まろうとしていた18世紀も半ばを過ぎたころ、イギリスの自然哲学者ジョゼフ・プリーストリー（1733～1804年）は、呼吸には酸素分子が関係していることを観察していた（1774年）。1780年には、フランスの化学者アントワーヌ・ラヴォアジエ（1743～1794年）と、同じくフランスの数学者・物理学者・天文学者のピエール＝シモン・ラプラス（1749～1827年）が、赤血球には酸素分子を運搬する役割があることを見出した。

一方、ドイツの生理学者・化学者のフェリクス・ホッペ＝ザイラー（1825～1895年）は、1850年代に一酸化炭素中毒で亡くなった坑夫の心臓から採取した血液がピンク色をしているという事実に興味をもち、赤血球の研究を始めた。赤血球の赤い色素の光吸収スペクトルには、酸素分子結合型と脱酸素化型の2種類の特徴的な吸収帯があることを見つけたホッペ＝ザイラーは1862年、赤血球中の赤色をしたタンパク質に「haima（血）」と「globulus（小球）」に由来する「ヘモグロビン（haemoglobin）」と命名し、結晶化したヘモグロビンには鉄が含まれていることを確認した。

１８６４年には、ヘモグロビンが太陽光スペクトルの中の緑と赤の光を吸収すること、さらに、血液中の酸素ガスと炭酸ガスの割合を変えて、光吸収スペクトルを測定する方法（血液ガスポンプ）を用いてヘモグロビンが酸素分子とゆるやかに結合したり、あるいは分離したりすることを証明し、このうち酸素結合型のほうを「オキシヘモグロビン」と名づけた。

その後もヘモグロビンに関する研究が積み重ねられ、生化学者・結晶学者のジョン・ケンドルー（１９１７～１９９７年）と化学者マックス・ペルーツ（１９１４～２００２年）の２人のイギリス人によって、ヘモグロビンの立体構造がX線構造解析法を用いて解明された。ホッペ＝ザイラーによるヘモグロビン命名から約１００年後の、１９６０年のことであった。

「微量元素」の登場

鉄を含む酸素運搬タンパク質「ヘモグロビン」の全体像が明らかにされていくなかで、このタンパク質は哺乳動物以外の血液中にも発見され、生物界に広く存在するタンパク質であることがわかってきた。

さらに、体内におけるヘモグロビンの生合成には、鉄のみならず、銅や亜鉛といった他の金属イオンが必要であることが判明した。これは、じつに興味深い事実であり、生命を維持・構成する生体機構が、きわめて精緻、かつ複雑なものであることが認識される契機ともなった。

現在では、人を含む生物が生きていくうえで、多数の金属元素が必要不可欠であることが、長い研究の蓄積から明らかにされている。これらの金属元素は、体内ではごく微量しか検出されないため、「生体必須微量元素」とよばれている。

ヘモグロビンの生合成に必要な鉄、銅、亜鉛のほかに、マンガン、セレン、モリブデン、クロム、コバルトなども生体必須微量元素として知られている。さらに、必須かもしれないと考えられている微量元素として、鉛、スズ、ニッケル、バナジウムなどがある。

生体必須微量元素は、英語では「bio-essential trace elements」と表される。「trace」は「トレース（痕跡）」という意味なので、あまり科学的な表現には感じられないかもしれない。

しかし、この言葉は本来、写真が発明されて以降の「時間の痕跡をとどめるメディア（媒体物）」の代名詞として使われていた。写真は、絶え間なく流れていく時間の中のある特定の瞬間をとらえ、記録し、その痕跡――その瞬間の対象物の姿や形――を残すプロセスである。この用語が、写真から生物学に持ち込まれ、「trace elements」という表現が誕生した。それが「微量元素」と翻訳され、人や動植物の体内に保持されている（すなわち、痕跡をとどめている）、微量ではあっても、生命活動に必要不可欠な元素を意味するようになったと考えられている。

そして、本書を通じてみていくように、「痕跡をとどめる」というその名称こそが、微量元素の重要な側面を映し出しているのである。

「微量」とはどのくらいの量?

ところで、微量元素の「微量」とは、具体的にどのくらいの量を意味しているのだろうか。生体内の各元素は、幅広い濃度範囲で存在している。そこで、分析化学で用いられる濃度範囲を用いて、次のように分類される。

①多量元素（major elements）　1％以上
②少量元素（minor elements）　1〜0・01％
③微量元素（trace elements）　0・01〜0・0001％
④超微量元素（ultratrace elements）　0・0001％以下

0・0001％とは、どのような濃度なのだろう。重量濃度（元素の重量／試料の重量）で表すと、0・0001％は、試料1g中の元素の量が0・000001g＝1×10^{-6}gに相当する。1×10^{-6}gは100万分の1gだから、日常で使われる1ppmを示している。この単位を使うと、微量元素は1〜100ppm、超微量元素は1ppm以下の濃度範囲となる。

超微量元素には、ppm以下の濃度で存在している元素も多くあり、それらの濃度はppb（10億分の1）やppt（1兆分の1）で表される。

●1ppm＝10^{-6}g／g＝1μg／g（マイクログラム／グラム）
●1ppb＝10^{-9}g／g＝1ng／g（ナノグラム／グラム）
●1ppt＝10^{-12}g／g＝1pg／g（ピコグラム／グラム）

私たちの生体内には、マイクログラムからピコグラムに及ぶきわめて広範囲にわたって、性質の異なる多数の金属元素が含まれている。生きていくため、健康を維持するためとはいえ、これほど多様な金属元素を必要とする理由はなんだろうか？

この謎は、残念ながらいまだはっきりとは解明されていない。しかし、この大いなる疑問について考察を深めていくためのヒントとして、地球上で生命がどのようにして生まれ、どのように進化してきたのかを知ることが役に立ちそうだ。項をあらためてみていくことにしよう。

生命の誕生と酸素分子

地球の歴史で最初の生命は約38億年前、地球にまだ酸素分子が存在していなかった海洋で誕生したと考えられている。以降、悠久の時間をかけて、単細胞生物から多細胞生物へ、小さな個体から大きな個体へとゆっくりと進化してきた。

生命はその誕生初期、エネルギーを効率よく使用するために、電子をたくさんもっている元素、すなわち金属イオンを真っ先に利用したと考えられている。そして、その一番手が、酸素分子が存在しなかった時代の海水中で、最も豊富に存在していた鉄（鉄イオン）だった。

やがて原始的な光合成機能を獲得した細菌であるシアノバクテリアが発生し、酸素分子を海洋中に放出しはじめた。後述するように、酸素分子は2個の不対《ふつい》電子をもつラジカル分子である。それ自身が反応性の高い危険な存在であることに加え、生体に取り込まれるとさらなる反応を起こして、多種多様な分子種——すなわち、活性酸素種をつくり出す。生体傷害性をもつ活性酸素種の存在は、生命活動に対するリスクが増すことを意味しているが、その大きなリスクを冒してまで、生物は酸素代謝によって得られる大きなエネルギーを利用する道を選び、進化を進めてきた。

シアノバクテリアはますます繁殖し、やがて海洋中の酸素濃度が飽和しはじめる。海水に多く溶け込んでいた鉄イオンは酸素分子と反応し、水に溶けない酸化鉄となって、海底へと沈んでいった。

その結果、海洋中の鉄の量が減少し、相対的に濃度が高くなった鉄以外のいくつかの金属イオンが生体に取り込まれ、新たに利用されるようになっていく。新しい金属イオンの登場によって、金属が関与する生体機能に変化が生じ、その変化によって生物の進化に新しい道筋が生まれたと想像される。

「カンブリア大爆発」と金属元素

海洋中で静かに、ゆっくりと進化が進んでいたころ、今から5億4100万年前から5億2100万年前にかけて、空前の勢いで新種の生物が爆発的に出現した。それら新種生物のうちのいくつかがさらに大進化をとげるという、生命史に画期をなす一大事件が起こった。

化石試料の解析から、この時期に、従来は存在しなかった大型の動物種が多数現れたことが判明している。脊椎や神経、眼などの高度な生体組織を備えた、さまざまな動物種が出現したこの出来事は、「カンブリア大爆発」と名づけられている。現在までに知られている動物種のほとんどが、このカンブリア大爆発のころに登場したと推測されている。

――カンブリア大爆発はなぜ、どのようにして起こったのか？

生物の進化における最大級のこの謎はまだ解き明かされていないが、いくつかの仮説が発表されている。この大事件が発生したころ、大陸の大移動や地球全体が氷で覆《おお》われて凍りつく「全球凍結」などがあり、大陸運動や火山の噴火熱などによる岩石や土の溶解、あるいは氷の融解にともなって大量の岩石や土砂が海洋へと流れ込んだ可能性が考えられる。

その結果、当時の海水中にはあまり含まれていなかった多種多様な元素、特に金属元素が岩石や土砂とともに海洋に流入して溶けはじめ、それらが海洋中の植物や微生物を含むさまざまな生物の体内に取り込まれた可能性が考えられているのだ。

それ以前には利用されていなかった元素の存在は、生体内でさまざまな機能変化をもたらしたことだろう。その影響によってある生物は死滅する一方、別の生物は進化を促され、新しい植物種や動物種の誕生へとつながったのではないかと推定される。

これら各元素のなかには、生物にとって都合の良い栄養素となりうるものはもちろん、都合の悪い毒性を示すものも多数あったものと考えられる。現在の動物種は、さまざまな元素の特性を識別し、「新しい元素との出会い」という試練を乗り越えて、生き延びてきたのであろう。

ここで思い出されるのが、「痕跡（trace）をとどめる」という意味をその名に含む「生体必須微量元素（bio-essential trace elements）」である。カンブリア大爆発の際に新たに用いられるようになり、生命にとって都合の良い栄養素となった元素が、現代の動物や人の体内における「痕跡」として、必須元素や必須金属元素というかたちで残っているのではないか?

本書では、このストーリーをたどりながら、微量元素、とりわけ微量金属元素に焦点を当てて、その重要性を紹介していきたいと考えている。

生命にとって、金属とは果たしてどのような存在なのか――まずは、生体分子と鉱物にみられる意外な共通点を探るところから、説き起こすことにしよう。

第1章

生命の誕生と金属

――〝いのち〟をつくる金属元素の不思議

岩手県花巻で生まれた宮沢賢治（1896〜1933年）は、盛岡中学校を卒業するころの1914（大正3）年4月、次の詩を書いた。

そらに居て緑のほのほかなしむと地球の人のしるやしらずや（歌稿160）

中学卒業を迎え、将来への不安を感じはじめた賢治は、自らの居場所を見つけたかったのであろうか、地球から飛び出して「宇宙から地球を見てみたい」と考えた。夢の中でふらっと地球を飛び出し、宇宙から地球を眺めたところ、植物の緑色に包まれた地球が見えた！　その感動を言葉にしたものである。

地球の姿を宇宙から見た人がいまだ誰もいなかった時代に、想像性あふれる詩をあらわした。宇宙へ出て、緑色の地球を見たという夢は、科学的にもものすごい想像力である。

賢治の見たその夢は、47年後の1961年、旧ソ連の宇宙飛行士ユーリー・ガガーリン（1934〜1968年）によって実現した。宇宙船ボストーク号に乗り、人類史上初めて地球外に飛び出したガガーリンは、「空はとても暗かった。しかし、地球は青みがかっていた」と、地球の青さを感動的に伝えた。

生命をつくった「かけがえのない材料」

大気の層があるうえに、表面の約70％が海水で覆われているため、外から見た地球は青く見える。その海水と、地表（地殻）を形成する岩石や鉱物が、植物を含む私たち生物をつくってきた。水と岩石と鉱物は、地球上の生命の「かけがえのない材料」であった。そして、それらすべてが「元素」からできている。元素こそが、命を生んだのである。壮大なこの物語を、本書では水や鉱物をつくる元素、特に金属元素の観点から考えていく。

人は　水
人は　岩
人は　草
人は　元素

元素という観点から地球を見ると、最も多く存在しているのは鉄である。次いで、酸素、ケイ素、マグネシウム、硫黄、ニッケル、カルシウム、アルミニウムなどが存在する。これらの元素の量を重量％で表すと、図1‐1のようになる。

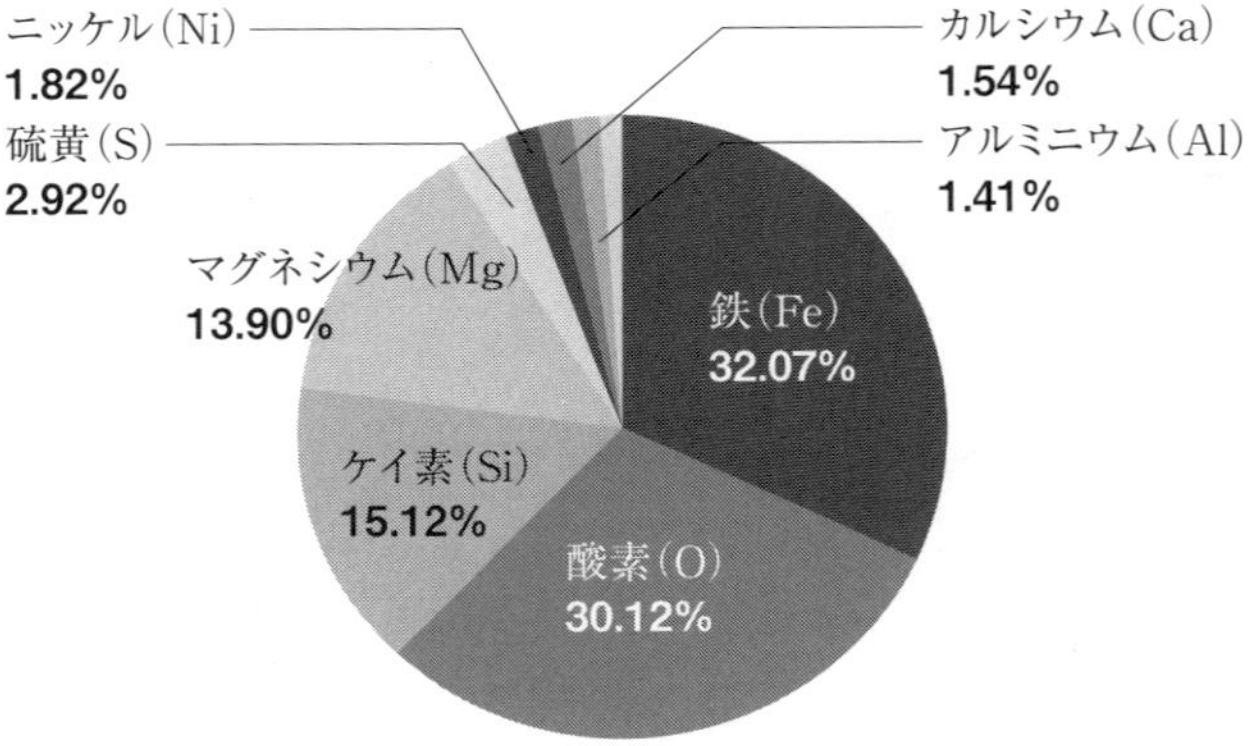

元素	元素記号	元素存在量(重量%)
鉄	Fe	32.07
酸素	O	30.12
ケイ素	Si	15.12
マグネシウム	Mg	13.90
硫黄	S	2.92
ニッケル	Ni	1.82
カルシウム	Ca	1.54
アルミニウム	Al	1.41
クロム	Cr	0.41
リン	P	0.19
ナトリウム	Na	0.13
コバルト	Co	0.08
チタン	Ti	0.08
マンガン	Mn	0.08
カリウム	K	0.01

図1-1 地球全体のおもな元素組成

(Morgan, J. W. and Anders, E. (1980). "Chemical composition of Earth, Venus, and Mercury". *Proceedings of the National Academy of Sciences.* 77 (12) : 6973–6977)

これら各元素は、ほとんどがイオンとして存在し、地球の岩石や鉱物をつくり、それぞれが一定の構造をもっている。興味深いのは、これらのイオンが、動植物の体内でもよく似た形で発見されていることである。鉱物界と生物界には、鉱物の構造と生体分子の構造において、じつにおもしろい類似性が存在するのだ。

3つの例を紹介しよう。

1-1 金色に輝く鉱物と似た構造をもつタンパク質

金色に輝く美しい黄鉄鉱《おうてっこう》（図1-2(A)）は、鉄（Fe）と硫黄（S）からできていて、そのおもな組成はFeS_2で表される。これが単位となり、六面体や八面体、十二面体や、これらがさらに複合した形の鉱物として存在している。黄鉄鉱は塩化ナトリウムの結晶とよく似た構造をもち、鉄イオン（Fe^{2+}）と二硫化物イオン（S_2^{2-}）が、それぞれナトリウムイオン（Na^+）と塩化物イオン（Cl^-）の位置を占めている。

黄鉄鉱はほとんどの金属鉱山で見つかり、叩くと火花が出るため、古代から火打ち石として利

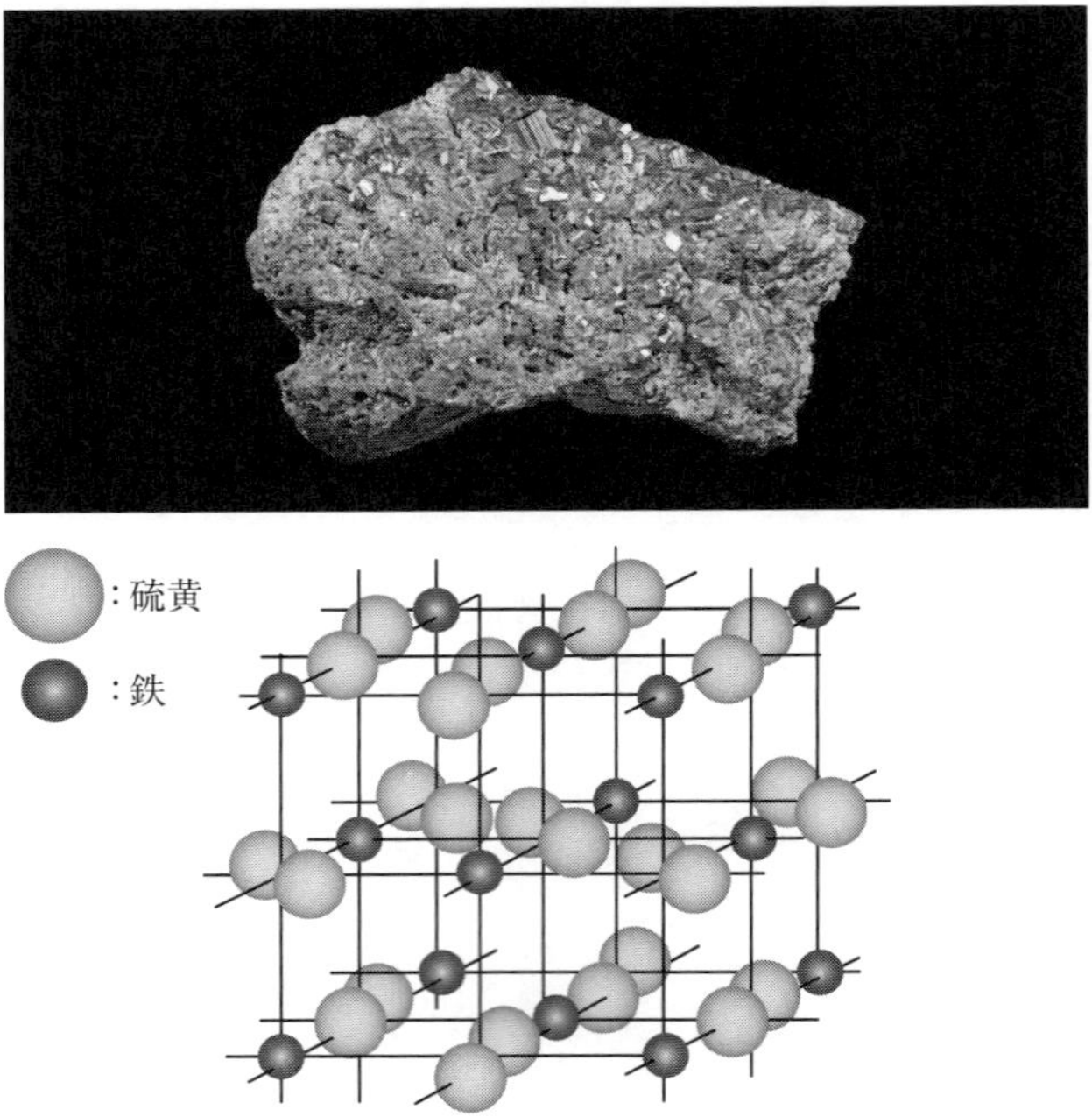

図1-2(A) **黄鉄鉱(FeS_2)と結晶構造**(写真提供：白勢洋平博士)

用されてきた。そのことから、ギリシャ語の「火(pyr)」やラテン語の「火打ち石(pyrites)」に由来して、英語では「pyrite」とよばれている。

なんと、この黄鉄鉱によく似た構造のタンパク質が、人の体の中に存在しているのだ。

重要な生体反応に関わるタンパク質

鉄イオンに、無機形の硫黄イオンと、タンパク質中のアミノ酸の一つであるシステインの硫黄が同時に結合してつくられる「鉄硫黄タンパク質」という一群のタンパク質が発見されている。このタンパク質は、細菌から高等の動植物まで広く分布し、タンパク質1分子中に2～4個の鉄イオンをもつ金属タンパク質の一種である。

鉄硫黄タンパク質は、図1-2(B)に示すような構造をしており、鉄原子（Fe）と無機硫黄原子

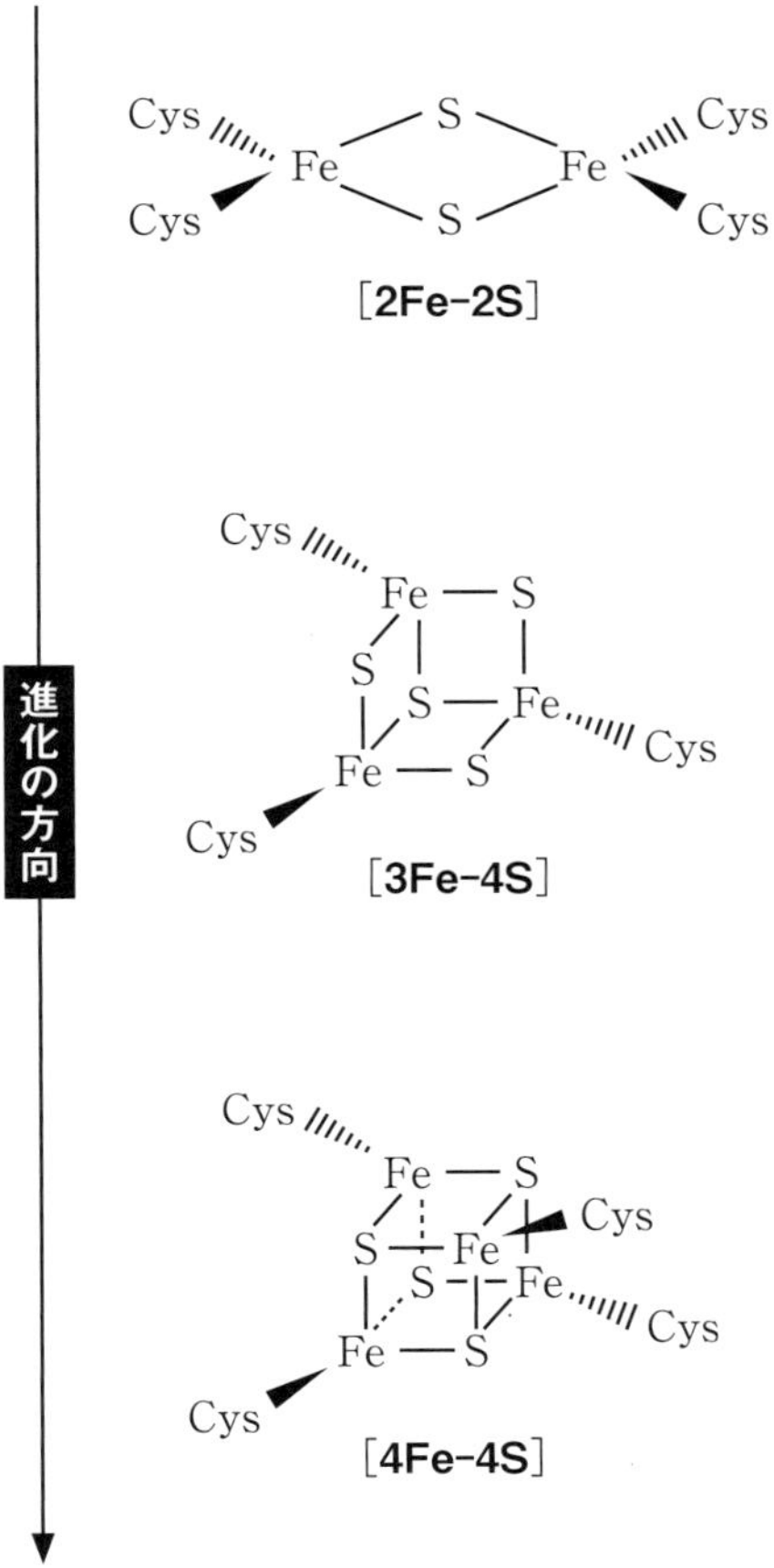

図1-2(B)　おもな鉄硫黄タンパク質の活性中心の構造　上から下にかけて、[2Fe-2S]、[3Fe-4S]および[4Fe-4S]クラスターが進化する

（S）、タンパク質中のアミノ酸・システイン（Cys）の硫黄原子が結合している。この骨格は、「鉄硫黄クラスター」とよばれている。鉄硫黄タンパク質は、鉄イオンの酸化状態の変化（Fe^{2+}⇔Fe^{3+}）、つまり鉄イオンが電子を受け取ったり放出したりする電子移動（酸化還元）反応によって、電子伝達などの重要な生体反応に関わっている。
進化の過程でこの構造はずっと保持されて痕跡をとどめ、進化の程度にしたがって鉄と硫黄の構成比が変化してきたタンパク質である。

「鉄の鱗」をもつ生物

鉄硫黄クラスターと同じ黄鉄鉱構造をもつ、興味深い生き物が知られている。

2001年にインド洋で発見された巻貝の仲間「ウロコフネタマガイ」である。体表に硫化鉄でできた鱗《うろこ》があり、「鉄の鱗」をもつ生物として注目されている。ウロコフネタマガイは、チムニーの壁面などに鱗をもった足を広げて付着していることから「スケーリーフット（鱗の足）」の別名でもよばれる。チムニーとは、海底から噴出する熱水に含まれる金属（亜鉛、鉄、鉛、銅、銀、金など）が析出・沈殿してできる柱状の構造物で、柱の突端から金属イオンや硫化水素などを含んだ黒い熱水が噴き出すようすを「煙突」に喩《たと》えて名づけられたものである。

原生生物を除き、ウロコフネタマガイは後生動物のなかで唯一、骨格の構成成分として硫化鉄を使っている珍しい生物である。彼らがなぜ、このような鉱物の鱗をもつのかじつに不思議だが、さまざまに研究されるなかで、その謎が解き明かされている。

ウロコフネタマガイが棲息するチムニー周辺には化学合成生態系が形成されており、そこに生きる貝類の多くは硫黄酸化細菌を体内に共生させている。ウロコフネタマガイは消化管の組織中に共生細菌をもっていて、この共生細菌が代謝によって放出する硫黄が、熱水や海水中の鉄イオンと反応してウロコフネタマガイの表面に硫化鉄、すなわち黄鉄鉱が形成されていることが、東京大学大気海洋研究所の研究で明らかにされたのだ。

1-2 亜鉛やカドミウムと硫黄を含むタンパク質

鉱物と生体分子の構造に類似性が見られる例を、もう一つ挙げよう。

図1-3(A)に示すのは、閃亜鉛鉱《せんあえんこう》とよばれる鉱物である。基本的に、亜鉛と硫黄からできている硫化亜鉛（ZnS）である。純粋な閃亜鉛鉱は白～黄色で透明だが、自然界では不純物として鉄が含まれることが多く、鉄の量が多くなるにしたがって黒っぽくなる。また、少量のカドミウムが含まれることも特徴的で、カドミウムの量が多くなると赤っぽくなることが知られている。

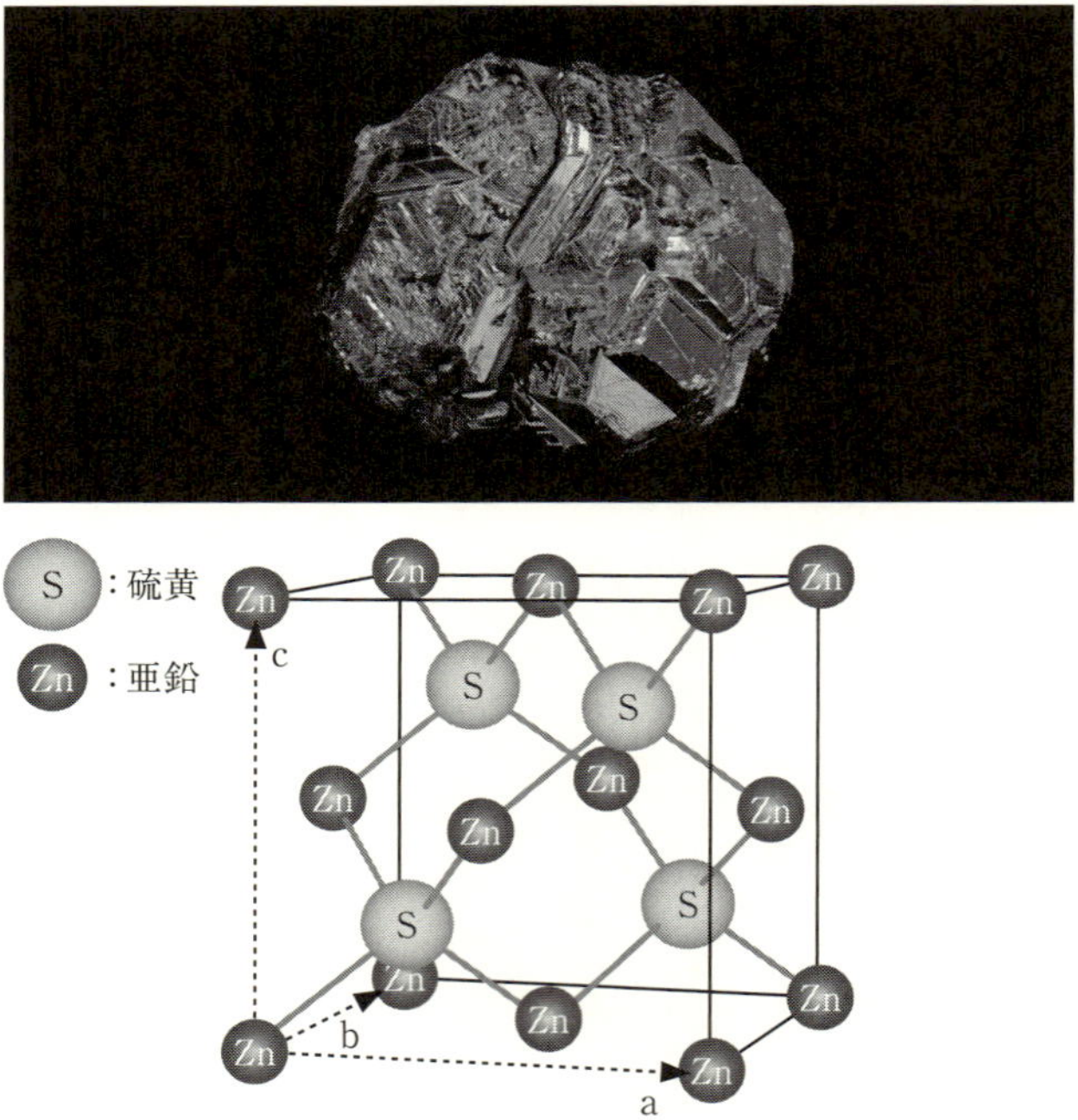

図1-3(A)　閃亜鉛鉱(ZnS)と結晶構造（写真提供：白勢洋平博士）

英語名の「sphalerite」は、方鉛鉱《ほうえんこう》に似ているのに鉛を含んでいないことから、ギリシャ語で「あてにならない」や「ごまかし」を意味する「sphaleros」に由来して名づけられたものである。閃亜鉛鉱は、亜鉛イオンと硫黄イオンが直接結合して整然とした形をとり、結晶構造は四面体、八面体、十二面体などが知られている。

この閃亜鉛鉱によく似た構造のタンパク質が、やはり人体に存在しているの

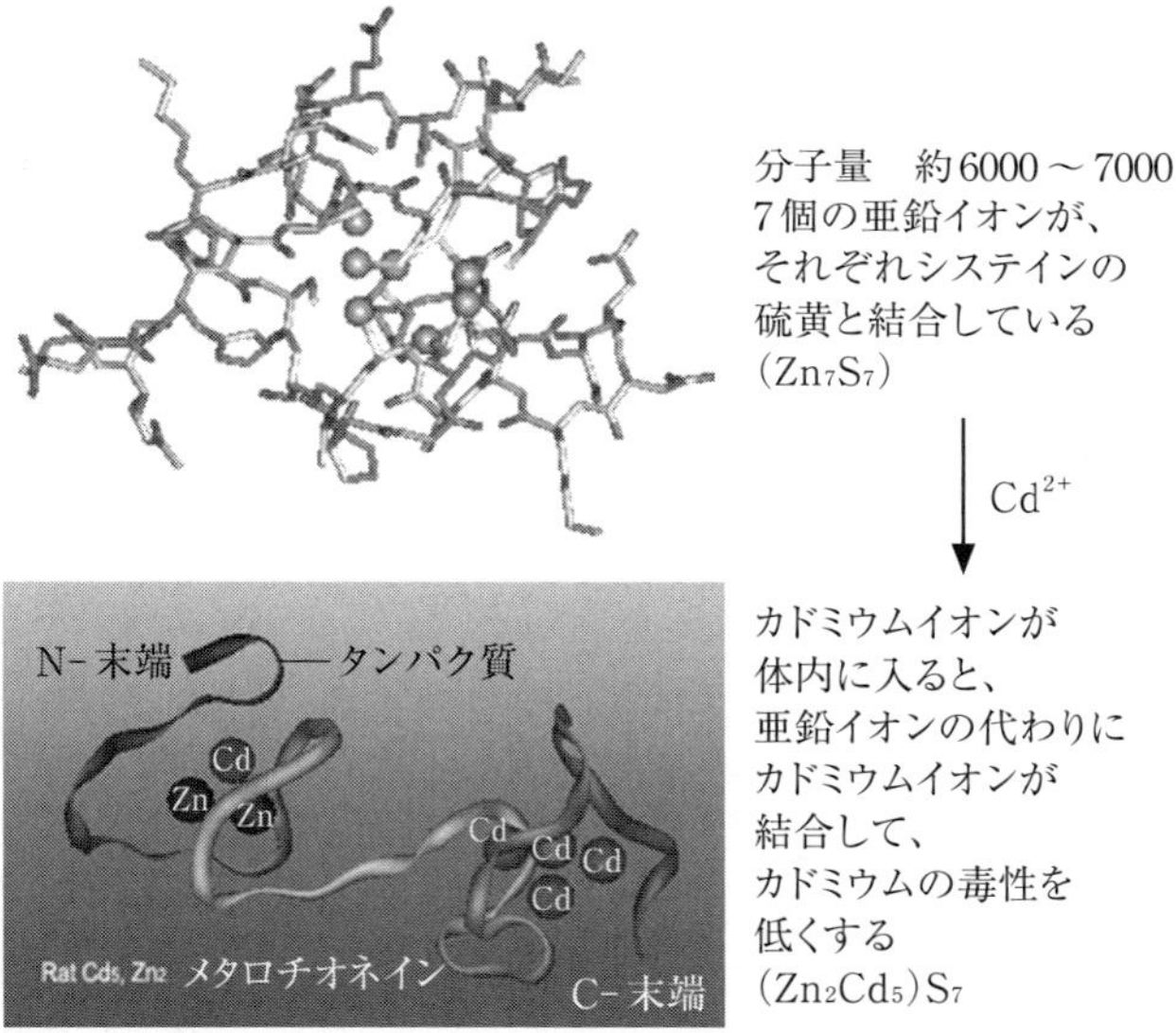
分子量　約6000～7000
7個の亜鉛イオンが、
それぞれシステインの
硫黄と結合している
（Zn_7S_7）
Cd^{2+}
N-末端
タンパク質
Cd
Zn
Zn
Cd
Cd
Cd
Cd
Rat Cd5, Zn2 メタロチオネイン
C-末端
カドミウムイオンが
体内に入ると、
亜鉛イオンの代わりに
カドミウムイオンが
結合して、
カドミウムの毒性を
低くする
（$(Zn_2Cd_5)S_7$）

図1-3(B)　メタロチオネイン

だ。

　ドイツ生まれのアメリカの医学者・生化学者バート・レスター・ヴァリー（1919～2010年）と、アメリカの化学者マーヴィン・マーゴシズ（1925～2018年）は1957年、ウマの腎臓中にカドミウムと結合しているタンパク質を発見し、「メタロチオネイン」と名づけた（図1-3(B)）。

　この名前は、カドミウム金属（metal）と硫黄（thio）を豊富に含んでいるタンパク質（protein）であることから、これらの各言葉をつなぎ合わせて名づけられたものである。

金属の毒性を抑える生体分子

その後の研究によって、メタロチオネインは細菌、海藻、キノコ類、高等植物、無脊椎動物、脊椎動物から哺乳動物まで幅広く分布し、分子量が6000～7000のタンパク質であることがわかった。

分子中に61～68個あるアミノ酸のうち、3分の1にあたる20個のアミノ酸が硫黄を含むシステインであり、このシステイン中の硫黄と金属イオンが結合するという特徴をもっている（亜鉛やカドミウムは最大7個、銅なら12個結合できる）。通常は亜鉛イオンが結合していることが多いが、カドミウムイオンなどの毒性の強い金属イオンが体内に入ると、これらを結合して、金属毒性を低くする役割を担っている。

メタロチオネインの生理的役割はまだ完全には明らかにされていないが、亜鉛や銅などの必須微量元素を体内に一定量蓄える、カドミウムや水銀などの毒性元素と結合して解毒の役割をする、さらに生体に入った酸素分子から生成されるスーパーオキシドアニオンやヒドロキシルラジカルなどの活性酸素種を消去するなどが考えられている。

メタロチオネインの基本的な構造は、亜鉛イオンが4個のシステインの硫黄と結合して四面体に近い形で存在していて、閃亜鉛鉱の構造とよく似ている（図1-3(B)）。

1-3 ルビーやサファイアと同じ構造をもつヘモグロビン

前述のとおり、地球上で鉄に次いで多いのは、酸素とケイ素である。その酸素とケイ素が結合してできた鉱物の一つに「石英」がある。石英の化学式はSiO_2だが、構造からみた正確な化学式はSiO_4である。この構造の中のケイ素が不純物としての鉄イオンFe^{3+}に置き換わり、自然からの放射線を長時間受けると、Fe^{3+}がFe^{4+}に酸化されて、紫色をした高貴な宝石「アメシスト」となる。

ダイヤモンドの次に硬い物質

また、自然界に多い酸素とアルミニウムからつくられる鉱物の一つに「コランダム」がある。この鉱物の化学式はAl_2O_3（酸化アルミニウム：アルミナ）であり、ダイヤモンドに次いで硬いために「鋼玉《こうぎょく》」とよばれている。3個の酸素（O_2^{2-}）がつくるくぼみにアルミニウムイオン（Al^{3+}）が入り込んだ結晶構造をしていて、アルミニウム（Al^{3+}）を中心として酸素（O）を頂点とする6配位八面体構造に分類される（図1-4(A)）。

この基本構造中のアルミニウムイオンが、不純物としてのクロムイオン（Cr^{3+}）に置き換わるとピンクとなり、これが2〜3％含まれると美しい赤色をした宝石「ルビー」となる。クロム（Cr^{3+}）

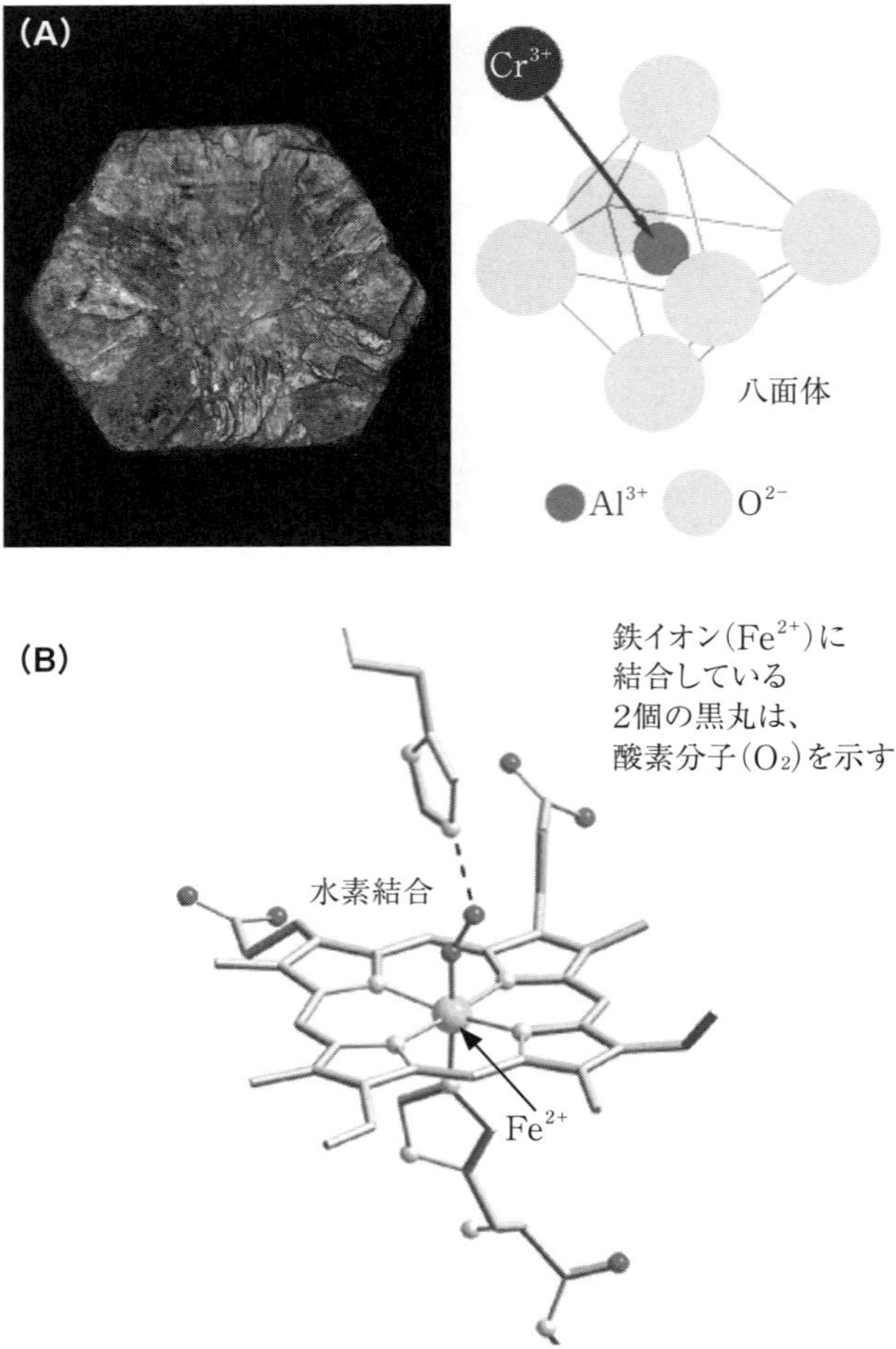

図1-4 コランダム(鋼玉)と結晶構造(A)およびヘモグロビンの活性中心(ヘム鉄)の構造(B)(写真提供:白勢洋平博士)

の代わりに鉄（Fe^{3+}）やチタン（Ti^{4+}）に置き換わると、青色の宝石「サファイア」ができる。

価値を高める微量元素

微量元素を含むルビーやサファイアの6配位八面体構造は、生体内でも使われている。さまざまな動物が空気中の酸素分子を取り込み、酸素を血液から各組織へと運搬し、各組織で貯蔵する役割を担うヘムタンパク質のヘモグロビンやミオグロビンの構造に使われているのだ（図1-4(B)）。

微量元素、特に金属イオンが、無色の一定の構造をもつ鉱物をいっそう魅力的な色彩をもつ宝石に変え、それらの価値を高めている構造が、生理機能をもつ生体分子にも見出されることはじつに不思議である。のちに紹介するように、微量元素がタンパク質に結合することによって、タンパク質の生理機能をいっそう高める触媒としての役割を与えることになる類似性は興味深い。

生物の遺伝情報を担うＤＮＡ（デオキシリボ核酸）が、二重らせん構造をした高分子化合物であることは有名だが、地球上に生命が誕生した当初から現在まで、38億年もの永きにわたってその構造を使い続けていることは驚きに値する。しかし、ここに紹介した3つの例は、生命が誕生する以前に形成されていた鉱物の構造が、新たに地球に誕生した生命にまで使われてきたことを示しており、ＤＮＡ以上に驚異である。自然が生み出した構造物の安定性や機能性がその痕跡をとどめ、生命が誕生する基盤として使われた——。自然の偉大さを大いに体感する事実である。

これまで紹介してきた3つの例では、硬い鉱物であれ、柔らかい金属タンパク質（静止状態の酵素）であれ、通常の温度や気圧のもとで、ともによく似た均整のとれた美しい構造を長い時間保ち、簡単には変化しないように見える。このような状態は、一般的には熱力学的に安定な状態といわれている。

1-4 生命の誕生と進化

前節までに紹介した3つの例から、次の2つの事実がわかる。
①体の中のタンパク質や酵素には、金属イオンを含むものがある
②生体中の金属イオンを取り巻く構造は、鉱物の構造（結晶構造）とよく似たものがある
すなわち、体の中の金属を含むタンパク質や酵素は、鉱物の構造をそっくりそのまま取り込んだか、あるいは、それらをまねてつくられたか、ではないかと考えられる。先に挙げた例では、金属イオンとして鉄、亜鉛、銅やカドミウムを取り上げたが、人の体の中には、これら以外にも多数の金属イオンが存在している。そして、それら金属イオンがさまざまな構造をもち、さまざ

まな生理機能を担い、生命活動に寄与していることが長い研究の蓄積によってわかってきた。

「毒性元素」の可能性を追い求めて

表1-1に、人の体内に存在する元素を掲げ、体重あたりの元素存在量から、多量・少量・微量・超微量元素に分類し、さらに生命にとって必須かどうかを示した。

人に必須な元素のうち、金属元素は多い順に、カルシウム（Ca）、カリウム（K）、ナトリウム（Na）、マグネシウム（Mg）、鉄（Fe）、亜鉛（Zn）、銅（Cu）、マンガン（Mn）、モリブデン（Mo）、クロム（Cr）、コバルト（Co）の11種類である。これらの金属元素は、さまざまなタンパク質と結合して多様な生理活性をつくり出している。

これらの必須金属元素は、元素周期表では第3～5周期に属しているが、これらの周期にはパラジウムやカドミウムなどの毒性元素も存在している（12～13ページ掲載の「元素周期表」参照）。しかし、これらの毒性元素もまた、超微量濃度で生命活動に有利な作用をしているかもしれない。現代の科学技術ではまだ解明できない重要なはたらきをしている可能性が追求されるべきであり、毒性元素であってもそのことを忘れてはならない。

さて、人の体はなぜ、これほど多くの種類の金属元素を必要とするのだろうか？　この疑問を考えるには、地球上における生命の誕生と進化のプロセスを見つめ直すことが必要である。

	元素			体内存在量（%）	体重70kgの人の体内存在量	体重1gあたりの存在量
多量元素	酸素	O		65.0	45.5kg	650mg
	炭素	C		18.0	12.6	180
	水素	H		10.0	7.0	100
	窒素	N		3.0	2.1	30
	カルシウム	Ca		1.5	1.05	15
	リン	P		1.0	0.70	10
				（O〜P 計 98.5%）		
少量元素	硫黄	S		0.25	175g	2.5mg
	カリウム	K		0.20	140	2.0
	ナトリウム	Na		0.15	105	1.5
	塩素	Cl		0.15	105	1.5
	マグネシウム	Mg		0.15	105	1.5
				（S〜Mg 計 0.9%）		
微量元素	鉄	Fe	○ □		6	85.7μg
	フッ素	F	○		3	42.8
	ケイ素	Si	○ □		2	28.5
	亜鉛	Zn	○ □		2	28.5
	ストロンチウム	Sr	○		320mg	4.57
	ルビジウム	Rb			320	4.57
	臭素	Br	○		200	2.86
	鉛	Pb	○		120	1.71
	銅	Cu	○ □		80	1.14
超微量元素	アルミニウム	Al			60	857ng
	カドミウム	Cd			50	714
	マンガン	Mn	○ □		20	286
	スズ	Sn	○		20	286
	バリウム	Ba			17	243
	水銀	Hg			13	186
	セレン	Se	○ □		12	171
	ヨウ素	I	○ □		11	157
	モリブデン	Mo	○ □		10	143
	ニッケル	Ni	○		10	143
	ホウ素	B	○ □		10	143
	クロム	Cr	○ □		2	28.5
	ヒ素	As	○		2	28.5
	コバルト	Co	○ □		1.5	21.4
	バナジウム	V	○		1.5	21.4

○：実験哺乳動物で必須性が明らかにされている微量元素
□：人において必須性が認められている微量元素

表1-1 人体中の元素濃度と微量元素の必須性

星の運命と元素の誕生

地球上に生命が誕生した歴史を振り返るためには、宇宙の誕生まで遡《さかのぼ》らねばならない。これまでに理解されているストーリーを簡単にたどってみよう。

今から１５０億年前にはまだ物質は存在しておらず、エネルギーのみがあった。このエネルギーが１３８億年前に突然、爆発を起こし（ビッグバン）、超高温・超高密度の条件下で始原元素が出現した。中性子のかたまりが膨張して陽子と電子に分解し、それらが結合して水素原子が誕生したのである。ビッグバンから約38万年後のことで、これが宇宙のはじまりである。

やがて水素原子が圧縮され、星（恒星）ができた。星がさらに収縮して内部が高密度となり、さまざまな核反応が起こりはじめる。4個の水素原子から１個のヘリウム（^{4}He）ができ、ヘリウムどうしが反応してベリリウム（^{8}Be）を経て炭素（^{12}C）ができた（図１-５）。

こうして誕生した炭素原子から、図１-６(A)(B)に示すようなＣＮＯサイクルによって、窒素（Ｎ）や酸素（Ｏ）原子が生まれた。ＣＮＯサイクルの理論は１９３７年から１９３９年にかけて、ドイツ出身のアメリカの物理学者ハンス・ベーテ（１９０６〜２００５年）とドイツの物理学者・哲学者カール・フリードリヒ・フォン・ヴァイツゼッカー（１９１２〜２００７年）によって提唱された。ＣＮＯサイクルの名前は、この反応過程に炭素（Ｃ）・窒素（Ｎ）・酸素（Ｏ）

$$^{1}_{1}\mathrm{H} + ^{1}_{1}\mathrm{H} \longrightarrow ^{2}_{1}\mathrm{H} + e^{+} + \nu\text{(ニュートリノ)}$$

$$^{1}_{1}\mathrm{H} + ^{2}_{1}\mathrm{H} \longrightarrow ^{3}_{2}\mathrm{He} + \gamma\text{(ガンマ線)}$$

$$^{3}_{2}\mathrm{He} + ^{3}_{2}\mathrm{He} \longrightarrow ^{4}_{2}\mathrm{He} + 2\,^{1}_{1}\mathrm{H}$$

ヘリウムが反応して、$^{8}_{4}\mathrm{Be}$を経て（$^{12}_{6}\mathrm{C}$）ができた

$$^{4}_{2}\mathrm{He} + ^{4}_{2}\mathrm{He} \rightleftharpoons ^{8}_{4}\mathrm{Be}$$

$$^{4}_{2}\mathrm{He} + ^{8}_{4}\mathrm{Be} \longrightarrow ^{12}_{6}\mathrm{C} + \gamma$$

図1-5 水素からヘリウム、ヘリウムから炭素が生成される過程

の原子核が関係していることに由来している。

ここで、新しい成果を紹介しよう。

最近、130億年以上をかけて地球に届いた「GS－z12」と名づけられた銀河の光が観測され、分析の結果、この銀河には多量の炭素が存在していることがわかった。宇宙誕生の初期にできた星では従来、炭素よりも酸素が多くつくられたと考えられてきたため、これまでの元素合成プロセスとは異なったものがあるかもしれないと示唆されている。

GS－z12の炭素は、ビッグバンから3億5000万年後につくられた可能性がある。地球上の生命は炭素を基本的元素として利用していることから、この研究成果

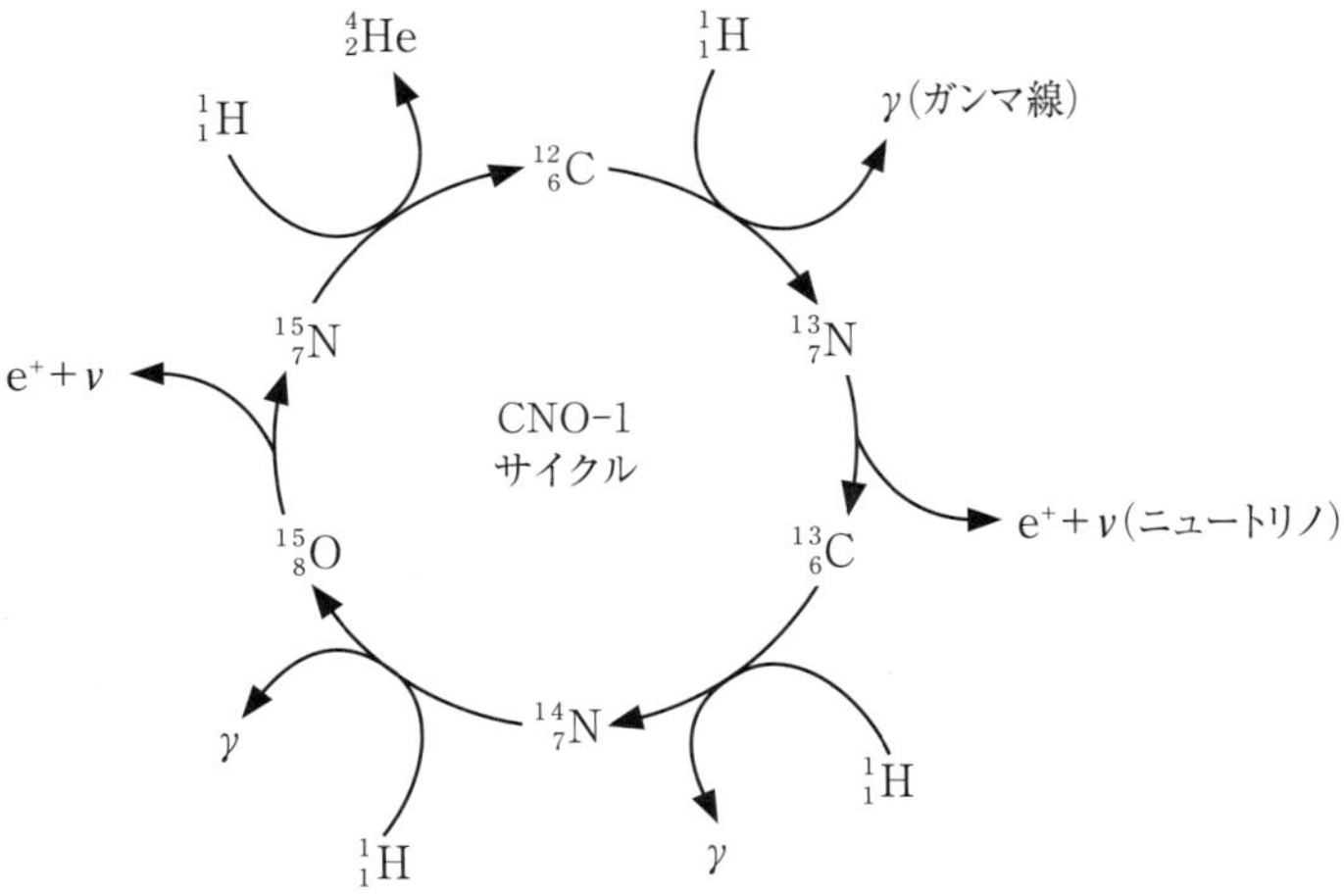

図1-6(A)　CNO-1サイクル

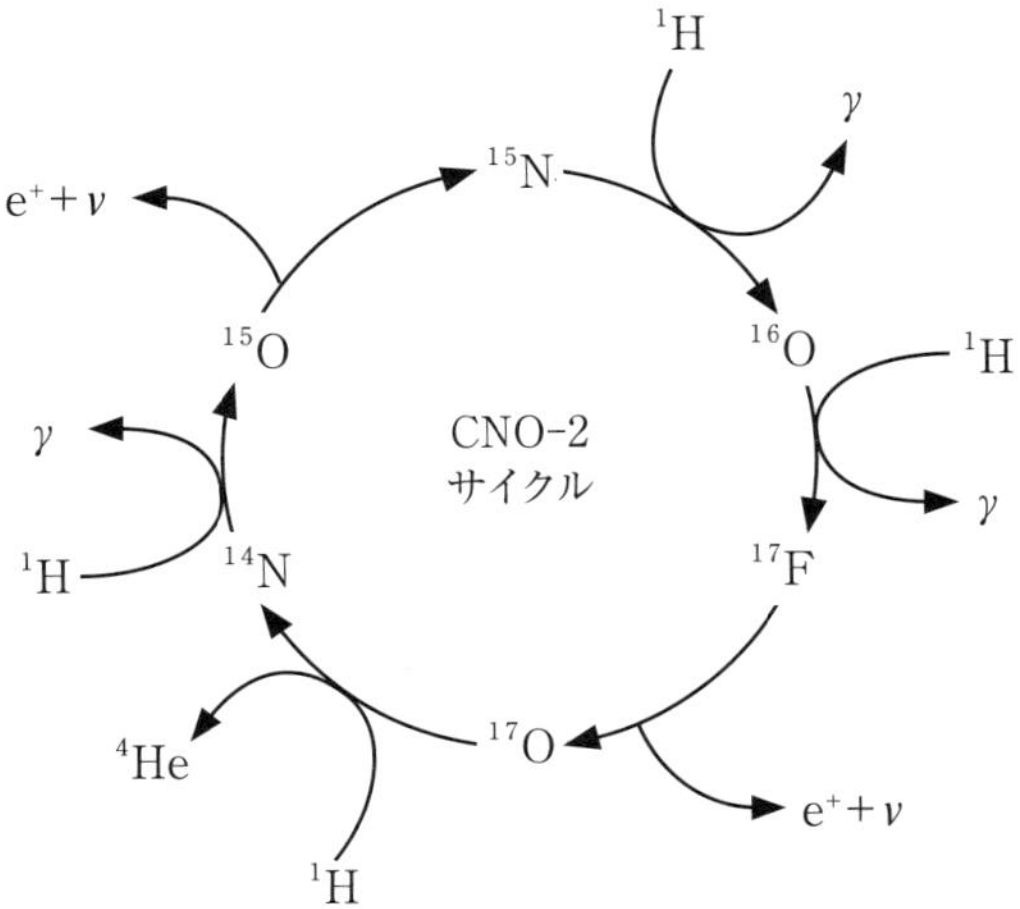

図1-6(B)　CNO-2サイクル

は、宇宙における生命誕生を考えるうえで重要なものとなるかもしれない。

鉄はなぜ、多量に存在するのか

さて、恒星の内部では、水素をヘリウムに変換する核融合反応の一種である陽子－陽子連鎖反応とCNOサイクルの両方が進行し、CNOサイクルは大質量星のエネルギー生成過程に大きく関わった。CNOサイクルの途中でできた窒素（^{15}N）や酸素（^{15}O）がさまざまな反応を繰り返し、より重い原子がつくられていった。

ネオン（Ne）からナトリウム（Na）のサイクルや、マグネシウム（Mg）からアルミニウム（Al）のサイクルなどが繰り返され、鉄（Fe）やニッケル（Ni）原子がつくられた。鉄は安定な原子であり、現在の宇宙においても飛び抜けて多量に存在している。

鉄の存在量が多い理由を、少し詳しく見てみよう。

アルベルト・アインシュタイン（1879～1955年）の特殊相対性理論によれば、質量mとエネルギーEは等価であり、有名な$E=mc^2$（cは光速）の関係にある。原子核の質量は、それを構成する核子（陽子と中性子の総称で、「ニュークレオン」ともいう）が単独で存在するときの質量の合計よりわずかに小さく、その質量差は「質量欠損」とよばれている。

質量欠損は、式1－1で表される。ここで、Zは陽子数、Aは質量数（陽子数と中性子数の総

式1-1

$$\Delta m = [Zm_p + (A-Z)m_n] - m_0$$

数)、m_pは陽子の質量、m_nは中性子の質量、そしてm_0は原子の質量である。すなわち、原子核を構成するためにはΔmc^2のエネルギーを必要とすることを意味し、Δmc^2を「結合エネルギー」という。

図1-7に示すグラフの横軸は原子の質量数A、縦軸は1核子あたりの結合エネルギー$\Delta mc^2/A$である。核子1個あたりの平均値は8MeV程度であり、このグラフから、原子番号26の^{56}Feが最大値を示していることがわかる。つまり、鉄の原子核が最も強く結合していることを示している。

このように、鉄は宇宙や地球では最も安定な原子があることがわかり、実際に、宇宙における鉄の存在度が高いことが理解できる（56ページ図1-8参照）。

「鉄より重い原子」はどうつくられたか

それでは、この安定な鉄よりも原子番号の大きい、すなわち「重い原子」はどのようにつくられたのであろうか？

ヨーロッパのルネサンスのころ、夜空に輝く星々のなかで、突然さらに明るく輝き出した星が観測され、これが新しい星が誕生したように見えたことから、人々はこれを「新星」、ラテン語で「ノーヴァ（nova）」と名づけた。1885年には、アンドロ

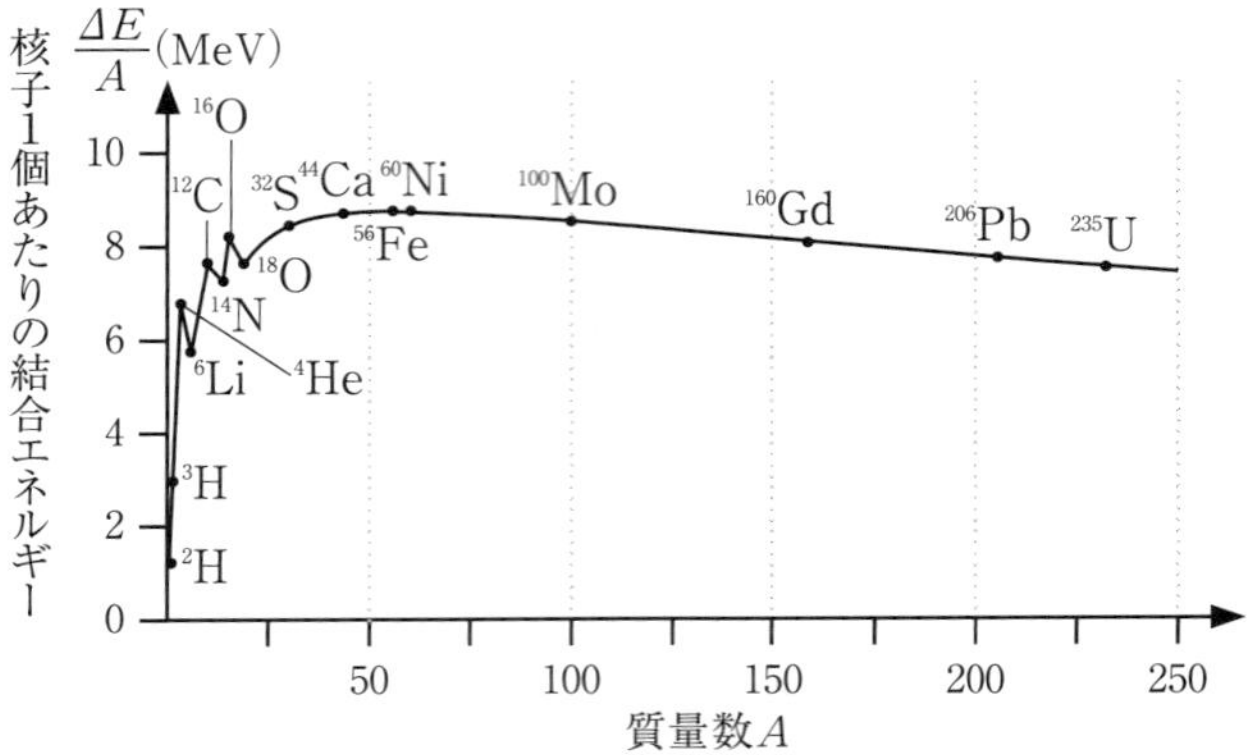

(S. Glasstone & A. Sesonske, Nuclear Reactor Engineering, 3rd Ed., John Wiley & Sons Inc. およびhttp://www.dne.bnl.gov/nndcscr/masses/mass rmd.mas95)

図1-7 原子の質量数と1核子あたりの結合エネルギー

メダ銀河の中に当時知られていた新星よりももっと輝く星が現れたために、これを「超新星(supernova)」とよぶようになった。この現象は、星がその生涯を終えるときの大規模な爆発、すなわち「超新星爆発」によるものであることが、のちに判明した。

この大爆発により、星の本体はバラバラに砕け散ってしまうが、その跡には、中性子がおもな成分である「中性子星」や、重力が大きすぎて、そこから光でさえ脱出できない天体である「ブラックホール」が残る。そうした現象が生じる際の超高温・超高圧によって、鉄よりも重い原子が多くつくられたのではないかと考えられている。

「中性子捕獲」と「β崩壊」

鉄より重い原子は、「中性子捕獲」と「β（ベータ）崩壊」によってつくられる。

中性子捕獲とは、中性子が原子核に捕獲・吸収されて、γ（ガンマ）線を放出する核反応のことで、（n、γ）と書かれる。中性子を捕獲した原子は、陽子数と中性子数の合計である質量数が1だけ増えるが、原子番号は変わらない。

重元素が中性子捕獲をおこなう過程は、1000年単位の長い時間を要するゆっくりとしたものであるため、「sプロセス（slow process）」と名づけられている。一方、巨大な星がその寿命を終えるときには、超新星爆発による巨大な圧力や熱のエネルギーによってウラン238以上の重い原子までを一度に、かつ大量に合成すると考えられている。こちらの原子合成は、数秒単位の爆発的に速い過程であることから「rプロセス（rapid process）」とよばれている。

この反応過程を解明するために、現在さまざまな実験がおこなわれている。合成された重い原子は不安定で、すぐに崩壊して鉄のような安定な軽い原子へと崩壊していく。

鉄より重い原子がつくられるもう一つの過程である「β崩壊」には、3種類の崩壊様式が知られている。

β^-線を放出する場合を「①β^-崩壊」とよび、原子核内で中性子が陽子に変化するため原子番号は1大きくなる。β^+線を放出する場合は「②β^+崩壊」とよび、さらに、β^+線を放出せずに軌道電子を核内の陽子が捕捉する「③電子捕獲」とよばれる様式がある。β^+崩壊と電子捕獲の場合には、陽子が中性子となるため原子番号は1小さくなる。

宇宙年齢より長寿の原子

ビスマス209のような原子は、現在でも地球に存在している。ビスマス209は、長いあいだ最も重い安定同位体であると考えられてきたが、2003年に、宇宙年齢の138億年より約10億倍も長い半減期＝1・9×10^{19}年をもつ放射性同位体であることがわかった。

ウラン238より重い原子の寿命は、地球の年齢（45・4プラスマイナス0・5億年）よりかなり短いため、現在の地球には存在しない。超新星爆発によって、理論的には原子番号98のカリホルニウム（Cf）までがつくられると推定されている。

「クラーク数」とはなにか

前項までに見てきたようなプロセスを経て、太陽系には多数の元素がつくられた。次に、いったいどのくらいの元素と量が存在しているのかを見てみよう。

地球と宇宙に存在する化学元素を初めて分析・発表したのは、2人の科学者であった。アメリカの地球化学者フランク・ウィグルスワース・クラーク（1847〜1931年）とスイスの鉱物学者ヴィクトール・モーリッツ・ゴルトシュミット（1888〜1947年）である。

まず、クラークらは、地殻中の元素の存在度（割合）を分析するために、次の3条件を定めた。

①「地殻」（地球表層部）は、地表部付近から海水面下約10マイル（16km）までとする

②「岩石圏」（質量パーセントで93・06％）、「水圏」（同6・91％）、「気圏」（同0・03％）の3圏の値を合計する

③岩石圏での物質の割合は、95％の火成岩（マグマが固まってできた岩）、4％の頁岩《けつがん》（粘土が堆積してできた岩）、0・75％の砂岩（石英などの砂粒が固まってできた岩）、0・25％の石灰岩（生物の遺骸や海水中の石灰分など、おもに炭酸カルシウムが堆積してできた岩）より成ると仮定する

1889年から1924年までの35年間の分析に用いられた火成岩は5159個で、これらの試料から平均元素組成が推定された。得られた値はたいへん貴重なものであったため、のちに旧ソ連の地球化学者・鉱物学者アレクサンドル・フェルスマン（1883〜1945年）はこの業績を讃え、元素の存在度（割合）のことを「クラーク数」とよんだ。

わが国でも一時、クラーク数の呼称が使われていたが、現在はあまり用いられず、たとえば『理科年表』などでは「地殻の元素存在比」と記されている。

親鉄元素	Fe, Co, Ni, Mo, Ru, Rh, Pd, Re, Os, Ir, Pt, Au, Ge, Sn, C, P
親銅元素	Cu, Zn, Ga, As, Se, Ag, Cd, In, Sn, Sb, Te, Hg, Tl, Pb, Bi, Po, S
親石元素	Li, Na, K, Rb, Cs, Be, Mg, Ca, Sr, Ba, Sc, Y, ランタノイド(Pmを除く), アクチノイド(Th, U), Ti, Br, Hf, V, Nb, Ta, Cr, W, Mn, B, Al, Si, O, F, Cl, Br, I, At
親気元素	H, N, He, Ne, Ar, Kr, Xe, Rn
親生元素	H, B, C, N, O, Na, Mg, Si, P, S, Cl, K, Ca, V, Cr, Mn, Fe, Co, Ni, Cu, Zn, As, Se, Mo, Sn, I, Pb

表1-2 ゴルトシュミットによる元素の分類

(V. M. Goldschmidt, "Geochemische Verteilungsgesetze der Elemente," *Phys. Z.*, 1929, 30: 519-520)

ゴルトシュミット分類法

一方のゴルトシュミットは、「ゴルトシュミット分類法」とよばれる、周期表に基づく元素の化学的ふるまいの類似性に着目して元素を分類したことや、隕石の分析と太陽スペクトルの結果を用いて「宇宙における元素の存在度」を推定したことでよく知られている。

地球の構成元素を調べたゴルトシュミットは、最も多いのが酸素であったことから、地殻を含む岩石圏を「酸素圏」とよんだ。さらに、地球における元素を当初は大きく4つに分け、のちに1つを加えて5種類に分類した。その5種類とは、表1-2に示す「親鉄元素」「親銅元素」「親石元素」「親気元素」「親生元素」である。

「親鉄元素」とは、地球内核部に存在し、比重が大きい鉄、コバルト、ニッケルなどの存在量の多い元素である。炭素やリンが含まれているのは、鉄などと反応し、これらに溶け込んでいるためである。

「親銅元素」は、地殻中に硫化物として存在したり、硫化物鉱物に濃縮されている元素である。硫化銅（CuS）として産出される黄銅鉱《おうどうこう》から、その名がつけられた。親銅元素には銅、亜鉛、セレンなどの生体必須元素が含まれる一方、水銀、カドミウム、鉛、スズ、ヒ素などの有害性のある元素も名を連ねている。

「親石元素」は、地殻中に多い岩石を構成し、酸素と高い親和性をもつ元素である。「親気元素」は、大気圏で揮発性の原子または分子として存在する元素であり、「親生元素」は、動物や植物など生物の主要な構成元素と、生命の維持や生理活性の発現に関係する元素を指している。

このような元素の分類から、硫黄と親和性の大きい元素は親銅元素に、一方、酸素に親和性の大きい元素は親鉄元素に分類される。巨大な地球の内部に存在する物質が、元素の化学的性質によって支配されていることは興味深い事実である。

安定して長く存在できる元素の特徴

図1-8に示す「宇宙の元素存在度」では、太陽大気のスペクトルと石質隕石、すなわち「炭素質コンドライト」（60ページのコラム1参照）の化学組成から宇宙の元素存在度が求められて

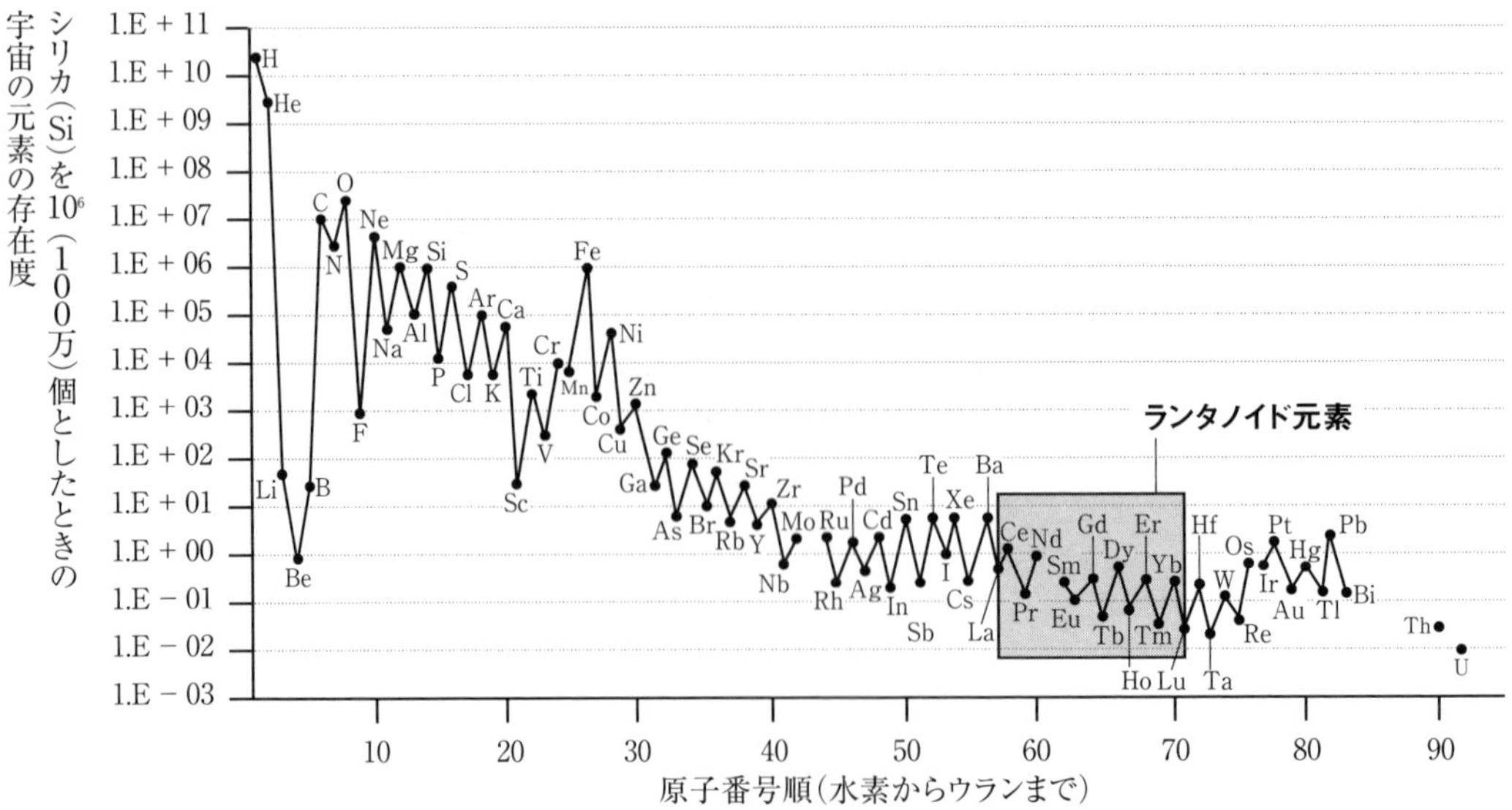

図1-8 宇宙の元素存在度　縦軸のたとえば1.E+06は10^6を示している

(Anders, E. and Ebihara, M., 1982. Solar-system abundances of the elements. *Geochimica et Cosmochimica Acta*, 46 (11), 2363-2380)

いる。しかし、この値は宇宙の元素存在度というより「太陽系の元素存在度」というほうがふさわしいようである。

宇宙の元素存在度の推定は、１９３８年にゴルトシュミットによって始められたが、その後、多くの研究者によって隕石、地球の岩石、太陽大気における元素存在度に関する観測調査から、信頼できる成果が得られるようになった。

「宇宙の元素存在度」は、一般にケイ素原子の存在度10^6を基準として、他の元素の原子数で表される（図１‐８）。存在度の順に主要な元素を挙げると、水素、ヘリウム、酸素、炭素、ネオン、窒素、マグネシウム、ケイ素、鉄、硫黄となる。特に、水素とヘリウムは圧倒的に豊富で、これだけで全体の99％以上を占めている。

「宇宙の元素存在度」は多くの研究者によって発表されているが、図１‐８はエドワード・アンダース（１９２６年～）と海老原充（１９５１年～）によって１９８２年に発表されたものである。図１‐８から、元素の存在量は原子番号が大きくなるにしたがって凸凹しながら少なくなっていく特徴がわかる。

つまり、陽子数が偶数個の元素は原子核のエネルギーが低く、安定して長い時間存在できることを示している。そして、原子番号が偶数のものは隣り合った奇数の元素よりも多く存在することになる。奇数の原子番号をもつ元素からみれば、β崩壊によって両隣のどちらかにある偶数の原子番号の元素へと変化するからである。

元素の形成メカニズム

図1-8に示した特徴は、「オドー ハーキンスの法則」とよばれている。オドー ハーキンスの法則は、イタリアの化学者ジュゼッペ・オド（1865~1954年）が1914年に提案し、アメリカの化学者ウィリアム・ドラッパー・ハーキンス（1873~1951年）によって1918年にまとめられたものである。

この法則は、じつは、元素の形成メカニズムに深く関係していると考えられている。

先に紹介したように、元素の形成は当初、星の内部で生じる核融合によって進んでいく。太陽では、水素と水素が融合してヘリウムができる核融合反応が起きている。太陽規模の恒星ではヘリウムまでしかできないが、太陽よりも大きな星では水素やヘリウムが核融合を起こし、炭素、窒素、酸素などが生成される。

太陽よりも大きい星ではさらに、中心の温度が1億℃近くにまで上昇し、ケイ素や鉄までの元素が核融合でつくられる。鉄の原子核はきわめて安定しており、それ以上の大きさの原子核をつくろうとしてもただちに分解して、他の元素に変化してしまう。

鉄よりも原子番号が大きい元素は、超新星爆発のときに形成される。超新星爆発時には無数の中性子が放出され、すでに形成されていた元素が中性子を吸収して（中性子捕獲）、さらに大きな原子核になる。このとき、奇数よりも偶数の陽子数（原子番号）をもつ原子のほうが安定して存在するため、元素の種類によって存在量が異なる原因となる。

さらに、スカンジウム（Sc）とイットリウム（Y）、および原子番号57のランタン（La）から71のルテチウム（Lu）までの「ランタノイド元素」（これらは希土類元素「レアアース」とよばれる）の濃度を見てみると、ここでもオドー－ハーキンスの法則が表れている。

＊

本章では、生命の誕生と金属元素の関わりについて、鉱物との類似性という興味深い視点を紹介しながら概観してきた。

金属元素が生命をつくる——さまざまな生理機能を担い、生命活動に大きく貢献している金属（金属イオン）の重要性は、強調しても強調しすぎるものではないが、次章では、酸素との関わりという視点から、生命における金属（金属イオン）のさらなるはたらきについて見ていくことにしよう。

コラム1

小惑星イトカワとリュウグウの元素

太陽系の天体には、惑星、衛星、彗星のほかに約130万個も存在すると考えられている小惑星がある。

それら小惑星のなかには、火星と木星の間（「小惑星帯」あるいは「アステロイドベルト」とよぶ）を規則的に運動しているものと、標準的な軌道を大きく離れて運動している「特異小惑星」といわれるものとがある。特異小惑星は、さらに地球に接近する小惑星（地球近傍小惑星）と、トロヤ群小惑星と太陽系外縁天体の3種類に分類されている。

小惑星探査機「はやぶさ」と「はやぶさ2」が到達してサンプル試料を持ち帰ること（サンプルリターン）に成功した小惑星「イトカワ」と「リュウグウ」は、地球近傍惑星に属している。両探査機には、イオンエンジンとサンプルリターンの技術開発の実証とともに、「イトカワ」には小惑星の形成の解明、「リュウグウ」には有機物や水のある小惑星での生命誕生の解明などの目的が設定されていた。

両探査機は、高度な技術を駆使してサンプルリターンに成功し、採取された固体試料について分析が進められ、結果が公表されはじめている。現時点で検出された元素などについて、表にまとめた。

イトカワは、「普通コンドライト」で成り立っていると考えられ、これまでに知られているコンドライト隕石の化学組成とよく似ている。普通コンドライトとは、石質隕石のうち炭素を含まないものを指し、最もありふれた隕石のことである。

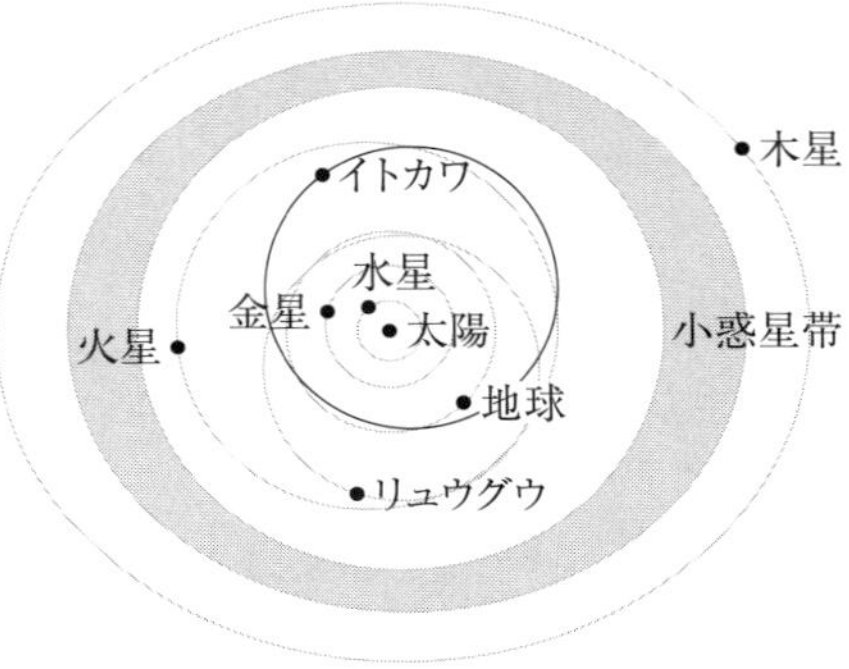

小惑星イトカワ、リュウグウで発見された元素				
小惑星名	平均直径	公転周期	検出鉱物	検出元素
イトカワ 25143 Itokawa	320m	1.52年	**普通コンドライト** 橄欖石 輝石 斜長石 硫化鉄 クロム鉄鉱 鉄ニッケル鉱	^{16}O, ^{17}O, ^{18}O, S, P, Na, Ca, Mg, Si, Sc, Cr, Co, Ni, Fe, Zn, Ir, He, Ne, Ar
リュウグウ 162173 Ryugu	700m	1.30年	**炭素質コンドライト** 含水ケイ酸塩鉱物 炭酸塩鉱物 硫化鉄鉱物 酸化鉄鉱物 窒化鉄鉱物 層状ケイ酸塩鉱物 (Fe^{2+}, Fe^{3+}共存) 高圧鉱物	H, O, C, N, K, Ca, Mg, P, Si, Ge, Al, Ti, Cr, V, Mn, Fe, Co, Ni, Zn, Cl, Ne＊

＊有機酸群（シュウ酸、マロン酸、クエン酸、リンゴ酸、ピルビン酸、乳酸、メバロン酸など65種）および窒素分子群（有機－無機複合体のアルキル尿素などを含む19種）を含めて、分子量が100～700の約2万種類の有機分子を検出。さらに、核酸塩基の一種ウラシルやビタミンB_3も検出。

イトカワから持ち帰られた普通コンドライトからは金属状態の鉄が多く検出され、他にも多数の元素の存在が確認されている。「親鉄元素」（54ページ表1 - 2参照）の含有量が多いそうである。

一方、リュウグウは「炭素質コンドライト」から成り立つと考えられ、イトカワ以上に多くの元素が検出されている。炭素質コンドライトとは、熱変成がほとんど見られず、始原的な母天体に由来するものである。炭素質コンドライトは炭素の含有比が高く、カーバイドや有機化合物を含み、また蛇紋岩などの含水鉱物が多く、もろい性質がある。リュウグウでは水の存在が確認され、30℃以下の気温しか経験していないと推測されている。粘土鉱物の中に脂肪族や芳香族化合物が凝集していることも見出されており、生命との関連の可能性を想像させる。

第2章

生命のエネルギー源「酸素」を使いこなす金属

——そのメリット／デメリットをどう制御しているか

今から約46億年前、原始太陽系の中に「原始地球」が誕生したと考えられている。

地球の内部は中心核のまわりをマントルが取り囲み、地球表面はすべての物質がドロドロに溶けた「マグマオーシャン（マグマの海）」で覆われていた。その上部には水蒸気（H_2O）、二酸化炭素（CO_2）、塩酸ガス（HCl）や硫酸ガス（H_2SO_4）を含む「原始大気」があった。やがて地球本体の温度が下がり、マグマが固まりはじめて「地殻」と「地表」ができた。そこに大量の雨が降り注ぎ、「原始海洋」が誕生した。当時の雨は塩酸ガスや硫酸ガスを含んでいたため、強酸性であったと考えられ、地殻中のさまざまな元素が溶かされて、海洋へ流れ込んだと想像されている。

現在とはまったく異なる大気組成

このころの地球表層は、いくつかの硬いプレート（板）に分かれ、地球環境の変動は、これらプレートの運動によって起きるとする「プレートテクトニクス」によって支配されていた。プレートテクトニクスは、ドイツの気象学者アルフレート・ヴェーゲナー（1880〜1930年）が1912年に提唱した説である。創生期の地球には多数の元素があり、また、宇宙空間から飛来する隕石によってもたらされたと考えられている元素も存在していた。

地球誕生時の大気組成は二酸化炭素がほとんどで、全体の96％も占めていたと考えられている。このころはまだ、酸素分子は存在していなかった。

現在の地球の大気成分は、窒素分子が約78％、酸素分子が約21％、そして二酸化炭素はわずか0・03％にすぎないので、当時はまったく異なる大気環境にあったことになる。原始地球で一大勢力を誇っていた二酸化炭素は、いったいどこにいったのか？

二酸化炭素は水に溶けやすい気体分子なので、海水に溶け込み、海水中のカルシウムイオンと反応して炭酸カルシウム（$CaCO_3$）になった。やがて石灰岩として固定されていったため、大気中の二酸化炭素はしだいに減少していったと考えられている。

2-1 生体分子の誕生と金属の役割

原始地球に生命が誕生するプロセスを考えるとき、まず最初に必要となるのが生命の素となる基本的な分子、すなわち生体分子の存在である。生体分子は、いったいどのようにしてつくられたのか？

その謎はまだ解明されたわけではないが、いくつかの実験や知見が発表されている。

「ユーリー・ミラー反応」の発見

アメリカの化学者ハロルド・ユーリー（1893～1981年）と、当時はシカゴ大学の大学院生であったスタンリー・ミラー（1930～2007年）は1953年、原始大気のモデルとして水蒸気、水素ガス、アンモニアとメタンの混合気体を閉じ込め、そこに稲妻のモデルとして火花放電を加えたところ、7種類のアミノ酸と10種類の有機化合物ができることを発見した。

この実験は、生体分子の起源を探る研究にブレイクスルーをもたらし、「ユーリー・ミラー反応」とよばれるようになった。この反応からは、さらに糖類や核酸の塩基であるアデニンやグアニンなどがつくられることもわかった。ユーリー・ミラー反応は生命の起源を考える人々に強いインパクトを与えたが、やがて原始大気は、彼らが使ったような還元的なものではなかったと考えられるようになった。ユーリーとミラーによる実験の後に、深海中に熱水が噴出している噴出孔（チムニー）が新たに発見され、その現象が秘める重要性も取り入れられるようになった。

生命の起源の解明に挑む多くの研究者は現在、深海で発見された熱水噴出（ブラック・スモーカー）こそが、生命誕生の地ではないかと考えている。水深2200mよりも深い海の噴出孔では、200～400℃の熱水からメタン、水素ガス、硫化水素、アンモニアなどの分子だけでなく、鉄、マンガン、銅、亜鉛などの金属イオンも噴出している。

この熱エネルギーが与えられた環境下で金属イオンが触媒となって、アミノ酸、炭水化物（糖類）、核酸塩基、脂肪酸などがつくられたと推定されている。生成された分子量の小さな低分子化合物は、海水が岩石を侵食してできたヌルヌルとした粘土の中に入り込む。そこでさらに金属イオンが触媒し、低分子化合物どうしが次々と結合する重合反応が繰り返されることで、さまざまな高分子化合物（ペプチド類、脂肪酸類やリン脂質類）に成長していったと考えられる。

生体分子の「宇宙起源」説

一方、最初期の生体分子は宇宙から飛来したとも考えられている。１９６９年、オーストラリアに落下したマーチソン隕石が分析された結果、アミノ酸が検出されて以降、生体分子の宇宙起源説が発表されてきた。その後、ハレー彗星を取り囲む大気やＮＡＳＡ（アメリカ航空宇宙局）のスターダスト探査機が宇宙から持ち帰った「ヴィルト2彗星」のチリの中に有機物質が検出され、新しいデータに基づく新たな考え方が展開されている。

さらに研究は進み、地球に隕石が落下するときに、アミノ酸や核酸塩基などが生成された可能性があるのではないかと主張する最近の興味深い実験を紹介しよう。

地球の誕生から6億～8億年が経過した40億～38億年前の初期の地球には、現在より１０００倍以上の量の隕石が降り注いでいたと考えられている。隕石にもさまざまなものがあるが、最もよく知られているのは「コンドライト」で、橄欖石《かんらん》や輝石《きせき》などの球状の鉱物集合体や、金属鉄を22〜29%も含む「エンスタタイト・コンドライト（頑火輝石《がんかきせき》）」などがある。

橄欖石は、苦土《くど》橄欖石（Mg_2SiO_4）と鉄橄欖石（Fe_2SiO_4）とが均一に溶け合ってできた固体物質、すなわち固溶体である。輝石の化学組成は$XY(Si,Al)_2O_6$であり、Xはカルシウム（Ca）、ナトリウム（Na）、鉄（Fe^{2+}）、亜鉛（Zn）、マンガン（Mn）、マグネシウム（Mg）、リチウム（Li）、Yはクロム（Cr）、アルミニウム（Al）、鉄（Fe^{2+}、Fe^{3+}）、マグネシウム（Mg）、マンガン（Mn）、スカンジウム（Sc）、チタン（Ti）、バナジウム（V）などのさまざまな金属元素で構成されている。

隕石落下の衝撃で生成される分子

このころの地球にはまだ大気がなく、地球表面はほとんどが海洋であり、巨大な隕石は超高速で地球に落下しやすかったと推定されている。

隕石が海洋に超高速で衝突すると、その衝撃によって高温の蒸気雲が形成され、液体（水）・気体（大気）・固体（隕石）の3状態が界面で相互に反応すると考えられる。コンドライトやエンスタタイト・コンドライト、あるいは鉄－ニッケル合金からなる鉄隕石などの金属鉄を含む隕石が衝突すると、高温の蒸気によって金属鉄が酸化され、同時に窒素や炭素が還元されて、アミノ酸などの有機物の生成が期待されると考えられている。

式2-1

$$(2n+1)H_2 + nCO \longrightarrow C_nH_{2n+2} + nH_2O$$

実際に、鉄隕石が海洋に衝突する際に大気中の窒素－水－鉄のあいだに起こる反応を想定して、アンモニアが生成することが衝突実験によって確認されている。さらに、隕鉄の衝突粉砕粒子の再突入を模擬した加熱実験で、フィッシャー・トロプシュタイプの反応によってメタンの生成も報告されている。

フィッシャー・トロプシュ反応は、1920年代に2人のドイツの化学者フランツ・フィッシャー（1877～1948年）とハンス・トロプシュ（1889～1935年）によって発明された反応で、触媒の存在下で一酸化炭素と水素ガスを反応させて液体炭化水素を合成する方法である（式2－1参照）。一般的には、鉄やコバルト、ニッケルなどの化合物が触媒として用いられる。

二酸化炭素の役割

また、種々の鉄隕石が衝突すると、多くの水素や一酸化炭素が生成され、磁鉄鉱を多く含む炭素質コンドライトでは主要な生成ガスが二酸化炭素であることもわかってきた。

このような研究の進展のなかで2020年、東北大学の古川善博らが、金属鉄100～300㎎、金属ニッケル10㎎、苦土橄欖石（Mg_2SiO_4）200㎎、水、二酸化炭素（炭酸水素ナトリウム）と窒素分子を含む系に、実験室内で超高速衝撃（約0・9km／秒）を与えて、アミノ酸のグリシンとアラニンの合成に成功した例が報告された。これらのアミノ酸の検出と定量には、実験中での混入を避けるために炭素の同位体^{13}Cを用いて合成した標準品が使用され、窒素分子からアミノ酸へのモル変換率は約10〜3％と報告されている。

この系にさらにアンモニアを加えると、現在の人や動物の体内に存在するβ－アラニン、α－アミノ酪酸、β－アミノイソ酪酸やサルコシン（N－メチルグリシン）なども合成され、生成量はアンモニアの添加量に比例することがわかった。

隕石が地球に落下して、海洋に超高速衝撃が生じた瞬間にアミノ酸類が生成される場合にも、鉄、ニッケル、マグネシウムなどの金属や金属イオンが触媒的はたらきをした可能性が示されたことは、きわめて興味深い。生成された生命の原型分子は、さらにこれらの金属イオンによって高分子化することも可能であるかもしれない。

2-2 細胞の誕生と金属

地球で生まれた——あるいは、宇宙からもたらされたかもしれないと考えられる——始原生命物質は、なぜひとかたまりになり、膜の中に閉じ込められて原始細胞となったのだろうか？

生命誕生の謎を探る研究において、最初のブレイクスルーを成し遂げるとば口を用意したのは、旧ソ連のアレクサンドル・オパーリン（1894～1980年）であった。

オパーリンの「化学進化説」

オパーリンは1936年、名著『地球上における生命の起源』を出版した。それ以前には、生命の起源に関する実験や議論は存在せず、同書は生命の起源に関する科学的考察のさきがけを成したと評価されている。

ここで提案されている考え方は「化学進化説」「スープ説」あるいは「コアセルベート説」とよばれている。化学進化説は最も理解しやすく、基本的な生命発生のプロセスであるため、細かなプロセスごとにさまざまな仮説が提示されている。オパーリンの生命の起源に関する考察は、次のようにまとめられる。

①原始地球の構成物質である多くの無機物から、低分子有機物が生じる
②低分子有機物は、互いに重合して高分子有機化合物を形成する
③原始海洋は、低分子有機物や高分子有機化合物の蓄積が見られる「有機的スープ」である
④原始海洋の中では、形成された脂質が水中で集合し、超分子集合体「コアセルベート」が誕生

する
⑤「コアセルベート」は互いに結合、分離、そして分裂を繰り返し、アメーバのようにふるまう
⑥このようなコアセルベートが有機物を取り込んでいくなかで、最初の生命が誕生し、機能的な代謝系をもつものが生き残ってきた

細胞膜も金属イオンがつくった？

この化学進化説を基盤として、生命の起源に関するさまざまな考察や実験が20世紀に展開されることとなった。

オパーリンは細胞膜の形成までは述べなかったが、細胞膜の形成についてはまだ多くの進展はなさそうである。生命の始原分子が細胞のような膜にどのようにして閉じ込められたかという問題はきわめて難しく、いまだ解明されていない。

細胞膜の起源については、１９９７年にＭ・Ｊ・ラッセルとＡ・Ｊ・ホールが「鉄硫黄膜仮説」を提唱している。彼らは、原始地球の深海の熱水噴出孔で、硫化鉄（FeS）の組成をもつ中空の球状物質がつくられ、原始細胞膜の役割を果たしたのではないかと考えた。

初期地球の海洋は熱く（およそ90℃）、弱酸性（pH５・５）かつFe^{2+}やNi^{2+}に富んでいるが、熱水噴出孔から放出される熱水は高温（１５０℃）かつアルカリ性（pH９・０）で、硫化水素イオン

(HS^-)に富む還元的な性質であったと考えられる。このように、pHも酸化還元状態も異なる熱水と海水が混ざる領域では球状物質がつくられ、その内部と外部でpHと電位の勾配ができる。原核生物の細胞膜の機能にみられるような、外部の環境に応じて金属原子の酸化状態が変化する電子移動反応（たとえばFe^{2+}↑↓Fe^{3+}やCu^{+}↑↓Cu^{2+}）がおこなわれるような場ができたのかもしれない。

すでに紹介したように、海底の熱水噴出孔付近には硫化鉱物、酸化鉱物、ケイ酸塩鉱物、硫酸塩鉱物などが沈殿した煙突状の岩石チムニーが見出されている。同様の球状物質はチムニーの化石中にも見つかっており、実験的にも合成可能なのだという。この球状物質が細胞膜としての機能をもっているかどうかはわかっていないが、細胞膜の形成にも、金属イオンの関与が指摘されていることは注目に値する。

脂肪酸とアミノ酸の結合がカギ

さらにもう一つ、今後の細胞膜形成探究のヒントになりそうな実験を紹介しておこう。

脂肪酸などは界面活性剤のようなはたらきをもっているため、自発的に凝集して膜を形成する性質がある。これら膜状の物質は、原始海洋のような高濃度の塩や金属イオン（マグネシウムなど）を含む溶液内では不安定で、簡単に壊れてしまう。しかし、脂肪酸とアミノ酸とを結合させた分子で膜をつくると、塩や金属イオンが存在していても溶液中で安定に存在することが見出されている。また、この溶液を希釈しても安定に存在することも確かめられた。

このような反応や、あるいはさらに未知の反応によって始原生命物質が凝集して互いに反応し、新しい高分子化合物を合成して、さまざまな分子を内部に閉じ込めて膜をもった原始細胞ができたのではないかと考えられる。膜の内部ではさまざまな化学反応が進行し、やがて自己複製ができるRNA（リボ核酸。DNAとともに、生物の遺伝情報の保存・伝達機能を担う）やDNAがつくられて、細胞としての構造と機能が整っていったのではないだろうか。

チムニーの海水と触れる部分には、硬石膏《こうせっこう》（$CaSO_4$）や石膏（$CaSO_4 \cdot 2H_2O$）などの硫酸塩鉱物が、またチムニーの内側は閃亜鉛鉱（ZnS）、黄銅鉱（$CuFeS_2$）、方鉛鉱（PbS）なども含まれていて、現在でも熱水が噴出する海底では好熱菌が発見され、またカナダのケベックでは、海底の熱水噴出孔に生息する細菌に似た微生物の化石が発見されている。

このような研究結果に基づいて、およそ40億年前に、地球上に生命が誕生したと推定されている。熱水噴出孔の周辺では、貝類、エビ、チューブワームなどの生物群が確認され、その総数は300種を超えるといわれている。

2-3 酸素の誕生——生命はなぜ酸素を利用したか

海の中で誕生した生命は、悠久の長い年月をかけてゆっくりと進化していったが、およそ30億年前に、地球の環境を一変させる新しい微生物が姿を現した。

その微生物は、強い太陽の光を使って大気中の二酸化炭素と海水中の水から有機物をつくり出す生物であり、最初の光合成生物であった。有機物をつくる過程で、酸素分子をも生み出し、海洋中へと放出した。

「シアノバクテリア」と名づけられたこの微生物は、現在もオーストラリア西部のハメリンプールに生息し、その化石はストロマトライト化石として残っている。

鉄と酸素の運命

シアノバクテリアはその後、大繁殖し、酸素を溶かした海洋が誕生することとなった。シアノバクテリアはおよそ4億年をかけて酸素を放出し続けると同時に、光合成によって大気中の二酸化炭素を取り込むために、地球の大気組成をも変化させる役目を果たした。

当時の海には、カルシウムやナトリウムイオンの他に、海底の熱水噴出孔から放出される大量の鉄イオンが溶け込んでいた。シアノバクテリアから海洋中に放出された酸素分子は鉄イオンと結合し、水に溶けない酸化鉄へと変化して、およそ5億年をかけて海底に沈んでいった。

酸化鉄が沈降したおよそ25億〜18億年前の海底には、「縞状鉄鉱床《しまじょうてっこうしょう》」とよばれる、酸化鉄とケイ酸塩鉱物が縞状に堆積した層がつくられた。その後の地殻変動によって大陸の一部が隆起した結果、現在、広大な縞状鉄鉱床がオーストラリアやカナダで発見され、鉄鉱石源として鉄の製造に利用されている。

こうして大量の鉄イオンが海水中から取り除かれ、海洋には鉄とともにモリブデン、亜鉛、銅、マンガン、コバルトなどの金属イオンが残ることとなった。

シアノバクテリアによって放出されつづける酸素分子は、やがて海水を飽和し、ついには大気中に放出されていくことになった。このようなプロセスを経て、24億5000万年前に、大気中に酸素分子が出現しはじめたのである。

酸素とはなにか——生体に対する潜在的リスク

ここであらためて、「酸素とはなにか」について確認しておこう。

酸素分子は、常温・常圧では無色無臭だが、マイナス183℃（絶対温度では90K）以下では液体となり、淡青色を示す。酸素分子はまた、常温の気体状態でも液体状態でも、磁石としての性質である常磁性を示す。酸素原子の電子配置は、$(1s)^2(2s)^2(2p)^4$で表されるが、$(1s)^2$を省いて外側の電子配置のみで表すと、酸素分子は式2-2で表される。

2個の対になっていない電子、すなわち不対電子が、各酸素原子上に存在している構造で示される。不対電子は小さな磁石としての性質をもつため、酸素分子は磁石に引きつけられる。これが前述の磁石としての性質である常磁性で、酸素分子を理解するうえで大きなカギとなる特徴である。

式2-2

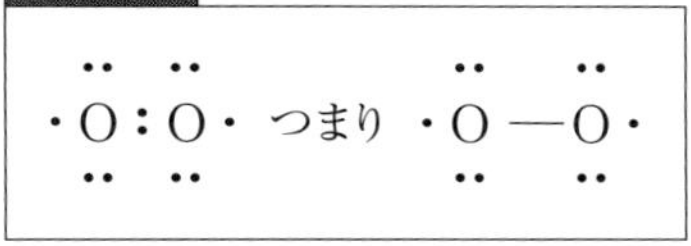

ところで、ここで登場した「電子配置」とはなんだろうか。分子の性質をよく理解するには、1950年ごろに確立された「分子軌道法」とよばれる考え方が有効である。分子軌道法とは、分子内に存在する電子の運動状態が分子全体に広がっていると考え、着目する電子の関数を重ね合わせて、分子全体の電子状態を知る方法である。

この分子軌道法を用いると、酸素分子の電子状態は図2-1のように示される。「πp^*」で示される矢印が2本平行に描かれているのが、酸素分子の特徴である。

分子中に1個以上の不対電子をもつ物質を、一般に「フリーラジカル」とよぶが、フリーラジカルは他の物質と反応して、その物質から電子を奪い取って電子

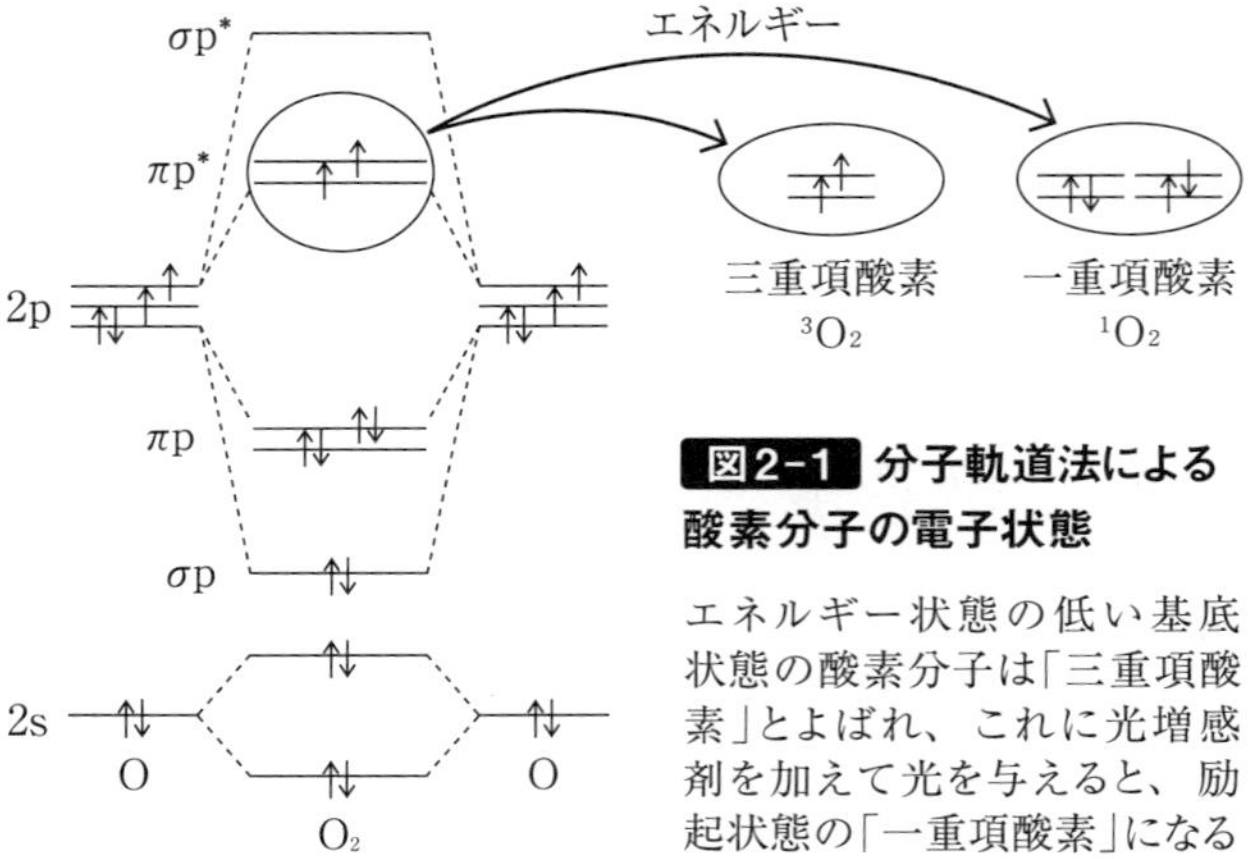

図2-1 分子軌道法による酸素分子の電子状態

エネルギー状態の低い基底状態の酸素分子は「三重項酸素」とよばれ、これに光増感剤を加えて光を与えると、励起状態の「一重項酸素」になる

対をつくり、安定になろうとする性質がある。したがって、フリーラジカルが2個存在する酸素分子が生物の体内に入ると、つねに他の生体分子から電子を奪おうとする。

これを生物の側から見ると、きわめて危険な状態が生じることを意味している。なぜなら、電子が奪い取られると生体側は酸化されることになり、さまざまな反応を引き起こすが、それらの反応が連続して進行していくと、生体分子はついには化学的傷害を受けることとなるからだ。そのような傷害が発生すると、生体は傷つき、さまざまな機能に支障をきたす。最悪の場合には、個体に死をもたらす可能性もある。

そのようなリスクの存在を許容してまで、生物は酸素分子を受け容れ、新たな進化の道を模索するようになったと考えられる。いったいなぜだろうか?

式2-3

$$C_6H_{12}O_6 + 6O_2 \rightarrow 6CO_2 + 6H_2O + 2800\ \mathrm{kJ/mol}$$
$$(668\mathrm{kcal/mol})$$

高エネルギー化合物を得るために

その理由は、体内にあるグルコースを使って呼吸をするというしくみにある。グルコースと酸素分子が反応すると、二酸化炭素と水がつくられ、そのときに大きなエネルギーが得られるからだ（式２－３参照）。

この反応は光合成のちょうど反対のプロセスを示しており、生物はこのとき発生するエネルギーを使って、高エネルギー化合物「ＡＴＰ」をつくることができる。ＡＴＰとは、アデノシン三リン酸のことで、アデニンに糖の一種であるリボースとさらに3分子のリン酸が結合した、2個の高エネルギーリン酸結合をもつ分子である。リボースの５位の炭素原子にリン酸が結合しているため、アデノシン－5′－三リン酸ともよばれる。

アデニンにリボースが結合した分子をアデノシン、また、ＡＴＰからリン酸1分子がとれた分子はＡＤＰ（アデノシン二リン酸）、ＡＤＰからリン酸が1分子とれた分子をＡＭＰ（アデノシン一リン酸）とよんでいる。

式２－４で表される反応から得られたＡＴＰのエネルギーを使うことで、生物は活発に活動できる能力を身につけ、さらなる進化を可能にしたと考えられている。そのような大きいエネルギーを得る前提として、酸素分子の存在が不可欠だったというわけだ。

ここにも金属の役割が！

そして、この大きなエネルギーを得るプロセスにおいても、金属が大きな役割を果たしている。

ＡＤＰとリン酸からＡＴＰをつくる過程にはＡＴＰ合成酵素が必要であり、この酵素は、原核生物では細胞膜に、真核生物ではミトコンドリア内膜に存在している。ミトコンドリア内膜の複合体Ⅰ～Ⅳからなる電子伝達系に共役してＡＴＰ合成（酸化的リン酸化）反応の場があり、クエン酸回路でつくられたＮＡＤＨとコハク酸が酸化されることでＡＴＰ合成酵素にエネルギーを与えている（図２‐２）。共役とは、ある反応が起こると同時に別の反応が起こる系のことをいい、酸化的リン酸化反応では、電子伝達系とＡＴＰ合成が共役しているという。

詳しくは第４章４‐４節で紹介するが、この電子伝達系において、鉄硫黄タンパク質や鉄イオンを含むヘムタンパク質、銅イオンなど複数の金属（金属イオン）が介在して、精巧な機能を担っているのである。

式2-4

$$AMP + PP_i(\text{ピロリン酸}) + 2H^+ \rightarrow ATP + H_2O \quad \Delta G_0 = 45.6\ \text{kJ/mol}(10.9\ \text{kcal/mol})$$

$$ADP + P_i(\text{リン酸}) + H^+ \rightarrow ATP + H_2O \quad \Delta G_0 = 30.5\ \text{kJ/mol}(7.3\ \text{kcal/mol})$$

(ΔG_0は標準自由エネルギー)

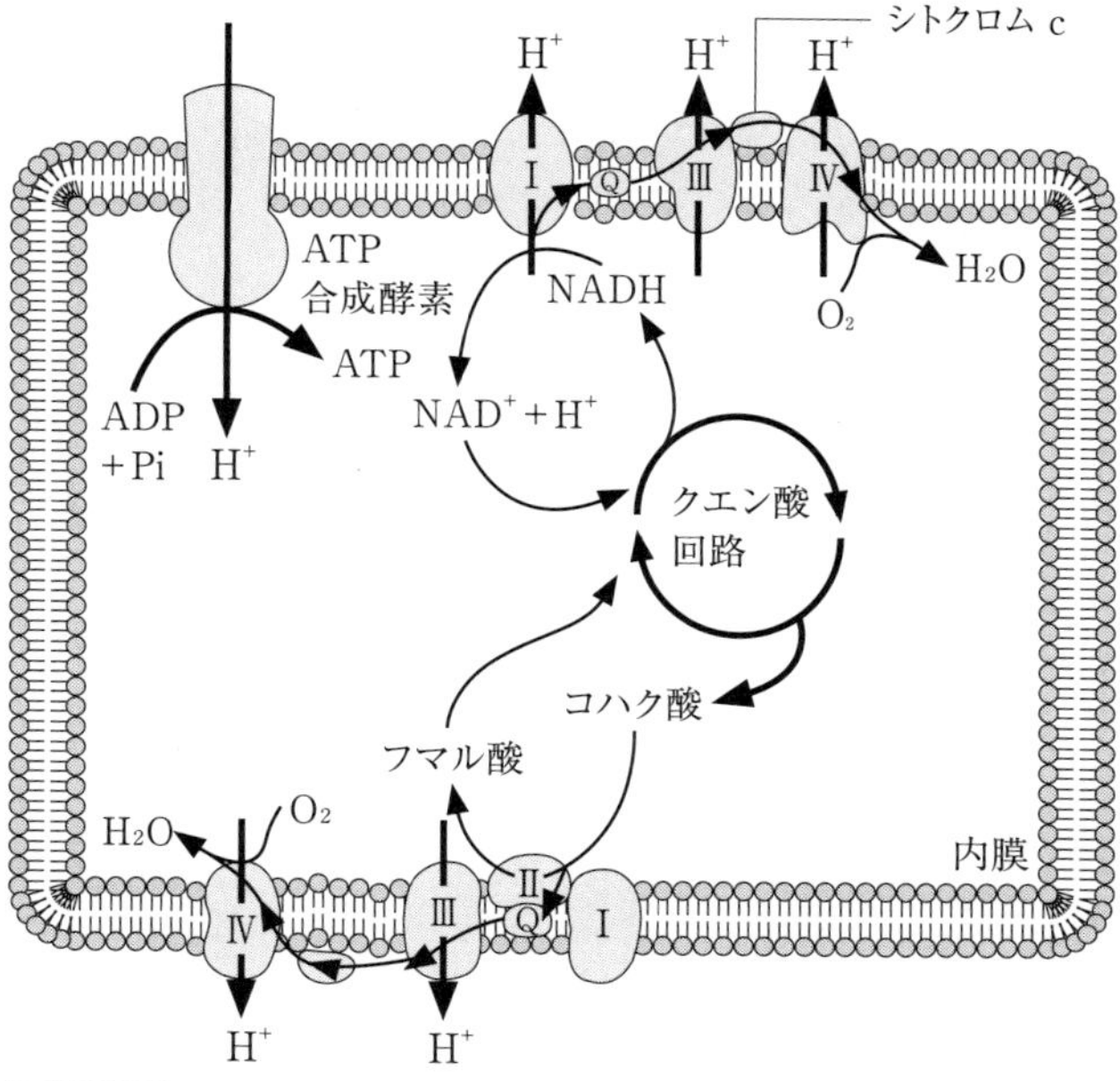

図2-2 ミトコンドリアの電子伝達系と酸化的リン酸化(ATP合成) 複合体I〜IVには、非ヘム鉄タンパク質とヘム鉄タンパク質が構成タンパク質として含まれている。これらの非ヘム鉄とヘム鉄タンパク質(酸化還元可能な鉄を結合したヘムをもつタンパク質の総称を「シトクロム」ともいう)中の鉄イオンでは、Fe^{2+}とFe^{3+}のあいだで電子の受け渡し($Fe^{2+} \Leftrightarrow Fe^{3+} + e^-$)が繰り返される電子伝達系に共役して、ATPの合成がおこなわれている

次々に姿を変える酸素分子――「活性酸素種」の登場

先ほど、「酸素分子が生物の体内に入ると、つねに他の生体分子から電子を奪おう」とし、「さまざまな反応を引き起こす」と指摘した。生物の体内に入った酸素分子は、具体的にどのような反応を引き起こすのだろうか?

酸素分子はまず、他の生体分子から電子1個を奪い、スーパーオキシドアニオンラジカル（$\cdot O_2^-$）に変化する。次に、もう1個の電子を奪い、これとプロトン（H^+）とが反応することで過酸化水素（H_2O_2）になる。続いて、さらにもう1個の電子を奪うと酸素－酸素結合（O－O結合）が切断され、結合に使われていた電子対を1個ずつ分け合うかたちで、ヒドロキシルラジカル（$\cdot OH$）と水酸化物イオン（OH^-）が発生する。酸素分子から過酸化水素にいたるあいだにO－O結合間の結合距離が延び、結合エネルギーが小さくなっていく（表2－1）。

酸素分子の生体内での変化にともなって生成される分子を広く「活性酸素種」とよんでいる。酸素分子からつくられる活性酸素種には多くが知られ、それらを表2－2にまとめて示した。活性酸素種が体内で生成されると、たとえば脂肪酸と反応して細胞内物質や細胞膜に傷害（酸素毒性）を引き起こす原因となる。

酸素分子からつくられる活性酸素とその生成過程を図2－3にまとめて示した。

活性酸素の名称	$^3O_2$ →	$\cdot O_2^-$ →	O_2^{2-} (H_2O_2) →	$\cdot OH$ ($+OH^-$)
	三重項酸素	スーパーオキシドアニオンラジカル	過酸化水素	ヒドロキシルラジカル
O-O距離（Å）	1.21	1.33	1.49	0
O-O結合エネルギー（kcal/mol）	118	64	51	0

表2-1 活性酸素の結合距離と結合エネルギー

酸素分子が次々に電子を他の物質から奪いながら活性酸素をつくっていくルートと、活性酸素が飽和脂肪酸や不飽和脂肪酸と反応して過酸化脂質やそれらのラジカルをつくるルートを、それぞれ示したものである。

記号	名称
$\cdot O_2^-$	スーパーオキシドアニオンラジカル
H_2O_2	過酸化水素
$\cdot OH$	ヒドロキシルラジカル
$^1O_2$	一重項酸素
L・	脂質ラジカル
LOOH	過酸化脂質
LOO・	過酸化脂質ラジカル
LO・	酸化脂質ラジカル
NO・	一酸化窒素（ニトロキシル）ラジカル
NO_2・	二酸化窒素ラジカル
$ONOO^-$	ペルオキシナイトライト

表2-2 活性酸素種

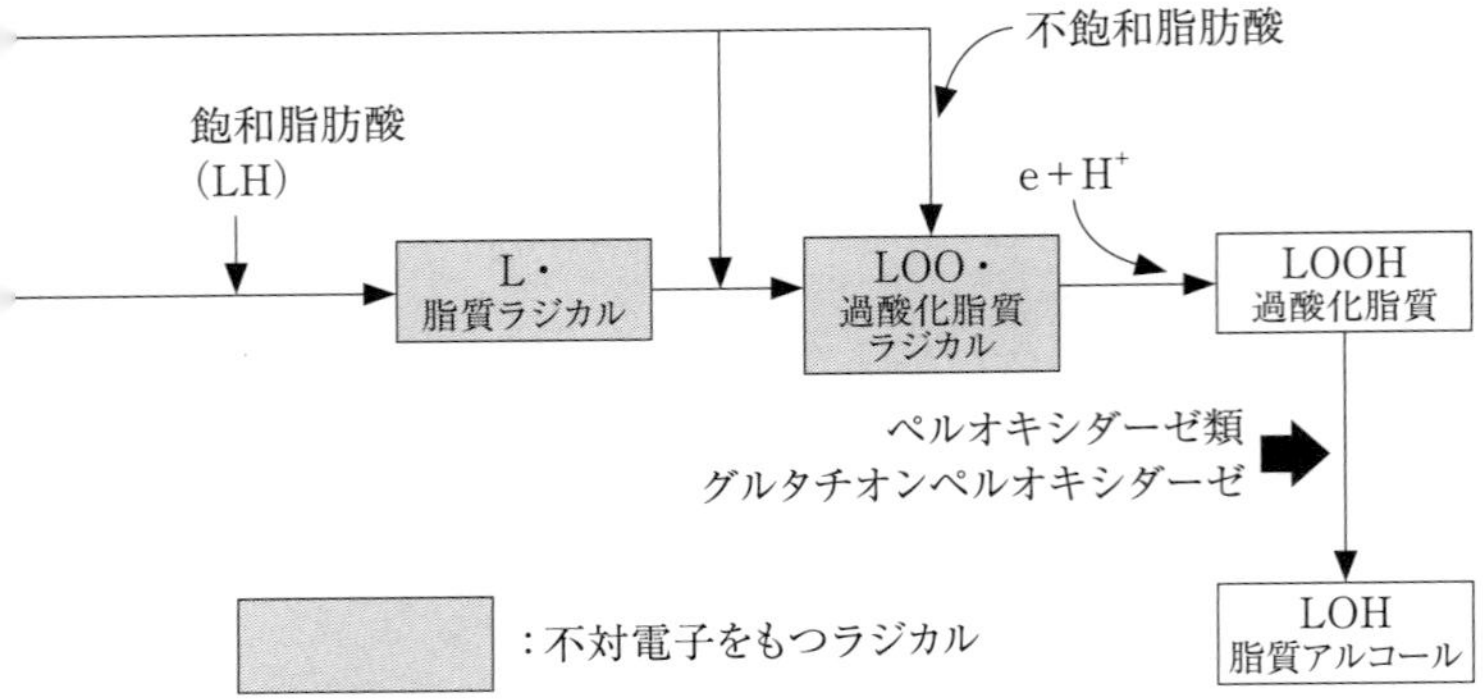

2-4 酸素の毒性を金属で抑え込め！

前節で見たように、生物は酸素分子を用いて大きなエネルギーを得る一方、体内で活性酸素種が発生する危険を冒してまで、酸素分子を利用する方向での進化を遂げる道を選んだ。

しかしそれは、酸素のもつ強い毒性を甘んじて引き受けるという消極的なものでは決してない。生物は同時に、長い時間をかけて酸素の毒性を抑え込む方法をも一生懸命に獲得してきたのである。いったいどのようにして、酸素の毒性を抑え込むのか？

そのメカニズムを構築するにあたって、海洋に溶け込んでいた鉄、銅、亜鉛、マンガン、ニッケル、セレンなどの、さまざまな金属イオンや半金属元素が動員された。今節ではそのようすを確認しておこう。

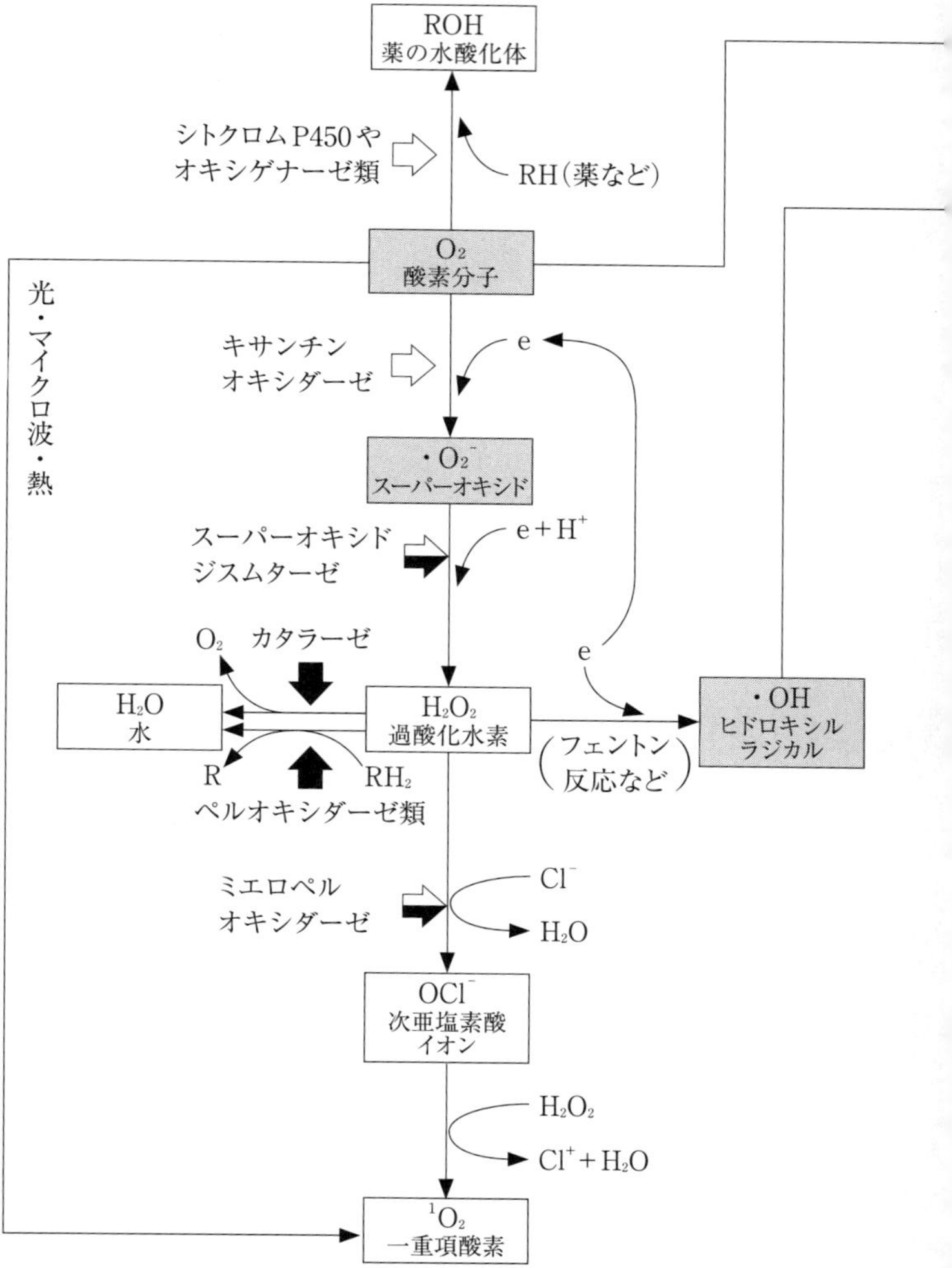

図2-3 酸素分子からつくられる活性酸素とその生成過程

なお、半金属元素とは、金属と非金属の中間的な性質をもつ元素である。セレンやビスマス、ヒ素などが該当し、メタロイドとよばれることもある（12〜13ページ掲載の「元素周期表」参照）。

活性酸素種を消し去る金属酵素

表2-1や図2-3で見たように、活性酸素種を生み出す最初の入り口には、スーパーオキシドアニオンラジカルが存在している。酸素の毒性を抑え込むにはまず、このスーパーオキシドアニオンラジカルを消し去る必要がある。そのためにはたらくのが、金属酵素「スーパーオキシドジスムターゼ（SOD）」だ。SODは、日本語では「スーパーオキシドアニオン（超酸化物）不均化酵素」といい、スーパーオキシドアニオンを酸素（O_2）と過酸化水素（H_2O_2）に分解する酸化還元酵素のことである。

SODにもさまざまなタイプが存在するが、たいていは銅と亜鉛イオンを含んでいる（Cu／Zn-SOD）。銅イオンは酵素の活性中心にあり、亜鉛イオンはタンパク質の構造を保つ役割を果たしている。

嫌気性細菌は鉄イオンを含むFe-SODを、原始的な動物から脊椎動物までや、真菌、粘菌、コケやシダ類などはCu／Zn-SODとマンガンを含むMn-SODの両方をもっている。さらに、グラム陽性細菌に分類される真正細菌のストレプトマイセス属や、ある種のシアノバクテリアは、ニッケルを含むNi－SODをもっている。

巧妙な「進化の道筋」

スーパーオキシドアニオンラジカルに続いて産生されるのが、過酸化水素だ。

過酸化水素を消去・分解する金属酵素カタラーゼには、ヘム鉄を含むものと、マンガンイオンを含むものの2タイプが知られている。前者は哺乳動物の肝臓や赤血球、細菌などに、後者はいくつかのバクテリア類など生物界に広く存在する。

ミトコンドリアや細胞質中には、カタラーゼと同じく過酸化水素を消去・分解する能力をもつセレンを含む「グルタチオンペルオキシダーゼ」が存在し、カタラーゼと補い合うように作用することが知られている。ここで紹介しきれないものも含め、活性酸素種を消去する代表的な酵素を表2‐3にまとめた。

生物はこのように、さまざまな金属イオンと酸素分子を用いてエネルギーを得る一方、金属イオンや半金属元素を用いて酵素をつくる方法を獲得し、酸素分子による毒性を回避する方策を見出した。酸素分子のメリットを享受しながら、そのデメリットを巧妙に抑え込む方向に、進化の道を歩んできたのである。

		消去する活性酸素種	含有金属元素
活性酸素を除く酵素	スーパーオキシドジスムターゼ	$\cdot O_2^-$	Cu, Zn, Mn, Fe, Ni
	カタラーゼ	H_2O_2, LOOH	ヘムFe, Mn
	ペルオキシダーゼ	H_2O_2	ヘムFe
	ミエロペルオキシダーゼ	H_2O_2	ヘムFe
	グルタチオンペルオキシダーゼ	H_2O_2, LOOH	Se
	ブロモペルオキシダーゼ	H_2O_2	Fe, V

表2-3 活性酸素種を消去する代表的な酵素

金属なくして生命あらず

ここで注目すべきは、酸素分子を利用してエネルギーを獲得する際も、生体を防御するために酸素毒性を回避する際も、ともに金属イオンが用いられていることである。

もし地球に金属や金属イオンが存在していなかったなら、生物は効率的なエネルギー獲得方法を身につけることはできず、また酸素の毒性を回避することもできなかったことだろう。この金属特有の性質は、生体成分の大部分を構成する有機物ではまかなうことができない。金属イオンを活用することでしか得ることのできない生体メカニズムの獲得こそが、地球上で生物が繁栄できた第一の理由であると考える所以《ゆえん》である。

このような金属独自の特性はまた、のちに述べるようにさまざまな病気に対する金属化合物にしか実現できない医薬品の開発に向けて、大きな示唆を与えることになった

（第6章参照）。

2-5 金属を食べる生物

前節までに見てきた酸素の話の起点には、太陽光のエネルギーを利用して光合成をおこなう生物が存在している。太陽光エネルギーに端を発し、光合成をおこなう生物を介して酸素を用いるようになった生物が、その高いエネルギー効率を活用して地上における一大勢力を築いていることは周知のとおりである。

しかし、あらゆる生物が太陽光エネルギーの恩恵に浴しているわけではない。本章の締めくくりとして、私たちとは異なる生き方を選んだ生物についても簡単に見ておこう。彼らにとってももちろん、金属が果たす機能と役割が重要な地位を占めている。

なんと、金属（金属イオン）を「食べる」のである。

「鉄酸化細菌」とは何者か

赤褐色の川床《かわどこ》の存在は、昔から知られていた。また、鉄イオン（Fe^{2+}）はpHが5以上になると酸素分子によって酸化され、Fe^{3+}となって酸化水酸化鉄を生成し、赤褐色の沈殿をつくることも古くから知られていた。

しかし、鉄イオンの酸化は、化学的なプロセスのみで進むのだろうか?――こんな疑問を抱く人々が18世紀の末ごろから現れはじめた。

ドイツの博物学者、地質学者、生物学者クリスチャン・ゴットフリート・エーレンベルク（1795〜1876年）は、鉄酸化細菌について初めて記載した人物である。鉄酸化細菌では、pH5以下の酸性環境か、あるいは酸素分子が少ない環境でFe^{2+}をFe^{3+}に酸化する反応によって得られる電子が細胞のエネルギーとなり、光合成などで使われる光によるエネルギーの代わりに用いられていると考えられた。そのような細菌として、鉄を酸化して増殖するガリオネラ属やレプトスリックス属が発見された。最近では、深海の熱水噴出孔付近でも、鉄酸化細菌がよく発見されている。

鉄酸化細菌のように、周囲の環境に存在している電子供与体を酸化してエネルギーを得る生物のことを「化学栄養生物」とよんでいる。電子供与体とは、分子間やイオン間で電子移動が生じる際に電子を与える物質のことで、有機物と無機物がある。

有機物を用いる化学栄養生物は「化学合成有機栄養生物」、無機物を用いるものは「化学合成無機栄養生物」と名づけられている。化学栄養生物は、太陽光エネルギーを利用して光合成をする生物と区別して用いられる言葉である。

金属はどう「食べられている」のか

１９４５年には、酸性環境から鉄酸化細菌（*Thiobacillus ferrooxidans*）が初めて分離された。一方、ウクライナ（ロシア）の微生物学者・土壌学者のセルゲイ・ヴィノグラドスキー（１８５６〜１９５３年）は、硫化水素を酸化して、そのエネルギーで自らの体を合成する硫黄細菌ベギアトア属や、アンモニア塩を硝酸塩に酸化する細菌などを見出した。

こうして環境中の金属イオンや無機物を使って生きる細菌の研究がスタートしたが、これらの細菌がどのようなメカニズムで金属イオンを取り込んでいるのかは、いまだ解明されていないようである。たとえば、細菌の膜に存在するシトクロムc、タイプI銅タンパク質のラスティシアニンやシトクロムオキシダーゼなどが共役して酸素分子を利用するメカニズムが提案されている。

鉄イオンや無機硫黄が生命に用いられていることは、かなり知られるようになってきた。地球上に酸素分子が生まれ、海洋の鉄やマンガンイオンが酸化されて沈降し、縞状鉄鉱床やマンガン鉱床が約25億年前から18億年前にかけて形成されたことが判明すると、やがて「これら金属性の鉄やマンガンもまた、生物に利用されてきたのだろうか？」という疑問が呈されるようになった。

鉄イオンに関する研究はさまざまに進んでいたが、金属鉄をFe^{2+}に酸化する細菌の存在はなかなか発見されなかった。それはやがて、思いも寄らない場所から見つかることになる。

映画やミュージカルの題材となったことでも有名な豪華客船「タイタニック」号である。

「タイタニック」号を食べる細菌

「タイタニック」号が見舞われた悲劇については、みなさんよくご存じだろう。

初航海中の1912年4月14日深夜、北大西洋上で氷山に衝突した同船は、翌日未明にかけて沈没し、1500人を超える犠牲者を出した。その船体は今もなお、海底に沈んだままである。

1991年に海底の残骸などが調査された際、オレンジ色の酸化水酸化鉄（Ⅱ）と赤色の酸化鉄（Ⅲ）からなる「ラスティクル」という物質中から、多数の微生物が見つかった。ラスティクルとは、鉄錆《てつさび》でできたつらら状の構造物で、海底に沈む難破船の残骸などによく見られるものである。

タイタニック号のラスティクルから見つかった微生物のうちの一つが、鉄酸化細菌であることがわかり、「ハロモナス・ティタニカエ（*Halomonas titanicae*）」と名づけられた。

ハロモナス・ティタニカエは、まさしく「鉄を食べる」細菌であった。金属鉄をFe^{2+}やFe^{3+}に酸化

鉄酸化細菌

Fe^{0} → Fe^{2+} → Fe^{3+}

Fe^{0} → Fe^{2+}：*Halomonas titanicae*

Fe^{2+} → Fe^{3+}：*Thiobacillus ferrooxidans*, *Halomonas titanicae*

マンガン酸化細菌

Mn^{0} → Mn^{2+} → Mn^{4+}

Mn^{0} → Mn^{2+}：*Candidatus Manganitrophus noduliformans*

Mn^{2+} → Mn^{4+}：*Leptothrix discophora*, *Bacillus* sp. *SG-1*, *Pedomicrobium manganicum*

表2-4　鉄酸化およびマンガン酸化細菌

し、そのエネルギーを代謝して増殖していることがわかったのである（表2-4）。約4万6000トンの鉄の塊であるタイタニック号を、刻々と腐食させているらしい。

発見者によれば、ハロモナス・ティタニカエはあと20〜30年ほどすればタイタニック号を完全に分解して、鉄錆の塊にするであろうと推定されている。

マンガンは鉄より「2倍おいしい」

鉄が細菌によって、金属鉄からFe^{2+}を経てFe^{3+}まで酸化され、そのエネルギーが細菌の増殖に利用されている例はタイタニック号の残骸から見出されたが、マンガンについてはどうだろうか？

じつはマンガン酸化細菌も発見され、火成岩や深海の熱水噴出孔付近で、Mn^{2+}をMn^{4+}に酸化していることがわかってきた。海洋や地殻中のマンガンは、鉄よりはるかに少ないが、マンガン酸化細菌はMn^{2+}をMn^{4+}に酸化することで2個の電

子が得られるので、鉄を酸化するよりも倍のエネルギーが得られるというメリットがある。

わが国の北海道・阿寒摩周国立公園内のオンネトー湯の滝で、マンガン酸化細菌が1989年に発見され、よく知られるようになった。この付近には大きなマンガン鉱床があり、これがマンガン酸化細菌が存在している理由と考えられている。マンガン酸化細菌が棲息できる条件としては、①原水中のMn^{2+}濃度が高い、②原水が無菌的である、③有機物の提供がある、の3つが必要であると考えられている。

オンネトー湯の滝では、泉源と滝斜面に棲息しているシアノバクテリアが光合成によって酸素分子を放出し、マンガン酸化細菌がその酸素分子と温泉水中のMn^{2+}から二酸化マンガン（MnO_2）を生成している。生成された二酸化マンガンは泥状となり、池や滝の周囲に溜まっている。

当地はマンガン酸化細菌が温泉水を使ってマンガン鉱物を生成している「生きている鉱床」であり、陸上で見られる「世界唯一の場所」であることがわかった。

「マンガンを食べる」独立栄養細菌

2019年には、マンガン酸化細菌に関するさらに興味深い発見が報告された。

アメリカのカリフォルニア工科大学の環境細菌学者ジェアド・リードベターらは、実験中にマンガンの粉末を使用し、それを水道水に入れたまま数ヵ月間放置して、別の場所に出かけた。

戻ってきたところ、ガラス容器が黒ずんだ物質に覆われていることに気づき、調査した結果、容器を覆っていた黒い物質は酸化マンガン（MnO）であることがわかった。

新たに見つかった細菌は、炭素同位体^{13}Cを取り込むことが確認され、「独立栄養細菌」であることが判明した。そして、「*Candidatus Manganitrophus noduliformans*」と名づけられた（表2-4）。「独立栄養細菌（autotrophic bacteria）」とは、細菌が生きるためにおもな炭素源として二酸化炭素を利用している細菌のことである。これに対し、有機炭素源を利用している細菌は「従属栄養細菌（heterotrophic bacteria）」とよばれている。

一方、細菌が生きるためのエネルギーには、光を利用する「光合成細菌（phototrophic bacteria）」と化学エネルギーを利用する「化学合成細菌（chemotropic bacteria）」が知られている。ここに紹介したマンガンを食べる細菌は、正確には、二酸化炭素をおもな炭素源として金属マンガンを酸化したエネルギーを利用する化学合成独立栄養細菌といえる。乏しい環境下にあっても、金属マンガンがあれば、これを酸化して空気中の二酸化炭素と水を利用して生きる細菌の存在に、生物の力の偉大さを感じられるであろう。

鉄をエネルギー源として使うハロモナス・ティタニカエに続き、金属マンガンをエネルギー源として使う細菌が見つかったのはこれが初めてのことであろう。

＊

本章では、地球に酸素が登場したことを受けて、そこから得られる大きなエネルギーを享受すべく、生物が金属を活用したことを紹介してきた。その酸素がもたらす毒性というデメリットに対しても、生物は金属を用いることで対抗策を見出していた。

生命と金属の関係は、複雑で深い。次章では、プロローグでも触れたカンブリア大爆発にあらためて焦点を当てながら、新たな生物の出現とともに、より多様な金属をその体内に取り込んできた進化のありさまを見ていくことにしよう。

コラム2

「フェルミパラドックス」と「ドレイクの方程式」

60ページのコラム1で紹介した「イトカワ」や「リュウグウ」などの小惑星のみならず、木星の衛星や水星には、生命の基本となる元素、水（海水）や氷の存在が明らかにされつつある。生命を組み立てるパーツが天体で発見されれば、生命は存在すると考えていいのだろうか？

しかし、地球上で異星から来た生物を見た人はまだいない（ようである）。このパラドックスをどう考えればいいのだろう？

1950年の夏、イタリア生まれの量子力学・核物理学の天才エンリコ・フェルミ（1901〜1954年）は、ロスアラモスで友人らとランチをとっていた。世間は当時、「空飛ぶ円盤」が目撃されたというニュースで沸き立っていた。フェルミは突然、「〝彼ら〟はどこにいるのだろうね？」と友人たちにつぶやいた。友人たちはすぐに、フェルミの言葉が地球外生物のことを指していることに気づいたという。

138億年前に誕生した宇宙には無数の星があるのだから、人類が暮らす地球のような惑星がこれらの星のなかに存在していても不思議ではない。地球人がまだ知らないだけで、宇宙人はこの宇宙に広く生存し、なかには地球にすでに到達しているものもいるはずだ——フェルミはこう問うたのだろうか？

地球外生命／文明が存在する可能性があるにもかかわらず、そのような生命／文明とコンタクトした証拠がまだないという事実との矛盾は、「フェルミパラドックス」とよばれている。フェルミは、アメリカの学生に「シカゴにはピアノ調律師

ドレイクの方程式	
「銀河系に存在し、人類と接触する可能性のある地球外文明の数N」を算出する方程式	
$N = R^{*} \times f_p \times n_e \times f_l \times f_i \times f_c \times L$	
R^{*}	人類が属する銀河系の中で1年間に誕生する星(恒星)の数
f_p	1つの恒星が惑星系をもつ割合(確率)
n_e	1つの恒星系で、生命の存在が可能となる状態の惑星の平均数
f_l	生命の存在が可能となる状態の惑星で、生命が実際に発生する割合(確率)
f_i	発生した生命が知的なレベルまで進化する割合(確率)
f_c	知的なレベルになった生命体が星間通信をする割合
L	知的生命体による技術文明が通信をする状態にある期間(技術文明の存続期間)

は何人いるか?」と問い、数式で説明したそうだ。

この発想とフェルミパラドックスがさまざまに展開され、1961年には、アメリカの天文学者フランク・ドレイク(1930~2022年)が地球外知的生命体探査の研究のなかで「ドレイクの方程式」を提案した。われわれが住む銀河系の中で、コンタクトできる地球外知的生命体の数を推定するドレイクの方程式は、表のように示される。

不確定な要素は多くあるが、ここでたとえば、R^{*}=1、f_p=0.5、n_e=2、f_l=1、f_i=0.01、f_c=0.01、L=10000として方程式に代入すると、N=1×0.5×2×1×0.01×0.01×10000=1となる。つまり、人類とコンタクトする可能性のある地球外文明の数は1ということで、地球外生命/文明の数は少なくとも1つあることを示している。

　しかし、ここでもまた、人類がいまだ地球外知的生命体と出会ったことはないというパラドックスに陥《おちい》る。

　現在、ジェイムズ・ウェッブ宇宙望遠鏡で観測された成果や、小惑星での生命元素の検出などがどんどん蓄積されていることを考えれば、ドレイクの方程式が示す意味が今後、大きくふくらんでいくかもしれない。

（参考：スティーヴン・ウェッブ著・松浦俊輔訳『広い宇宙に地球人しか見当たらない50の理由──フェルミのパラドックス』、青土社、2004年）

第3章

「新しい生物の出現」を可能にした金属のはたらき

――カンブリア大爆発の謎に迫る

3-1 「大陸変動」が生物を進化させる——そして金属の役割は？

46億年におよぶ地球の歴史においては、大陸に蓄積されたエネルギーが放出されながら、大陸の構造や配置が大きく変動してきたことがよく知られている。現在、理解されているその過程を簡単にみておこう。

今から5億4000万年前ごろ、ロディニア大陸が、バルティカ大陸やシベリア大陸、ゴンドワナ大陸に分裂しはじめた。南半球から赤道にかけて位置していたゴンドワナ大陸の真ん中に太平洋スーパープルームが上昇して、さらに分裂をはじめた。マントル内の大規模な対流運動を「プルーム」というが、このプルームが高さ670㎞付近を超えて大きく上昇、あるいは下降したものが「スーパープルーム」とよばれている。

その後、分裂した大陸がふたたび集合してパンゲア超大陸ができたが、太平洋スーパープルームが上昇して、この超大陸が再度、分裂しはじめたのが、今から2億年前といわれている。このように、大陸は分裂・集合を繰り返し、太平洋スーパープルームの活動はしだいに衰えて、現在の大陸分布に近い形となった。このような大陸の生成・分裂・集合の考え方は、第2章で登場したヴェーゲナーの「プレートテクトニクス」（1912年）に端を発して、1990年代以降の地球物理学の新しい学説である「プルームテクトニクス」へと発展している。

「全球凍結」が融けるとき

一方、地球大気中の酸素濃度の変化はどうであろうか？

図3-1に示すように、大気中の酸素濃度は25億年前から急激に上昇し、22億～20億年前には一時、現在の酸素濃度を超えるまでにいたっている。その後は減少に転じ、やがて5億5600万年前からふたたび上昇しはじめた。ほぼ現在の酸素濃度になったのは、およそ5億年前とされており、パノティア超大陸が分裂し、ゴンドワナ大陸ができたころと重なっている。

さらに興味深い事実がある。図3-1に示したように、酸素濃度の急激な上昇が2ヵ所あるが、この酸素濃度の上昇の前に、地球全体がほとんど氷となった「全球凍結」が起こっていたことが知られているのだ。酸素を供給するシアノバクテリアは、全球凍結という厳しい環境をなんとか生き延びた後、爆発的に再増殖したのではないかと予想されている。

最初の全球凍結（約24億～21億年前）後に真核生物が、2度目の全球凍結（約7億1500万～6億8000万年前）後に多細胞生物が現れた事実も注目に値する。前者はすなわち「細胞核」の誕生を意味しており、後者はいずれ私たち人間もその列に加わることになる複雑な体構造をもつ生物の登場を可能にしたものだからだ。全球凍結の後というタイミングで、そのような進化史

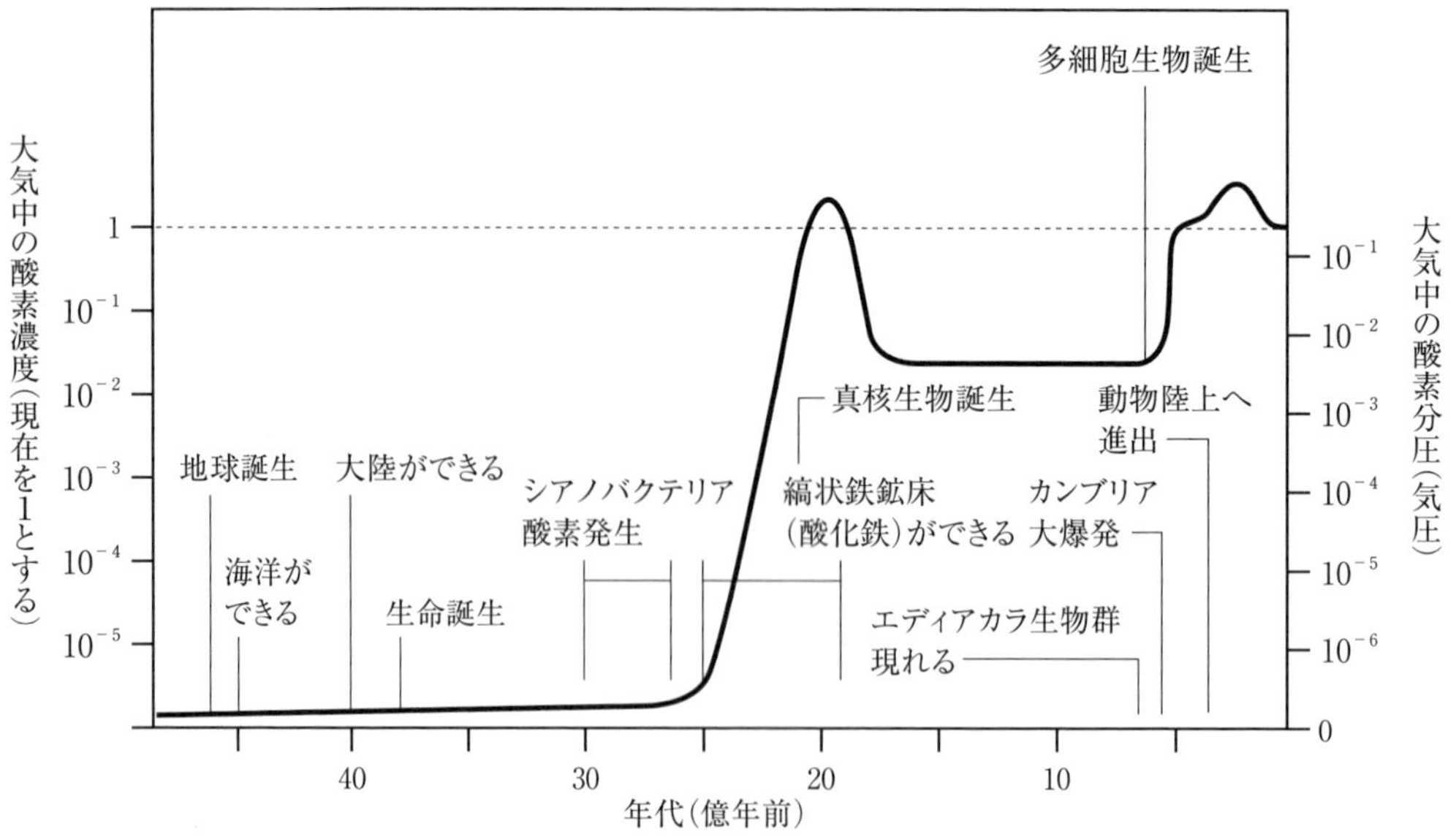

図3-1 **地球大気中の酸素濃度の変化**(Harada M., *et al.* (2015)より改変)

上に画期をなす出来事が生じたのはなぜか？

化学的な観点からは、次のようなシナリオが推定できる。

全球凍結後の融解時には、氷が膨張する際の力によって岩石や土が破砕され、土や粘土となって海洋に流れ込んだ。このとき、岩石や土に含まれていた無機成分として、アルカリ金属やアルカリ土類金属、遷移金属元素が海水に溶け込んだと想像される。これらの無機成分が、原初の生物の発生と進化を促した——。

細胞とはなんだろう

ここで、生物の体をつくっている細胞について簡単に見ておこう。

細胞は、大きく「原核細胞」と「真核細胞」の2種類に分けられる。原核細胞とは、細胞核（核）をもたない細胞のことで、大きさは数μmほどである。原核細胞からできている生物を「原核生物」といい、シアノバクテリアや大腸菌などが知られている。

一方の真核細胞は、細胞核をもつ細胞のことであり、核と細胞質からできている。大きさは数十μmほどである。核膜に包まれた細胞核には、染色体などの遺伝物質が含まれ、細胞機能の中枢としての役割を果たしている。また、細胞質には特定のはたらきをもつ細胞小器官、たとえばミトコンドリアや葉緑体などが存在していて、複雑な機能を担っている。真核細胞からできている生物は「真核生物」とよばれ、原生生物、植物、菌類、動物などがこれに含まれる。

生物にはまた、単細胞生物、細胞群体、多細胞生物という分類法もある。単細胞生物（大きさ100〜150㎛）とは、原核細胞か真核細胞かを問わず、一つの個体が1個の細胞からできている生物のことで、アメーバやゾウリムシ、ミドリムシなどが知られている。細胞群体は、単細胞生物が分裂後に集合して連結体となっている生物であり、イカダモやクンショウモ、ボルボックスなどが知られている。多細胞生物は、個体が複雑な細胞からできている生物であり、ミジンコやツボワムシ、アオミドロなどに始まり、人間までが含まれる。

細胞をつなぐ分子

複雑な生体機能をもった真核生物から、さらに高度な多細胞生物へとどう進化したのか、そのプロセスもまた、詳細にはわかっていない点が多い。

約30億年前に新たに出現した原核生物シアノバクテリアが光合成をおこなう能力を獲得して酸素分子をつくり出し、やがて酸素分子が海水中に溶け出した。原核生物は酸素分子を利用する単細胞生物から始まり、約6億年前に多細胞生物へと進化した。単細胞生物から多細胞生物へと進化するためには、細胞どうしをつなげ合う、すなわち「接着する分子」が新たにつくられたに違いない。

細胞接着には、細胞と細胞外基質との接着（細胞－基質間接着）と、細胞どうしの細胞間接着の2種類が知られている。それらをおこなうのは、細胞表面につくられ、細胞と基質、細胞と細胞をつなぐタンパク質で、「接着分子」とよばれている。

接着分子のうち、インテグリンはおもに細胞－基質間接着に関与し、カドヘリンや免疫グロブリンファミリー分子は細胞間接着に関係する。インテグリンとは、細胞表面の原形質膜にあるタンパク質のことである。細胞外マトリックス（細胞の外に存在する不溶性物質）のレセプター（受容体）として細胞－細胞外マトリックスの細胞－基質間接着が主要な役割であり、また細胞－細胞の接着にも関与する。

一方のカドヘリンは、カルシウムを必要とする細胞と細胞を接着させる作用をもつタンパク質であり、人では100種類以上が知られている。京都大学で研究していた竹市雅俊（1943年～）によって1982年に発見・命名された。カドヘリン（cadherin）の名称は、「calcium（カルシウム）」と「adherence（接着）」を結合したものである。

細胞接着の実験では、カルシウムやマグネシウムイオンを結合する化合物「EDTA」（エチレンジアミン四酢酸。キレート剤として用いられる）を加えておくと接着が起こらないことから、細胞と細胞外基質との接着にはマグネシウムイオンが、細胞どうしの接着にはカルシウムイオンが必要であることが見出された。生物は、多細胞化を実現するための細胞接着という進化上きわめて重要な機能を獲得するにあたっても、金属元素の活用を選択するという驚異的な能力をすでに獲得していたと考えられる。

マグネシウムイオンとカルシウムイオンの半径は、それぞれ0・65Å（65pm）と0・99Å（99pm）であり、両者のイオン半径には大きな差がある。マグネシウムとカルシウムの両イオンがどのように識別され、使い分けられたのかは未解明だが、イオン半径の違いは、そのメカニズムを知るヒントになるかもしれない。

3-2 カンブリア大爆発と金属元素

地中に残された生物の化石によって決定される年代の一つに、「エディアカラ紀」（5億9000万年前〜5億5400万年前）とよばれる時代がある。

エディアカラとは、1946年にオーストラリアの地質学者レッグ・スプリッグ（1919〜1994年）が多数の化石を発見した南オーストラリアの「エディアカラ丘陵」に由来して名づけられたものである。肉眼で確認できる生物化石が多量に出土するものとしては最も古い時代のものであり、先カンブリア時代の生物群を代表するものである。エディアカラ生物群は、多細胞生物の出現からしばらく経った約5億7000万年前に棲息していたと見られており、当時の海洋中には、まるでコンブのような形をした生物が存在していたことが、化石試料から知られている。

カンブリア大爆発

エディアカラ生物群に次いで、海洋中にそれ以前には見られなかった新種の遊泳できる生物が突然、多種多様に出現する大事件が起こった。これが、プロローグでも登場した「カンブリア大爆発」であり、生物の進化史上最大の事件である。

カンブリア紀に出現した生物群についても、エディアカラ紀と同様、すべて発掘された化石試料に基づいて推定されている。ナマコのような大きな触手をもつアノマロカリスや、5つの眼をもつオパビニア、頭部分はエビのような節足動物に見える一方、体部分はナメクジウオのような姿をしたネクトカリス、海底を這い回っていたオドントグリフスなど、現在の動物種が分類されている38門のほぼすべての祖先となる動物が出現したと考えられている。

図3-2に示すように、地質学においては、カンブリア紀とよばれる年代は5億4100万年前から4億8800万年前までであるが、当初の2000万年間に発見された化石は少なく、残りの5億2000万年前から4億8800万年前までに大量の化石が発見されている。その理由

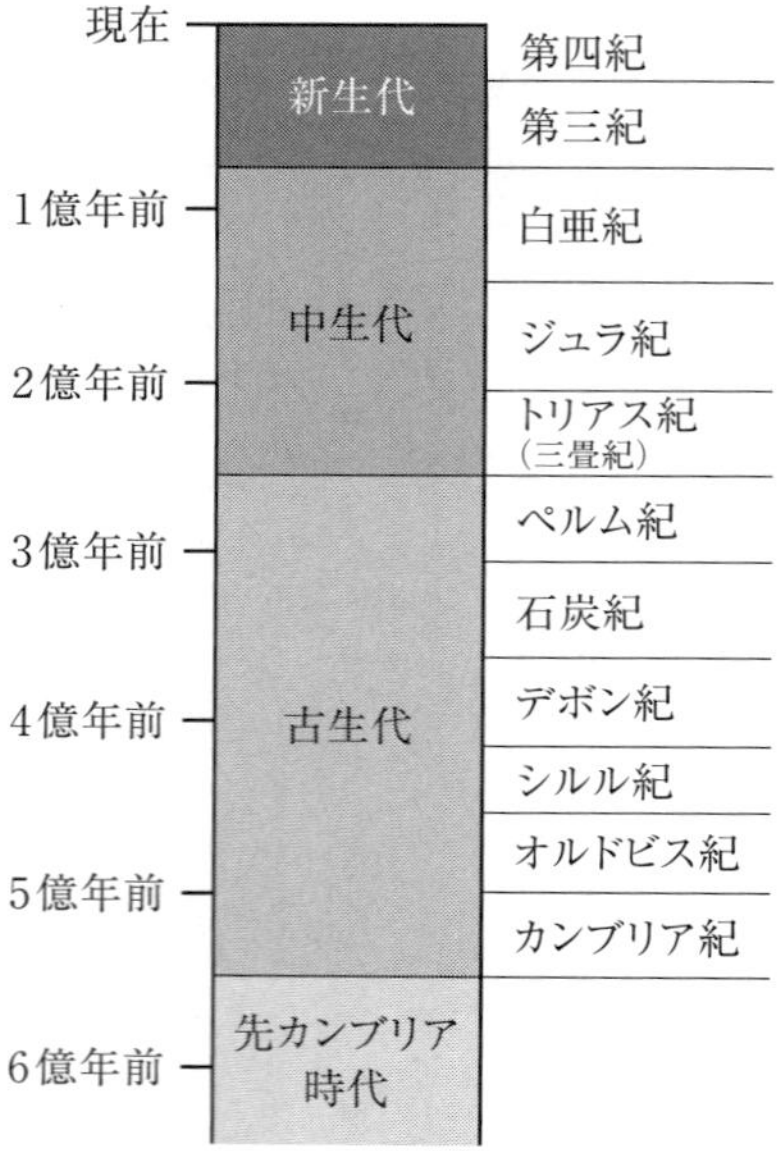

図3-2 地質年代区分

として、カンブリア紀当初は化石になりやすい硬い骨や殻をもった生物が少なかった一方、やわらかい生物は微生物などによって分解されやすく、腐敗しやすかったために、残された化石が少ないのではないかと推定される。

「微量元素スイッチ」が押された

カンブリア紀に突然、遊泳できる新しい生物が多数出現したのはなぜなのか？

多くの研究者は、次のような原因や特徴を挙げている。

①大気中の酸素濃度の急激な増加と、二酸化炭素の減少
②地表から溶け出したリン酸カルシウムによって、利用可能なリンの量が増大
③大陸変動によって大陸棚の面積が増大し、光合成が可能な地域が増加したことによる植物プラ

ンクトンの増大
④骨格をもつ動物の誕生
⑤脳や消化器官、さらには眼（レンズ眼）をもった動物の出現

ここに挙げられているさまざまな原因や特徴のなかでも、特に大陸変動に大きな謎が隠されていると考えられる。パノティア超大陸が分裂し、ゴンドワナ大陸などが生まれた5億4000万年前ごろは、大陸変動によって海洋に大量の土や岩石が流れ込んだだけでなく、長期にわたって大雨が降りつづき、陸の鉱物成分が溶け出して、やはり海洋に流れ込んでいたと推定されるからである。

海洋に溶け出した多くの無機イオン類の鉄、銅、コバルト、亜鉛、ニッケル、カルシウム、マグネシウム、カリウム、リン、ケイ素をはじめ、これら金属イオンや無機元素を含む複合体イオンが原始真核生物や多細胞生物に積極的に利用されたのであろう。すなわち、土や鉱物中の無機元素イオンがこれらの生物に取り込まれ、新しい生理機能を生み出したと考えられるのである。

その結果、それまでは静かに、ゆるやかに進化していたエディアカラ生物群やカンブリア紀前半の生物群が、新しい生体機能を獲得し、新しい進化をとげたと推定される。静かでゆるやかな生物進化の途中で、いわば「微量元素スイッチ」が押されたことで、カンブリア大爆発を引き起こしたのではないか。

具体的に、どんな微量元素スイッチが押されたのか。

酸素呼吸には鉄（ヘモグロビンとミオグロビン）や銅（ヘモシアニン）が使われ、骨格の形成にはカルシウム、鉄、銅、亜鉛、バナジウムなどが用いられ、脳や消化器官では高度なシグナルを伝達できる神経系の形成にはナトリウム、カリウム、カルシウム、鉄、銅、亜鉛、マンガンやセレンなど多数の元素が要求された。

さらに、ATPなどの高エネルギーを生み出す化合物や、DNAやRNAなど遺伝情報を伝達するための化合物の作製には、酸素分子とともに、リンの利用が必要だった。

3-3 進化は「鉄」から始まった?

地質学上の謎めいた現象がある。

約11億年前の地層に突然、5億年前の地層がかぶさり、約6億年分の地層が失われている箇所が、世界中で少なくとも11ヵ所、発見されているというのだ。その原因として、科学者たちは、地球環境の変動、たとえば長期の大雨や風化によって6億年分の大量の地層が海洋へ流されたのではないかと推定している。

それに続くシナリオとして、海洋に流れ込んだ土や岩石が海水や河川水に溶かされ、当時の海洋にはあまり含まれていなかった金属イオンを海洋にもたらした。これら金属イオンを、カンブリア紀直前の、進化の序盤の段階にあった海洋動物たちが摂取したことで、カンブリア大爆発という大きな進化が生じたのではないかと考えられているのだ。

カンブリア紀の動物から「鉄」が発見された！

じつは、そのような生物進化が起こった根拠となる化石が発見されている。中国雲南省で発掘された約5億年前のカンブリア紀に生息していたと推定される体長11㎝ほどの「フーシェンフィア」と名づけられた節足動物の化石から、2012年に鉄と神経系が発見されたのだ。その形態は、現在の節足動物のものによく似ているという。

翌2013年には、5億2500万年前〜5億2000万年前のやはり節足動物であるサソリやカブトガニに似た「アラルコメナエウス」からも、鉄と中枢神経系の配列が発見された。これらは高解像度の光学顕微鏡マイクロCTスキャンや波長分散型蛍光X線分析法などを用いて明らかにされた知見である。

また、アラルコメナエウスの眼がひょうたんのような形をしていて、トンボのような複眼であることや、眼と前大脳のあいだに大きな神経網（一次視神経網）と前大脳に続く4つの神経網が頭部に存在しており、中大脳の神経節から大付属肢に神経が延び出ているという画期的な新事実が明らかにされた。

「スノーボールアース」の影響か？

一方、地層の欠失について、2019年に新しい見解が提案されている。

アメリカ大陸で広範囲に発見されている約1・2億年分の地層が失われている部分は従来、「大不整合」とよばれてきた。この大不整合の真上には、ソーク層とよばれる地層や、それに相当する地層が堆積していて、その年代はカンブリア紀からオルドビス紀初期（5億4200万年前〜4億7200万年前）に相当することがわかった。

1・2億年分の地層（6億5000万年前〜5億3000万年前）の消失は、先カンブリア時代末期の大氷河期（スノーボールアース）が引き起こしたと推測されている。実験は、酸素とハフニウムの同位体を用いる年代分析法によっておこなわれ、膨大な量の太古の堆積層が大氷河によって侵食されたことを示した。

今回の新たな提案は、それまで考えられてきた地層変動や大雨による土の侵食ではなく、大氷河による土の侵食によるもので、まったく新しい考え方である。スノーボールアース後にカンブリア大爆発が起こったのであれば、大氷河の融解とともに多量の土や岩石が海洋に流れ出した可能性も考えられる。

鉄を使って酸素呼吸を！

海洋中の生物は、カンブリア紀初期の5億4000万年前～5億2000万年前に進化の歩みを進め、地球上に姿を現した。その後、いくつかの種は絶滅したが、いくつかの種は分化をとげ、前述のとおり、カンブリア紀後期の5億2000万年前～4億8800万年前には、現在の動物門のほとんどがそろったと考えられている。

その当時に生きていた動物の化石から、どのような元素が検出されているかは明らかにされていないが、現在の動物の貝殻や甲羅、骨、眼のレンズ、血液や神経系に見出されるタンパク質や金属元素が参考になると思われるため、これらを表3-1にまとめた。この表から、かなり多くの元素が用いられていることがわかる。すでに紹介したように、アラルコメナエウスの化石の神経系からは鉄が検出されている。

現在の地球大気の酸素濃度の100分の1は「パスツールポイント」とよばれ、生物がエネルギーを獲得する手段として、発酵から酸素呼吸に変化するレベルを示している。これは、糖類が発酵してアルコールができるには、空気の酸素濃度が1%以下でなければならないということを意味している。1%以上になると、アルコール発酵よりも、燃焼によって二酸化炭素と水に分解

生物の部位	構成成分と元素	含有元素
貝殻	コンキオリン(硬タンパク質) 炭酸カルシウム (カルサイト、アラゴナイト)	N, S, P, Na, Ca, Mg, Sr, Si, Fe, Cu, F, Cl
甲羅	キチン、キトサン	P, Ca, Mn, Fe, Cu, Zn
骨	ヒドロキシアパタイト $Ca_{10}(PO_4)_6(OH)_2$	P, Na, Ca, Mg, Mn, Fe, Zn
眼のレンズ	クリスタリン(水溶性タンパク質) アルブミノイド、コラーゲン	K, Ca, Mg, Fe, Cu, Zn
血液	ヘムタンパク質(ヘモグロビン、クロロクルオリン) 非ヘム鉄タンパク質(エリスロクルオリン、ヘムエリスリン) 銅タンパク質(ヘモシアニン) マンガンタンパク質(ピンナグロビン)	Br, Cd, Cl, Co, Cu, Fe, K, Mg, Mn, Mo, Na, Se, Zn
神経系		Na, K, Ca, Fe, Cu, Zn

表3-1 生物体の部位と構成成分・元素

される反応が優先されてしまうからである。

カンブリア紀生物群の大進化にも、まさにこのパスツールポイント、すなわち現在の酸素濃度の100分の1が必要だと考えられている。この濃度があれば、生物は水深1mまで生存圏を広げられるからだ。

4億2000万年前には、現在の10分の1の酸素濃度に増え、その後に現在の濃度となった。大気中の酸素濃度が徐々に増えるにしたがって、動物は酸素を取り込み、組織中に酸素を結合できるタンパク質をつくり

動物門	動物種	酸素結合タンパク質	含有金属	酸素型の色	存在部位
脊椎動物		ヘモグロビン ミオグロビン	鉄 （ヘム鉄）	赤	血球、筋肉
軟体動物	アカガイ	エリスロクルオリン	鉄	赤	血球
	タコ、イカ、カタツムリ	ヘモシアニン	銅	青	血漿
	ピンナスクモサ（二枚貝）	ピンナグロビン	マンガン	褐色	血漿
環形動物	ミミズ、ゴカイ	エリスロクルオリン	鉄	赤	血漿
	ホシムシ	ヘムエリトリン	鉄	赤	血球、血漿
	ケヤリムシ	クロロクルオリン	鉄	緑	血漿
棘皮動物	シロナマコ	エリスロクルオリン	鉄	赤	血球
触手動物	シャミセンガイ	ヘムエリトリン	鉄	赤	血球、血漿
節足動物	ザリガニ、カブトガニ	ヘモシアニン	銅	青	血漿

表3-2 動物の酸素結合タンパク質と構成元素

はじめた。現在の動物種の酸素結合タンパク質とその構成元素を表3-2にまとめた。

用いられている金属元素としては、鉄、銅、マンガンが挙げられる。このなかで、脊椎動物のみが、ヘム鉄をもつヘモグロビンやミオグロビンのような酸素分子を効率よく結合できるタンパク質をもっていることは注目に値する。

オゾンがもたらした大進化

生物の進化における大きな画期の一つとして、陸上への進出

式3-1

紫外線（$\lambda < 242\text{nm}$）

$$O_2 + h\nu \longrightarrow 2O \qquad \cdots(1)$$

$$O + O_2 + M \longrightarrow O_3 + M \qquad \cdots(2)$$

紫外線（$240\text{nm} < \lambda < 340\text{nm}$、中心波長 $= 295\text{nm}$）

$$O_3 + h\nu \longrightarrow O + O_2 \qquad \cdots(3)$$

$$O + O_3 \longrightarrow 2O_2 \qquad \cdots(4)$$

を忘れるわけにはいかない。生物の陸上進出を可能にした要因の一つが、大気の変化にあるといったら驚くだろうか。カギを握っているのは、オゾンである。

大気中に酸素分子が増えると、太陽の紫外線と反応してオゾンがつくられはじめた。酸素分子は、太陽から届く242nm以下の波長をもつ紫外線を吸収・分解して、2個の酸素原子となる（式3-1(1)）。この酸素原子が酸素分子と結合すると、オゾン（O_3）ができる（式3-1(2)）。

ここで、Mは過剰なエネルギーを取り去るための第三の分子であり、大気中の窒素分子（N_2）などである。λは光の波長、νは光の振動数、hはプランク定数を表し、$h\nu$は光子のエネルギーである。

つくられたオゾンは、大気中の高度約10～50kmの成層圏とよばれる部分に集まり、オゾン層が形成される。高度約25km付近にはオゾンが最も高濃度で存在するが、オゾンは太陽の紫外線を吸収して分解し、酸素原子と酸素分子をつくるので、大気中ではオゾンの生成と分解は平衡状態にある（式3-1(3)、(4)）。

このメカニズムは、1930年にイギリスの地球物理学者・天文学者シドニー・チャップマン（1888～1970年）によって発見されたため、「チャップマン機構」とよばれている。

初めて陸上に進出した生物

オゾンの存在が、生物の陸上進出にどうつながるのか。

大気中のオゾンは、その90％ほどが成層圏に2～8ppm存在し、地表の濃度である0・03ppmよりもかなり高い。オゾン層が形成されると、太陽の強い紫外線（波長が320～400㎚のUVAや280～320㎚のUVB）が成層圏で吸収されて、地表に届かなくなる。その結果、紫外線による細胞傷害等から逃れられるようになった生物にとって、地上が棲みやすい環境となったのである。

最初に海から上陸したのは、クロロフィルaやbといった葉緑素をもっている緑藻類で、4億2000万年前のことと推定されている。オゾン層の形成によって、光合成に必要な波長400～700㎚の可視光があふれ、植物の進化が進んでシダ類が大繁殖した。植物に続いて、4億年前ごろからは硬い甲羅をもった節足動物などの無脊椎動物が上陸・繁殖して植物を食べ、急速に進化していった。

3億6000万年前ごろには両生類を中心とした脊椎動物が上陸し、地上で大繁殖しはじめる。3億年前には昆虫が栄え、爬虫類が出現した。

絶滅と生存の分かれ目

体表から酸素分子を直接取り込むことのできる無脊椎動物の一部は巨大化し、それらの化石も発見されている。トンボの一種であるメガネウラは翅を広げた左右の体長が70㎝、ヤスデの一種のアースロプレウラは体長が2m以上、幅は50㎝にもなった。

これら巨大生物が、のちに絶滅した原因はいまだ明らかにされていないが、第2章で詳しく述べた酸素分子を呼吸に用いたことによる酸素毒性に対抗できるメカニズムを十分に獲得できなかったためではないかと推測される。

2億5000万年前になると、爬虫類から進化した恐竜が出現した。その後、2億2000万年前には生物が大量に絶滅する事件が起こるが、1億5000万年前のジュラ紀には、始祖鳥（鳥類）が現れ、1億年前には恐竜が全盛期を迎えた。

しかし、6550万年前にメキシコのユカタン半島に落下した巨大隕石によって、恐竜をはじめとする多くの生物種が絶滅した。その惨禍を生き延びた哺乳類が6550万年前ごろから繁栄し、やがて霊長類にまで大進化をとげることになった。700万年前にはヒト族（直立二足歩行する猿人）が現れた。50万年前に北京原人、23万年前にネアンデルタール人、20万～19万年前には現生人類であるホモ・サピエンスが出現し、7万年前にアフリカを出発して、世界各地に拡散していったと考えられている。

3-4 生命が選んだ金属たち――「何から」「どう」用いたか

カンブリア紀やそれに続く地質年代において、新しい生命が誕生し、進化していくためには、いったいどの金属元素が重要な役割を果たしたのだろうか？

現在の科学は、いまだその答えを解き明かしていないが、化学的な観点から推測することは可能だ。

金属イオンはなぜ有用なのか

すでに紹介したように、地球に酸素分子が生まれる前には、海洋中に多量の鉄イオンが溶け込んでいた。生命誕生の最初期にはまず、この大量に存在する鉄が用いられたと考えられる。現在

ヘム鉄タンパク質	酸素運搬・貯蔵	ヘモグロビン、ミオグロビン、クロロクルオリン
	電子伝達	シトクロムb、c、c′
	末端酸化酵素	シトクロムaa³、o、cd、bd カタラーゼ 亜硫酸塩還元酵素 亜硝酸塩還元酵素
	酸素添加	オキシゲナーゼ、シトクロムP450（薬物代謝酵素）
非ヘム鉄タンパク質	酸素運搬	ヘムエリトリン(2Fe)
	電子伝達	フェレドキシン(鉄硫黄クラスター)、ルブレドキシン
	鉄貯蔵	フェリチン
	鉄輸送	トランスフェリン
	酸化	オキシゲナーゼ
	スーパーオキシドアニオン不均化	スーパーオキシドジスムターゼ
	水素イオンによる電子の不可逆酸化	ヒドロゲナーゼ
	窒素分子の還元	ニトロゲナーゼ
	脱水素	NADH脱水素酵素、コハク酸脱水素酵素
	酸素添加	メタンモノオキシゲナーゼ（鉄硫黄クラスター）

表3-3 代表的な鉄タンパク質・鉄酵素

知られている代表的な鉄タンパク質や鉄酵素を表3-3に示す。

海洋中の酸素濃度が上昇すると、鉄は酸素分子と結合して、水に溶けない酸化鉄となる。それらが海底に沈んでいったことは前記のとおりである。鉄イオンが少なくなった海洋では、他のさまざまな金属イオンの相対的な濃度が上昇し、それらが海水中に溶け込んでいた。

金属イオンには、反応

性の高いタンパク質、すなわち触媒としての能力が高い金属タンパク質をつくるはたらきがある。また、それのみならず、タンパク質の構造を支える重要な機能も担っている。構造を支えるタンパク質として、たとえば亜鉛イオンは、スーパーオキシドアニオンを消去するスーパーオキシドジスムターゼ（Cu、Zn－SOD）、遺伝子の転写を制御する機能をもつジンクフィンガー転写因子や、膵臓のβ細胞から分泌されるインスリンなどのタンパク質の高次構造を安定化させる重要な役割を果たしている。

モリブデンの重要性

金属イオンがさまざまな機能を発揮できる理由として、多くの物理的・化学的な要因があるが、一つの指標として「電子移動」による機能発現を取り上げよう。ここでポイントとなるのが、「海洋中の金属元素濃度」と「酸化還元電位」である。

太古の海水の元素濃度はわかっていないため、現在の海水中の金属元素の濃度を参考に考察を進めていく（表3-4）。この表の中から、酸化還元反応に関与できると考えられる金属元素には、モリブデン（Mo）、バナジウム（V）、ニッケル（Ni）、クロム（Cr）、セレン（Se）、銅（Cu）、鉄（Fe）などがある。

このうち、海水中の濃度が比較的高く、酸化還元能力の発揮が期待できる元素として、モリブ

元素	平均濃度 (mg/kg)	元素	平均濃度 (mg/kg)	元素	平均濃度 (mg/kg)
Na	10780	V	0.002	Al	0.00003
Mg	1280	As	0.0017	Mn	0.00002
Ca	412	Ni	0.0005	W	0.00001
K	399	Zn	0.0004	Ag	0.000003
Sr	7.8	Cs	0.00031	Cr (III)	0.000003
Li	0.178	Cr (VI)	0.0003	Pb	0.000003
Rb	0.124	Cu	0.0001	Co	0.000001
Ba	0.016	Cd	0.000084	Hg	0.0000004
Mo	0.011	Se (IV)	0.00006	Pt	0.0000002
U	0.0032	Fe	0.00003	Au	0.00000003

表3-4 海水の元素濃度（『生命と金属の世界』原口紘炁、放送大学教育振興会、2005より）

タンパク質・酵素（分布）	反応
ニトロゲナーゼ（窒素固定化酵素）（嫌気性細菌、光合成細菌、根粒菌、ラン藻など）	N_2 → NH_3
硝酸塩還元酵素	NO_3^- → NO_2^- → NO, N_2O, N_2, NH_3
亜硝酸塩還元酵素（細菌）	NO_2^- → NO → N_2O → N_2
亜硫酸酸化酵素（真核生物）	H_2SO_3 → H_2SO_4
ギ酸脱水素酵素（細菌）	HCOOH → CO_2
キサンチンオキシダーゼ（キサンチン酸化酵素）（動物、細菌）	キサンチン → 尿酸
二酸化炭素還元酵素（細菌）	CO_2 → HCOOH
セレノプロテイン（真核生物、細菌、古細菌）	セレンの貯蔵と輸送

表3-5 モリブデンタンパク質・酵素

デンが挙げられる。モリブデンの酸化還元電位は、鉄に近い値をもっている。モリブデンは、酸素原子と結合したオキソ形、たとえばMoO_2（＋4）やMo_2O_5（＋5）、MoO_3（＋6）を含めると、＋2～＋6価までの多様な電子状態をとることができる。このため、モリブデンは古細菌から動物細胞まで幅広い生物種に分布し、多くのモリブデンタンパク質と酵素が知られている（表3-5）。

このような〝状況証拠〟から、モリブデンは鉄と同時期か、場合によっては鉄よりもいくぶん早く生物に使われたのではないかと推定される。モリブデンの重要性を考えると、生命誕生や進化の過程におけるかなりの初期段階から活躍していたことが推測されるのだ。

銅を使おう！

生体機能をさらに高度に進化させるには、鉄やモリブデン以外の金属が必要不可欠になってくる。

鉄が沈降した後の海洋中で、鉄よりも多く存在し、モリブデンや鉄とは異なる酸化還元電位をもつ元素として、銅の存在を忘れるわけにはいかない。モリブデン、鉄、そして銅などの酸化還元電位を図3-3にまとめる。

原始生命は、酸化還元電位がマイナス0・8～マイナス0・6ボルト付近のモリブデンや鉄イ

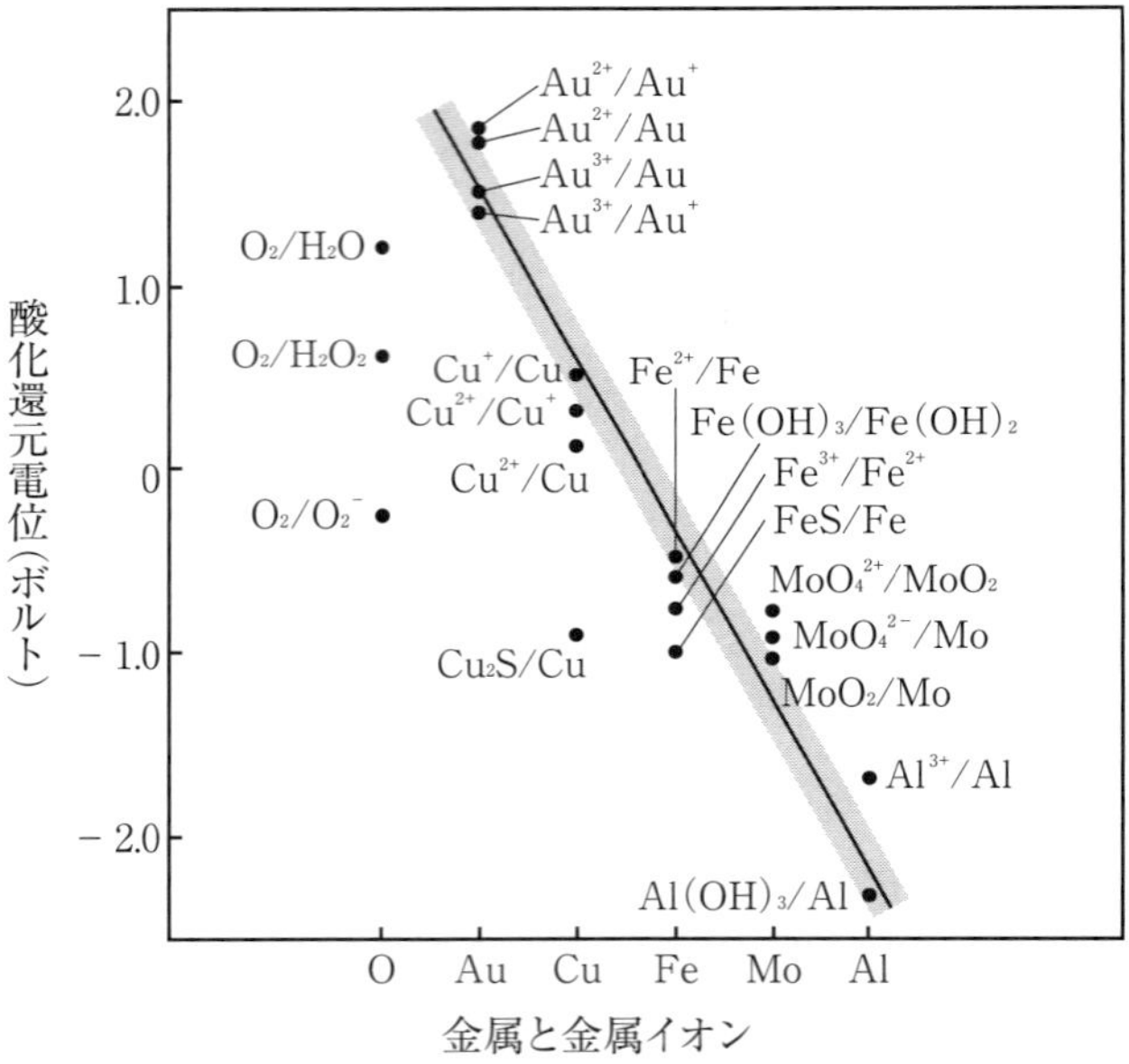

図3-3 金、銅、鉄、モリブデン、アルミニウムイオン、および酸素の酸化還元電位

オン、つまり、比較的還元されにくい（酸化されやすい）金属イオンを使っていた。そこに、鉄よりも酸化還元電位が0・4ボルトほど高い、つまり鉄よりも還元されやすい（より酸化されにくい）銅イオンを新たに用いることで、鉄イオンとは異なる生体機能を獲得していったのではないかと考えられる。

　事実、銅を含むタンパク質や酵素は多数知られている（表3‐6）。大ざっぱに見て、生物は酸化還元電位の低いほうから高いほうに向かっ

銅タンパク質・酵素	分子量	所在	機能	銅含量（原子／分子）			
				タイプ1	タイプ2	タイプ3	合計
プラストシアニン	12000	植物	光合成・電子伝達	1			1
ステラシアニン	15000	麹・キュウリ	電子伝達	1			1
アズリン	14000	微生物	電子伝達	1			1
ガラクトースオキシダーゼ	63000	菌類	ガラクトース酸化		1		1
ドーパミン-β-ヒドロキシラーゼ	290000	動物	ノルアドレナリン合成		4		4
アミンオキシダーゼ	140000	微生物・植物・動物	アミン類酸化		2		2
スーパーオキシドジスムターゼ	32000	微生物・動物	スーパーオキシドアニオンの不均化		2		2
チロシナーゼ	120000	微生物・植物・動物	フェノール酸化・メラニン合成			2	2
ヘモシアニン	50000	軟体・節足動物	酸素輸送			2	2
アスコルビン酸オキシダーゼ	120000	キュウリ・カボチャ	アスコルビン酸酸化	2	2	4	8
セルロプラスミン	134000	動物血液	鉄酸化・銅輸送	2	1	2	5
ラッカーゼ	110000	ウルシ	ジアミン・ジフェノール酸化	1	1	2	4
シトクロムcオキシダーゼ	120000～408000	微生物・動物	シトクロムc酸化	4		2	6

表3-6 代表的な銅タンパク質・銅酵素

銅タンパク質・銅酵素は、銅の化学的状態により3種類に分類されている。タイプ1は青色銅タンパク質で銅イオンは常磁性、タイプ2は非青色銅タンパク質で銅イオンは常磁性、タイプ3は2核銅錯体の構造をしていて銅イオン間には強い磁気的相互作用があるため、磁性は観測されない。また、タイプ1～3の銅タンパク質が混在するクラスター構造の銅タンパク質も存在する。

て金属イオンを用いてきたことが推定される。

3-5 酸化還元から見た生命と文明

先に示した図3-3をもう一度、見ていただきたい。見方を変えると、この図からは、人類が金属を利用してきた歴史をも説明できそうである。人類は石器時代に「金」を発見した。金は酸化還元能力が高く、還元されやすい金属イオンであり、イオン化傾向が小さい。

金属は一般に、水溶液中で電子を放出して陽イオンになろうとする性質があり、金属のイオンになりやすさ、すなわち「イオン化傾向」を測定することができる。金属元素をイオン化傾向の大きい順に並べたものを「イオン化序列」という。したがって、イオン化序列とは、複数種の金属イオンを比べた際に、どの金属イオンが酸化されやすいか（あるいは還元されやすいか）、すなわち酸化還元反応における化学平衡の偏りを序列化したものである。

イオン化傾向が小さいイオンほど、イオンは還元されて金属として析出しやすくなることを示している。イオン化序列は、式3-2に示したような並びになる。

式3-2

$$K > Ca > Na > Mg > Al > Zn > Fe > Ni > Sn > Pb > H > Cu > Hg > Ag > Pt > Au$$

古代遺跡から金が見つかる理由

イオン化傾向は、水溶液中のみならず、固体イオンでも成り立つ。

人類が火を使いはじめたころ、自然石の中にあった硫化金（Au_2S）のような鉱物を偶然に火で燃やしたとき、輝く金が析出したことを発見して驚いたに違いない。このとき、固体中の金イオンが火を用いることによって還元され（ここでは水素や一酸化炭素を含む「不完全燃焼」の炎のことで「還元炎」という）、人々はたやすく金を手に入れることができた。古代の遺跡から金を用いた装飾品や家具が多く見つかっているのは、このためである。

紀元前6000年ごろ、西アジアでは高温の火を扱う技術が確立され、銅とスズの合金、つまり「青銅」が用いられるようになった。青銅の利用が一般化したことで、新しい文明である「青銅器時代」が登場した。銅は、金よりも低い酸化還元電位をもち、より還元的な火を使う技術が要求される。高温の火を扱えるようになって初めて、青銅の作製が可能となった。青銅器は武器として威力を発揮しただけでなく、祭祀用の鐘の材料などにも用いられた。

さらに時代が下って、紀元前3000年ごろになると、西南アジアのヒッタイト民族が「鉄」を製造する新技術を発明し、「鉄器時代」を出現させた。鉄を得るには、銅よりもさらに還元的な火を得る技術を開発する必要がある。ヒッタイトが使用した青銅よりも硬い鉄製の武器は、他民族を圧倒した。

鉄は武器のみならず、農耕器具や建造物の素材として、さらに近代文明においては乗り物や鉄道の軌道などに利用され、生活のあらゆる領域で利用されるようになった。人類はかつてない技術的躍進をとげることとなった。

ヒッタイトによってもたらされた鉄器時代は、現代もなお継続している。

人類と生命の金属利用史

1870年にベルギーの電気技術者で発明家でもあったゼノブ・グラム（1826〜1901年）によって発電機が発明されると、実用的に電気が利用できる時代が到来した。溶融塩電解法が考案され、酸化還元電位のきわめて低いアルミニウムイオンを、電気によって還元することが可能となった。「アルミニウム」の生産が実現したのである。アルミニウムは航空機、車両、電気製品、食器など幅広い分野で飛躍的な発展をもたらし、現代文明に欠かすことのできない金属となった。現代は、「鉄とアルミニウム文明」の時代といえる。

この歴史の流れを化学的に見ると、人類は酸化還元電位の高い、還元されやすい金から使いはじめ、以降の技術革新によって、より酸化還元電位の低い、還元しにくい銅から鉄、アルミニウムへと、金属の利用範囲を拡大してきたと考えることができる。

一方、生命はアルミニウムなどを含む粘土などの触媒を用いて生体分子を形成し、細胞をつくりはじめ、続いてモリブデンと鉄イオンを、さらに銅イオンを用いて新しい化合物やタンパク質などの生体分子を次々に生み出していった。酸化還元電位という視点から見ると、人類が金属を利用してきた歴史の流れと生命の誕生・進化の流れとは、ちょうど真逆の方向をたどってきたように思われる。

亜鉛を忘れるな！

124ページの表3-4をあらためて見直すと、生命活動に関係する海洋中のおもな金属イオンのなかで、モリブデンに次いで多いのは亜鉛イオンである。

亜鉛はたいてい、+2価の酸化状態で存在する。原子核のまわりの電子配置は$[Ar]3d^{10}$であり、3d軌道が飽和されている。このため、鉄や銅のように、他の原子や分子と電子の受け渡しはできないイオンである。

それにもかかわらず、亜鉛を含むタンパク質や酵素は多く発見され、およそ300種がすでに知られている。亜鉛は、①加水分解、②基質の活性化、③二酸化炭素と炭酸イオンとの変換、④

$C_2H_5OH + NAD^+ \rightarrow CH_3CHO + NADH + H^+$
タンパク質C末端のペプチド結合の加水分解
疎水性アミノ酸を含むペプチド結合の加水分解
ポリペプチドの加水分解
β-ラクタム系抗生物質の加水分解
アルカリ性でリン酸エステル化合物の加水分解
アデノシン → イノシン+アンモニア
$CO_2 + H_2O \rightarrow HCO_3^- + H^+ \rightarrow H_2CO_3$
フルクトース-1,6-二リン酸 → グリセルアルデヒド-3-リン酸+ジヒドロキシアセトンリン酸
メチオニンの合成
DNA合成
RNA合成
アルコール→アセトアルデヒド
DNAの構造安定化
鉄硫黄タンパク質の安定化
SODの安定化

DNAの合成、⑤タンパク質の構造安定化などに関わることが知られている。現在知られている代表的な亜鉛タンパク質や亜鉛酵素を表3-7にまとめる。

さまざまな生物の体内に存在する亜鉛の機能はじつに多様かつ複雑であり、それだけに生命の誕生や進化に大きな役割を演じてきたことが推測される。

表3-7に示されるように、亜鉛は、金属の酸化状態の変化を必要としない触媒反応や、タンパク質の構造を安定にする構造因子としての役割が中心的である。典型的な例として、炭酸脱水酵素を見

1	酸化還元反応		
	アルコール脱水素酵素	哺乳動物肝臓	
2	加水分解反応		
	カルボキシペプチダーゼA	哺乳動物膵臓	
	サーモリシン	グラム陰性菌	
	アスタシン	腔腸動物〜人	
	β-ラクタマーゼ	グラム陰性菌	
	アルカリホスファターゼ	動物、植物、大腸菌	
	アデノシンデアミナーゼ	マウス	
3	脱離反応		
	炭酸脱水酵素	哺乳動物血球	
	フルクトース-1, 6-ビスリン酸アルドラーゼ	ウサギ筋肉	
4	転移反応		
	コバラミン依存メチオニン合成酵素	大腸菌	
5	合成反応		
	DNAポリメラーゼ	ウイルス以外の生物	
	RNAポリメラーゼ	真核生物	
6	構造保持		
	アルコール脱水素酵素	動物の肝臓や胃	
	亜鉛フィンガー	後生動物〜人	
	フェレドキシン	細菌、植物、動物	
	スーパーオキシドジスムターゼ（SOD）	原核生物、真核生物〜人	

表3-7　代表的な亜鉛タンパク質・亜鉛酵素

てみよう。

炭酸脱水酵素は、二酸化炭素（CO_2）から炭酸水素イオン（HCO_3^-）をつくる反応を触媒する酵素で、活性中心に亜鉛イオン（Zn^{2+}）が存在している。その反応機構を図3-4に示した。

亜鉛イオンに結合（配位）した水分子はH-O-Hのどちらかの結合が切れてプロトン（H^+）と水酸化物イオン（OH^-）となり、OH^-が亜鉛イオンに結合する。できた亜鉛イオンに結合したOH^-が二酸化炭素の炭素を攻撃すると、

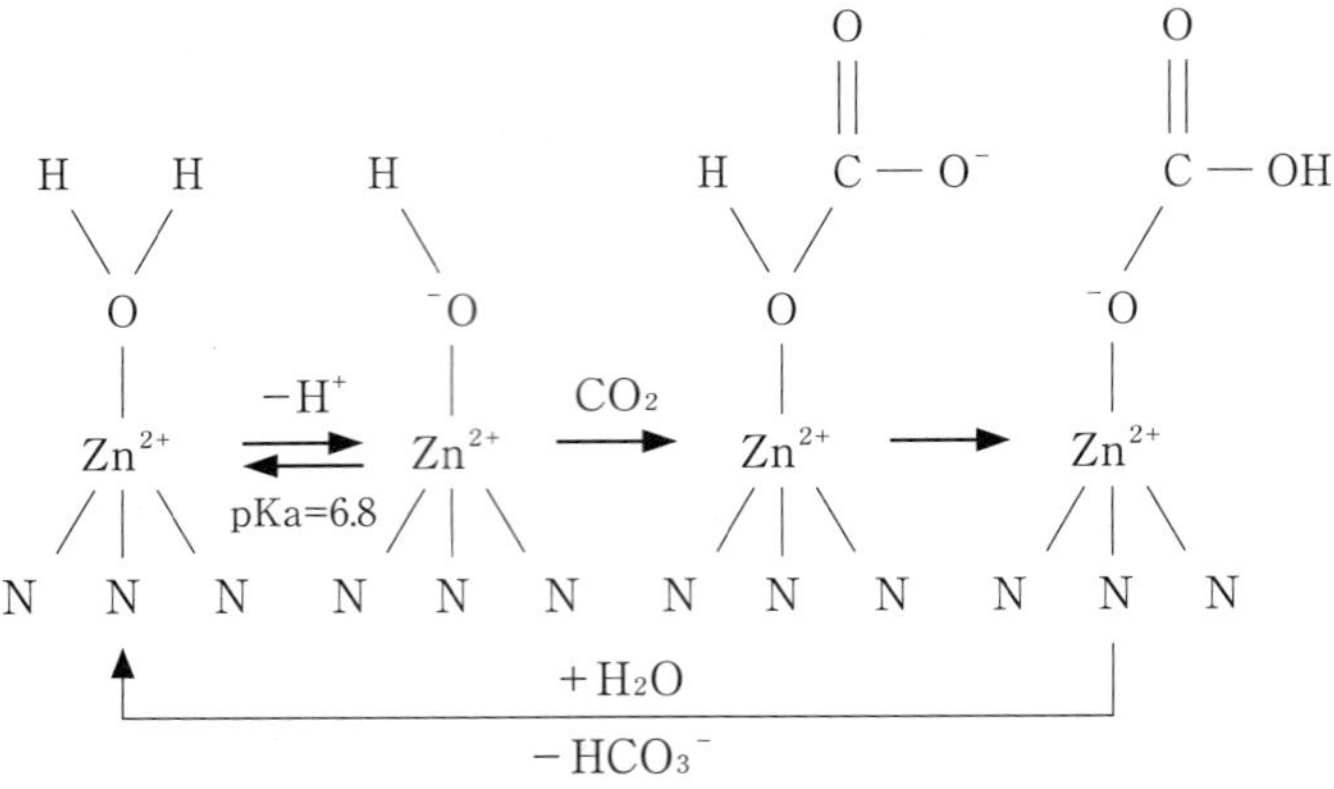

ここでつくられたHCO_3^-はヘモグロビンと反応してCO_2として放出される

$$HCO_3^- + (Hb\text{-}H) + O_2 \rightarrow (Hb\text{-}O_2) + H_2CO_3 \rightarrow H_2O + CO_2$$

図3-4 炭酸脱水酵素中の亜鉛イオンのはたらき

亜鉛イオンに結合した炭酸水素イオンができる。

次に、この亜鉛イオンに結合した炭酸水素イオンと水分子との交換反応が起こり、炭酸水素イオンが遊離する。

赤血球中に存在する炭酸脱水酵素は、さまざまな組織で生成された二酸化炭素を炭酸水素イオンに変換して血液中に溶解させ、肺組織でヘモグロビン（Hb）が炭酸水素イオンと反応して、ふたたび二酸化炭素に変換して体外に排出するという重要な役割を果たしている。

原子上の電荷の移動がなく、酵素反応を触媒するこの性質は、亜鉛イオン特有のものであり、多様な酵素反応の原点となっている。

本章では、カンブリア大爆発という生命の進化史上における一大事件の背景を探るところから説き起こして、生命がいかにして、どのような金属を取り込みながら発展してきたかを眺めてきた。

＊

それでは、現在の私たちの体の中で、金属はどのような機能とはたらきを担っているのか。もし過剰に存在したり、あるいは不足したりしたらどうなるのか。次章では、「微量」の名にとどまらない存在感の大きさを体感してみることにしよう。

コラム3

恐竜絶滅とイリジウムの物語

およそ2億4700万年前の中生代・トリアス紀（三畳紀）時代（110ページ図3‐2参照）に地球に出現した恐竜たちは、1億8150万年もの長いあいだ繁栄を極めていたが、中生代白亜紀末の6550万年前に、そのほとんどが地球上から姿を消した。

恐竜絶滅の謎は人々のロマンを掻《か》き立て、これまでに数多くの絶滅説が提案されてきたが、最近では、白亜紀末の巨大隕石の衝突という一瞬の出来事が主たる原因であろうという見解が定着している。この巨大隕石衝突説が提唱された背景には、アメリカの物理学者ルイス・アルヴァレスと地質学者のウォルター・アルヴァレス父子の鋭い観察、実験とひらめき、そして周辺の科学者たちが協力した素晴らしい物語がある。そしてそこからは、イリジウム（Ir）などの化学元素の検出と定量が、天体衝突の科学的解明に決定的な役割を果たしたことを知ることができる。

1977年のある日、ウォルターが父ルイスに特別なプレゼントをもってきた。それは、イタリア中部の都市ペルージャ近くのグッビオで得た堆積岩の片面を磨いた切片であった。

堆積岩は3層から成り、下層の石灰層はドイツ語で「Kreide」とよばれる中生代白亜紀のもの、上層の石灰層は英語で「Paleogene」とよばれる新生代第三紀のものである。その境界は、上下の層の略号から「K－Pg境界」とよばれ、厚さ約1cmの粘土層となっている。K－Pg境界層は、今から約6550万年前に堆積した地層であり、これが恐竜が絶滅した時代に一致することは、19世紀末にはすでに知られていた。

　アルヴァレス父子の物語は、ローレンス・バークレー放射線研究所の協力を得て、この切片を分析することから始まった。白金、金、イリジウム、オスミウム、レニウムなどが検出されたが、メンバーはその結果に驚いた。K－Pg境界層のイリジウム濃度のみが、その上下の層に比べて約30倍も高い値を示したからだ。

ルイス・アルヴァレス（左）
とウォルター・アルヴァレス（右）

いったいなぜなのか？

　超新星爆発などの原因が考えられたが、うまく説明がつかず、議論の末に、大胆な隕石落下の可能性が提案された。K－Pg境界層のレニウム187とレニウム185の同位体比（$^{187}Re/^{185}Re$）から、衝突した天体が太陽系由来の隕石であることも判明した。

　一方、メキシコ国営石油開発公団で、油田発見のために地磁気の調査をおこなっていたグレン・ペンフィールドは、1980年ごろにはメキシコのユカタン半島の地下に巨大クレーターがあることを知っていたが、語らずにいた。1990年になり、アリゾナ大学の大学院生アラン・ヒルデブランドが研究を続け、ペンフィールドに協力を依頼して、地下1kmの堆積層にクレーター（推定で直径約18km）が存在することを確信した。1991年に論文が出版され、「チクシュルーブクレーター」と名づけられた。
この論文が掲載されたとき、残念ながら、ルイス・アルヴァレスはすでにこの世を去っていた。

（参考：桜井弘「ルイス・W・アルヴァレス（1911.6.13－1988.9.1）とウォルター・アルヴァレス（1940.10.3-）」、和光純薬時報、86（2）、33-35、2018年）

第4章

微量元素を使え!

——体内ではたらく金属たちの姿をとらえる

4-1 「化学進化説」の解明に挑んだ巨人たち

生命の誕生を化学的に解明することは、人類の大きな夢の一つであろう。

1936年、旧ソ連の生化学者アレクサンドル・オパーリンは、著書『地球上における生命の起源』で「無機物から有機物が蓄積され、有機物の反応によって生命が誕生した」と述べた。この考え方が現在、「化学進化説」とよばれていることは前記のとおりである。

この反応を実験的に検証したのがユーリーとミラーで、彼らは1953年、メタン、水素、アンモニア、水、窒素ガスおよび少量の二酸化炭素と一酸化炭素をガラスチューブに封入し、火花放電（6万ボルト）をかけた。その1週間後に、アルデヒド、青酸、ギ酸、酢酸に加え、アミノ酸のグリシンとアラニンが生成されていたことを明らかにした。この先駆的な研究が引き金となって、多くの科学者が化学進化の謎を解く研究に着手した。

しかし、やがて原始大気は地中から噴出する水蒸気、一酸化炭素、二酸化炭素や窒素ガスから構成されていたと考えられるようになり、異なった視点からの研究が展開された。たとえば、スペインの生化学者でアメリカで研究に従事したジョアン・オロー（1923～2004年）は1960年、シアン化水素溶液を加熱することで、ATPを構成する核酸塩基のアデニンが生成することを見出した。アデニンは、炭素、水素、窒素をそれぞれ5個ずつ含む分子であるため、シアン化水素（HCN）5個をつなぎあわせてできたと考えた。

彼はまた、ホルムアルデヒド、ヒドロキシルアミン、シアン化水素とアンモニアから、グリシン、アラニン、セリン、アスパラギンなどのアミノ酸を得ることに成功した。さらにオローは、シアン化水素とアンモニアの水溶液を90℃に加熱して、アデニンを得た。ホルムアルデヒド水溶液と塩基性触媒を用いて糖質ができることも、他の研究者とともに証明している。

江上不二夫の発見

化学進化が海洋中で始まったとすれば、海水に溶けている微量の金属イオンの関与を考慮することが重要である。

この問題にチャレンジした一人が、日本を代表する生化学者・江上不二夫（1910〜1982年）である。「騎馬民族国家論」で有名な考古学者・江上波夫の実弟としても知られる江上は1974年、実験的に海水中の1000〜10万倍の濃度の鉄、モリブデン、亜鉛、マンガン、銅、コバルトなどの金属元素をホルムアルデヒドとヒドロキシルアミン水溶液に加え、無酸素下で105℃に加熱することで、高収率で多種類のアミノ酸や、アミノ酸の重合体（オリゴマーやポリマー）を得ることに成功した。

そこで、これらの金属イオンを含む溶液にグリシン、酸性および塩基性のアミノ酸、芳香族アミノ酸などを加えてやはり105℃に加熱したところ、〝美しい〟原始細胞様の構造体を得て、これを「アルグラヌール」と名づけた。こうして江上は、「原始生命体の誕生の第一歩には、多種類の金属イオンが関与している」という新しい考え方を示唆する素晴らしい成果を示した。1967年に刊行した名著『生命を探る』で、次のように述べている。

〈元素の海水中濃度と元素の生物学的態度の間にはみごとな相関があり、ことに最も原始的な細菌であるクロストリジウム（引用者註：嫌気性で芽胞を形成するグラム陽性の桿菌）などにも広く用いられているモリブデン・鉄・亜鉛が遷移元素の中で最も高濃度にあることが注目される〉

解けた謎、さらなる謎

その後、ドイツの化学者ギュンター・ヴェヒターショイザー（1938～）が、1988年に二酸化炭素、窒素ガス、水、硫化水素の混合気体と硫化鉄（硫化第一鉄と硫化第二鉄）とを反応させて、炭素化合物のギ酸ができることを示した。

また、黄鉄鉱上に吸着したアミノ酸、核酸、脂質などは、黄鉄鉱がそのまま触媒となって反応し、イソプレノイドアルコールなどができる事実に基づいて表面代謝系を提案した。その後、硫化鉄、硫化水素および二酸化炭素を75～90℃で数日間反応させるとメタンチオールが生成される

式4-1

① $3FeS + 4H_2S + CO_2$
$\longrightarrow 3FeS_2 + CH_3SH + 2H_2O$

② $FeS + HS^-$
$\longrightarrow FeS_2 + H^+ + 2e^-$

③ $2CH_3SH + CO_2 + FeS$
$\longrightarrow CH_3—CO—SCH_3 + H_2O + FeS_2$

④ $2H_2NCH_2COOH$
$\longrightarrow H_2NCH_2CONHCH_2COOH + H_2O$

ことが、1996年に見出された(式4-1①)。

そこでヴェヒターショイザーらは、これらの原始大気と硫化ニッケルや硫化鉄とを反応させて、エネルギー生成や炭素-炭素結合形成を「活性酢酸」(チオ酢酸メチルエステル)として検出することに成功した(式4-1②、③)。

彼らはさらに1998年、硫化ニッケルや硫化鉄の存在下でアミノ酸のあいだにペプチド結合を形成させる実験をおこない、アミノ酸からペプチドが生成する興味深い反応を発見している(式4-1④)。

ここに紹介したように、生命の〝素〟をつくる低分子化合物は、条件によっては海水中や熱水噴出孔付近で金属イオンを触媒として合成されることが、部分的に明らかになったと考えられる。しかし、生命の合成という段階にたどり着くには、まだまだ解決しなければならない多くの難問が待ち構えている。すなわち、細胞の合成、エネルギー産生系の成り立ち、生命の再生産（増殖や生殖）、栄養物質の取り込みと排泄、物質代謝や呼吸のしくみなどがいかにして誕生したのか——これらを解明するための、さらなるブレイクスルーとなる研究が必要であろう。

4-2 生命はなぜ微量元素を使ったか？

生命の誕生へといたる長い道筋には、次のような各ステージが存在していたと考えられる。すなわち、原始生命低分子の合成、原始生命高分子の合成、膜様物質の合成、エネルギー産生物質と産生系の合成、遺伝子の合成、単細胞の合成、多細胞の合成……。これら多岐にわたる重要な研究が、さまざまに模索されながら着々と進められている。

これら一連の生命合成への道は、現在では海洋中で進行したと考えられている。そして、本章までに見てきたように、これらの各ステージには、たえず金属イオンの存在、特に微量元素の関与が必要であったであろうことが理解されてきた。

そこで今節では、「生命がなぜ、海洋中の微量元素を使ったのか」という問いについて、もう一段掘り下げて考えてみよう。

銅イオンの能力を最大限に発揮させるしくみ

まだ酸素分子が少なかった時代の海洋には、太陽からの強い紫外線や各種の宇宙線（高エネルギーの放射線）が降り注いでいた。たとえば、放射線が水と反応すると、ヒドロキシルラジカル（・OH）や水素ラジカル（・H）が生成される。生成された2個のヒドロキシルラジカルは、さらに反応して過酸化水素（H_2O_2）をつくり、また、酸素分子があれば水素ラジカルと反応してスーパーオキシドアニオンラジカル（O_2^-）を生み出す。スーパーオキシドアニオンラジカルは水中の水素イオン（プロトン、H^+）と反応して過酸化水素となる。

このようにしてつくられた活性酸素種は反応性がきわめて高く、生命にとって有害な作用を及ぼす。そのため、すでに述べたように、生命がつくられ、その活動を維持していくためには、これら活性酸素種をさまざまな段階で消去する必要がある。ここに、微量元素が大きな任務を果たすチャンスが生まれたのである。

たとえば、銅イオン（Cu^{2+}）にはそもそも、単独でもスーパーオキシドアニオンラジカルを消去する能力が備わっている。そこで、銅イオン単独の場合の活性酸素種消去能力と、銅イオンを含み、スーパーオキシドアニオンラジカルを消去するための特異的な酵素であるスーパーオキシドジスムターゼ（SOD）の活性酸素種消去能力とを比較してみよう。実際に、生体内では銅イオンが単独で存在することはなく、たいていはタンパク質などと結合している。

実験的に発生させたスーパーオキシドアニオンラジカルを50%消去する銅イオンの濃度(IC50)をある条件下で測定すると、6μMとなる。比較対象として、牛血清アルブミン(BSA)というタンパク質と銅イオンを結合させて「銅−BSA複合体」をつくり、スーパーオキシドアニオンラジカルの消去作用を調べたところ、銅濃度で表したIC50値は0・7μMであった。すなわち、タンパク質と結合した銅イオンの活性は8・6倍に上昇しており、銅イオン単独の場合より、かなり低い濃度で同等の効果が現れることがわかる。

ところが、さらにSODを作用させると、IC50値は0・003μMまで低下する。この数値は銅イオン単独の場合と比べ、じつに2000倍であり(図4-1Ⓐ)、驚くべき活性が現れる。SODが、スーパーオキシドアニオンラジカルを消去するための特異的な酵素である所以だ。

天然のSODがこれほど高い活性を示すためには、タンパク質が基質(酵素作用を受けて反応する物質)のO_2^-を化学的に認識して捕獲し、さらにそのO_2^-を反応触媒部位である銅イオンまで迅速に輸送しなければならない。加えて、この反応によって生成される過酸化水素と酸素分子をタンパク質の外に搬出する必要もある。このような高度な機能を的確に発揮するには、タンパク質のアミノ酸配列と、その高次構造の形成がきわめて重要であると推定され、生命現象を支える精緻なメカニズムがはたらいていることがよくわかる例である。

❶

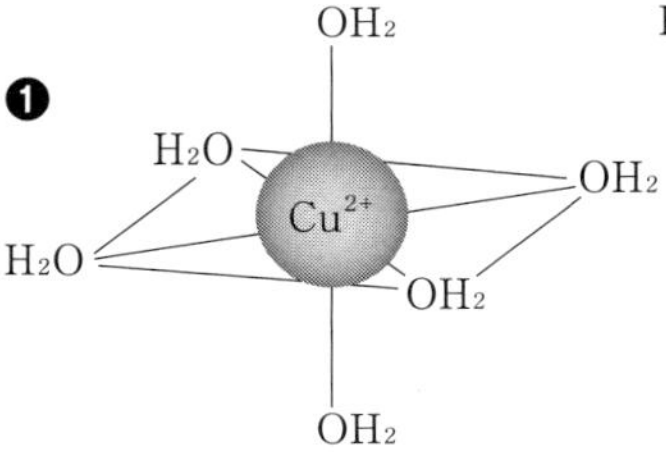

❷

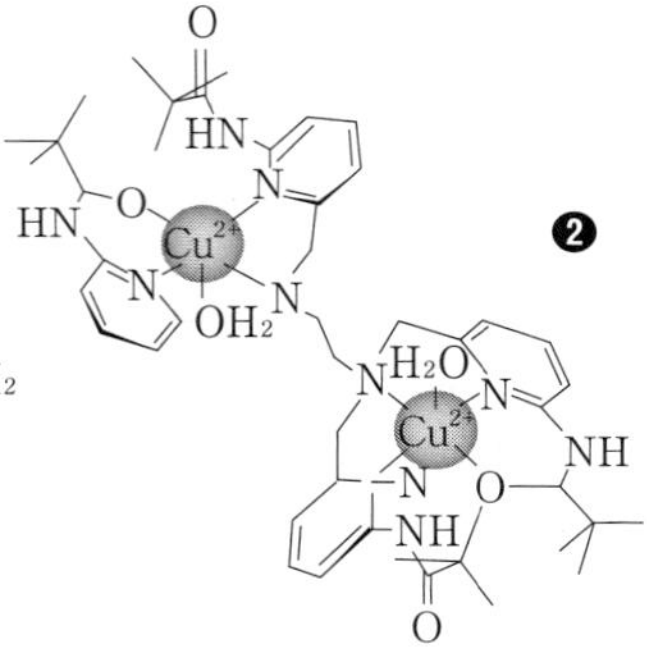

❸

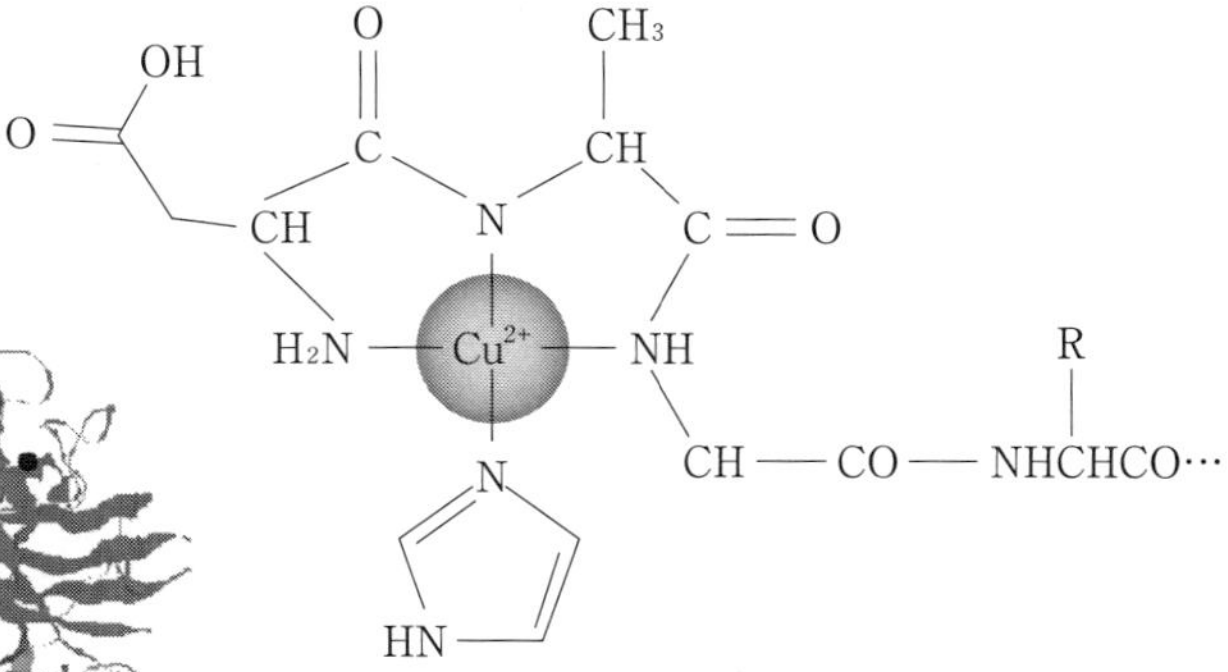

❹

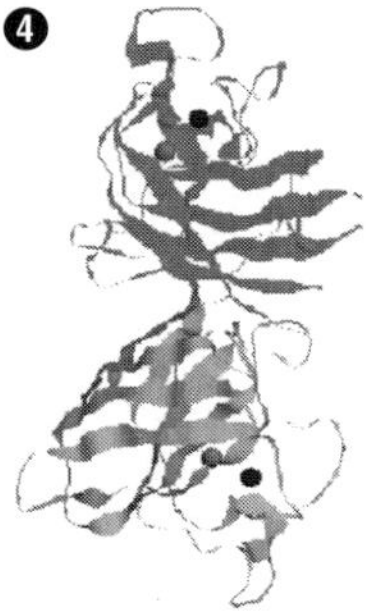

$$2\cdot O_2^- + 2H^+ \longrightarrow O_2 + H_2O_2$$

	❶ Cu (Ⅱ) イオン	❷ Cu (Ⅱ) (tppen)₂ (H₂O)₂	❸ Cu (Ⅱ) (BSA)	❹ SOD
IC_{50} (μM)	6	0.76	0.7	0.003
活性	1	8	8.6	2000

図4-1(A)　スーパーオキシドジスムターゼ活性の比較

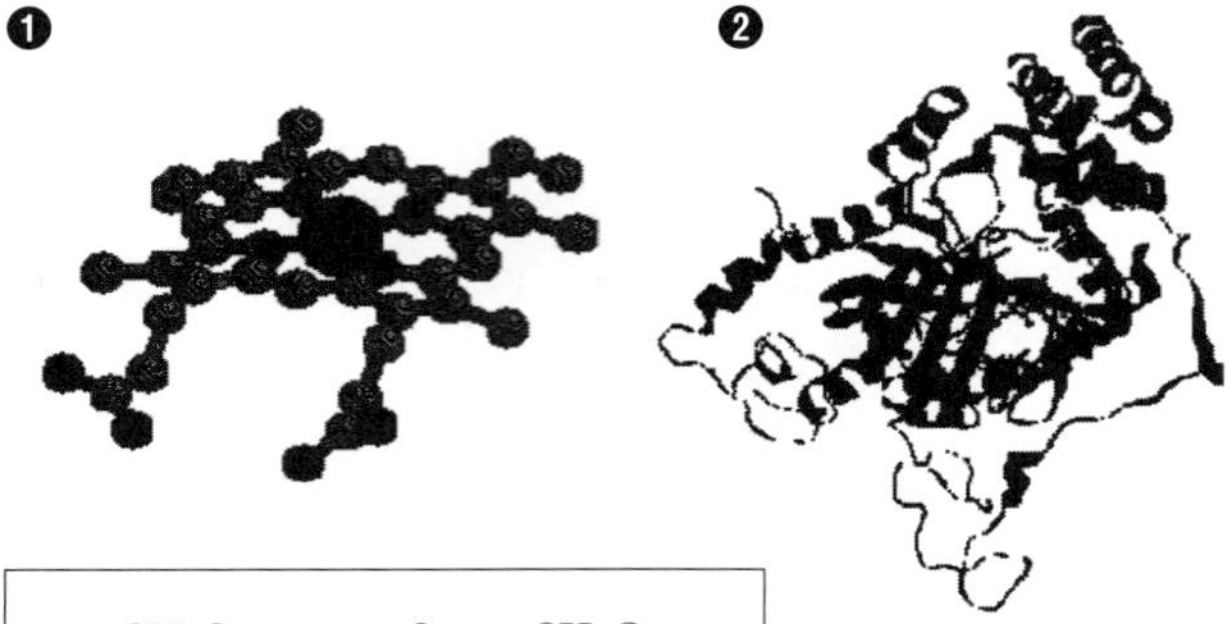

$$2H_2O_2 \longrightarrow O_2 + 2H_2O$$

		❶	❷
	Fe（III）イオン	ヘム鉄（III）	カタラーゼ
活性	1	10^3	10^{10}

図4-1（B）カタラーゼ活性の比較（M. カルビン『化学進化——宇宙における生命の起原への分子進化』東京化学同人、1970より）

生命進化を推進した金属イオン

生命が微量元素を巧妙に用いている例を、もう一つ紹介しよう。

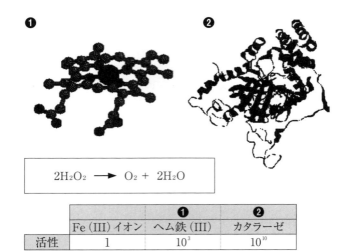

過酸化水素を消去・分解する金属酵素であるカタラーゼの活性中心にはヘム鉄があり、その中心には鉄イオンが存在する。鉄イオン（Fe^{3+}）は、活性酸素の一つである過酸化水素（H_2O_2）を酸素分子と水に分解する作用をもっている。この反応速度は10^{-5}／モル／秒である。鉄イオンの代わりに低分子のヘム鉄錯体を用いて反応速度を測定すると10^{-2}／モル／秒となり、触媒活性は1000倍となる。

そして、過酸化水素を特異的に分解する酵素であるカタラーゼを鉄イオンの代わりに用いると、反応速度はじつに10^5／モル／秒となり、触媒活性は鉄イオン単独の場合に比べて10^{10}倍と著しく増大する（図4-1(B)）。

この例においても、カタラーゼが過酸化水素（H_2O_2）を化学的に認識・捕獲し、触媒活性点であるヘム鉄のFe^{3+}まで高速に輸送して反応を進めたうえで、反応後は速やかに酸素分子と水をタンパク質外に排出するシステムが築かれている。人類が積み上げてきた科学はまだ、このような高精度かつ高速に進む酵素反応の機構を解明できていない。

これらの例が示すように、ある種のタンパク質と結合することで、金属イオンの能力を飛躍的に高めることができる。海洋中で生命の原型——たとえば原核生物などがつくられる過程では、多数の金属イオンがさまざまなタンパク質と結合して多様な形に組み立てられ、驚異的な生理的機能を獲得し、進化を推し進めていったのではないかと推定される。

4-3 「進化の系統図」からわかること

ロシアの古生物学者ミハイル・フェドンキン（1946年〜）は、生体触媒としての金属の重要性を次のように指摘している。

「多くの金属酵素の触媒能力は、活性中心から金属イオンを除去すると、たちまち消失するか減少する」

この事実こそが、生体触媒の起源において中心金属が必要不可欠な役割を果たしていることを示す証拠である。金属酵素中の金属イオンが、分類学上どのように分布しているかを調べることは重要である。酵素活性について、金属イオンの分布と役割を見ると、はっきりとした違い——すなわち、酸化還元不活性金属イオンと酸化還元活性金属イオンとがある。

前者の酸化還元不活性金属イオンは、ルイス酸（電子対を受け取る物質）の性質によって負電荷を安定化させ、基質を活性化させるために用いられる。マグネシウムと亜鉛がおもな役割をしていて、カルシウムが続いている。

後者の酸化還元活性金属イオンは、ルイス酸としての役割に加えて、酵素による酸化還元反応に用いられる。ここでは、鉄が最大の役割を果たし、マンガン、モリブデン、銅、ニッケルが続く。

タングステンに依存する生命

生物の初期進化に果たしたモリブデンの重要性は先に紹介したが、元素の周期表でモリブデン（Mo）の下に位置するタングステン（W。第6族、第6周期）は、タングステン酸イオンとして好熱性細菌中に存在することが発見され、その重要性が探究されるようになった。

タングステンの海水中濃度は低く、0・00001㎎／kg（124ページ表3-4参照）であり、モリブデン濃度の0・09％ほどである。しかし、深海の熱水噴出孔周辺のような好熱性細菌が生息している環境にはタングステンが豊富にあり、かつタングステンを含む化合物、たとえば硫化物がモリブデンのそれよりも安定であることなどの理由から、好熱性細菌ではモリブデンよりもタングステンを用いたと考えられている。タングステンを含む好熱性古細菌は、酸素分子のない環境でW^{6+}をW^{4+}に還元する反応を用いて、体内の化合物を酸化している。たとえば、アルデヒドフェレドキシンオキシドレダクターゼはアルデヒドを含む化合物をカルボン酸に酸化している。

酵素の組成中にニッケルやタングステンが存在することは、これら金属イオンが現在よりもずっと多量に存在していた原始生物圏の生理的な遺品（形見）、すなわち痕跡と考えることもできそうだ。これらの金属イオンはおそらく、生体系の進化の初期段階で鉄とともに、生化学的反応の触媒として自由電子の供給源になることで、〝進化の列車〟に乗り込んだのであろう。

こうして生命は、最初期には動的に、次には構造的に、鉱物としての金属から生命活動の一員としての金属へと、金属の役割を変えていった。このことはまた、多くの原始生命体が高濃度の金属イオンに対する耐性を獲得しながら、特定の生理的機能を実現するために特定の金属イオンを必要としたことを示す証拠となりそうだ。

二酸化炭素排出問題の解決策になるか

以上のような考察をふまえて、フェドンキンは、進化の過程で利用されてきた金属イオンのはたらきを図4-2のようにまとめている。

フェドンキンは、特にタングステンに注目しているようだが、生物界で知られているタングステン含有酵素はまだ、ごくわずかな範囲に限られている。たとえば、好熱性古細菌のアルデヒドフェレドキシンオキシドレダクターゼ、真正細菌メチロバクテリウム属のギ酸デヒドロゲナーゼ、アセチレンヒドラターゼなどが知られ、触媒反応はそれぞれ、式4-2(A)~(C)に示す通りである。

式4-2(A)に登場する「フェレドキシン」とは、内部に鉄硫黄クラスター(Fe-Sクラスター)を含む鉄硫黄タンパク質の一つであり、電子伝達体として機能する。

これらのタングステン酵素は、おもに水分子を酸化的に活性化し、基質に酸素原子を移動する反応を触媒している。つまり、環境中に豊富に存在する水分子や酸素分子を酸素源としていることが特徴である(式4-2(D))。

ここに示したもののうち、式4-2(B)の反応の逆反応が、二酸化炭素(CO_2)の固定化反応である点に注目していただきたい。現在、全地球的な問題となっている二酸化炭素排出問題の解決策

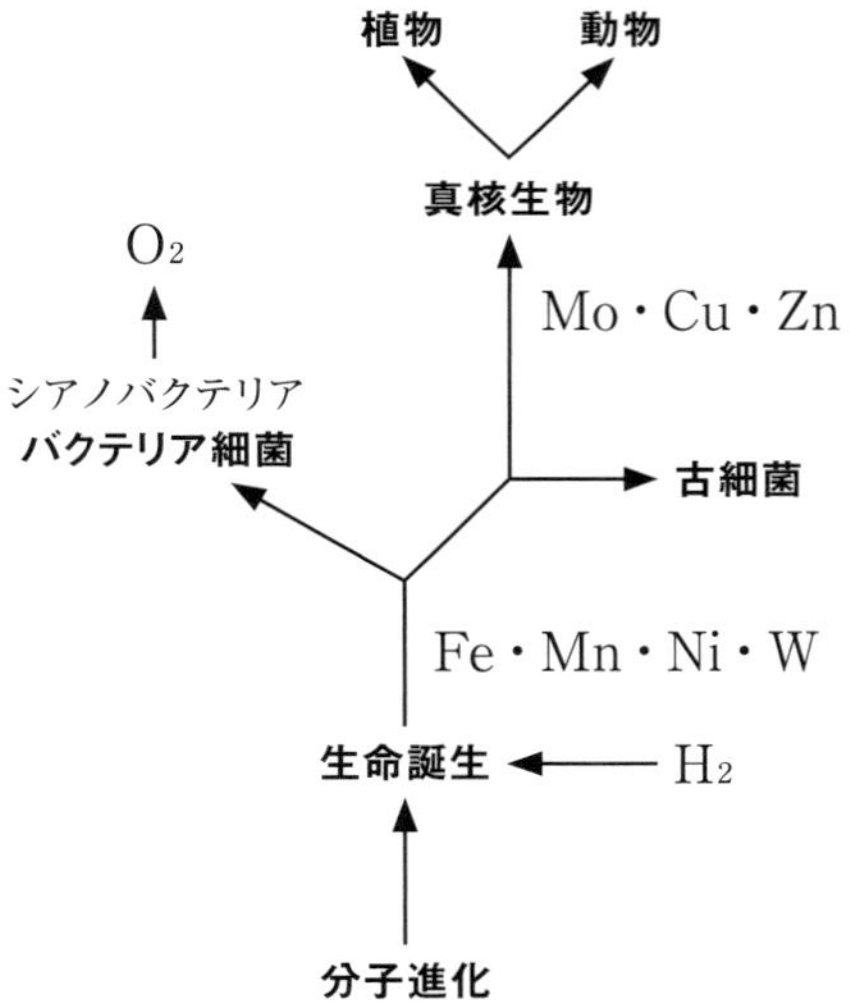

図4-2　生命進化と金属との関係（M.フェドンキン（2009）より改変）

式4-2

(A) $RCHO + H_2O + 2Fd$（酸化型）

$\longrightarrow RCOOH + 2H^+ + 2Fd$（還元型）

（Fd＝フェレドキシン）

(B) $HCOO^- \longrightarrow CO_2 + H^+ + 2e^-$

(C) $HC \equiv CH + H_2O \longrightarrow CH_3-CHO$

(D) $H_2O + S$（基質）$\xrightarrow{-2e^-,\ -2H^+} SO$（酸化生成物）

を研究するための、重要な示唆を与えてくれているようではないだろうか。

4-4 ミトコンドリアと金属

金属がその役割を果たす〝職場〟の一つに、細胞小器官がある。今節では、個々の細胞中に数百個も存在する「ミトコンドリア」に注目して、金属との関わりのようすを見てみよう。

じつはミトコンドリアは、次に挙げるような多彩な仕事を担っている。酸素分子を用いた糖類からのエネルギー産生、細胞内のカルシウム濃度調節、脂質分子の酸化、さらには、遺伝や免疫反応などにも関わり、生命の営みを司《つかさど》るきわめて重要な役割を果たしているのだ。

ここでは特にエネルギー産生について、どのような金属タンパク質や金属イオンが関わっているのかを紹介しよう。

ATPから生まれる爆発的エネルギー

生体内のエネルギー産生に関わる分子として、前述のアデノシン三リン酸(ATP)があり、細菌から動植物まで、多くの生物が共通して利用している。

ATPは、式4-3に示したような構造をもち、生体内ではアデノシンから見て2番目と3番目のリン酸部位にマグネシウムイオンが結合している。この2番目と3番目のリン酸結合が切れることでエネルギーが放出されるため、この構造が重要であると考えられている。

ATPはエネルギーを放出するため、高エネルギー化合物とよばれる。1モルのATP（分子量507・2）がADPに分解されると約7・3キロカロリー（30・5キロジュール）のエネルギーが、さらにAMPまで分解されると約10・9キロカロリー（45・6キロジュール）のエネルギーが放出される。

実際には、1モルのATPから約10キロカロリーのエネルギーが得られ、1リットルの水の温度を約10℃上昇させるエネルギーに相当する。このATPはミトコンドリアで多くつくられているが、そのエネルギー源となるのがグルコースである。グルコースは、嫌気的呼吸とよばれる「解糖系」に始まり、好気的な「クエン酸回路」と「電子伝達系」によって完全に酸化・分解されて、二酸化炭素と水になる。式4-4に示すように、この3つの過程が進むあいだに、合計38分子のATPがつくられる。

ミトコンドリアではたらく金属たち

34分子のATPを産生する電子伝達系は、81ページ図2-2に示したように、ミトコンドリア

式4-3

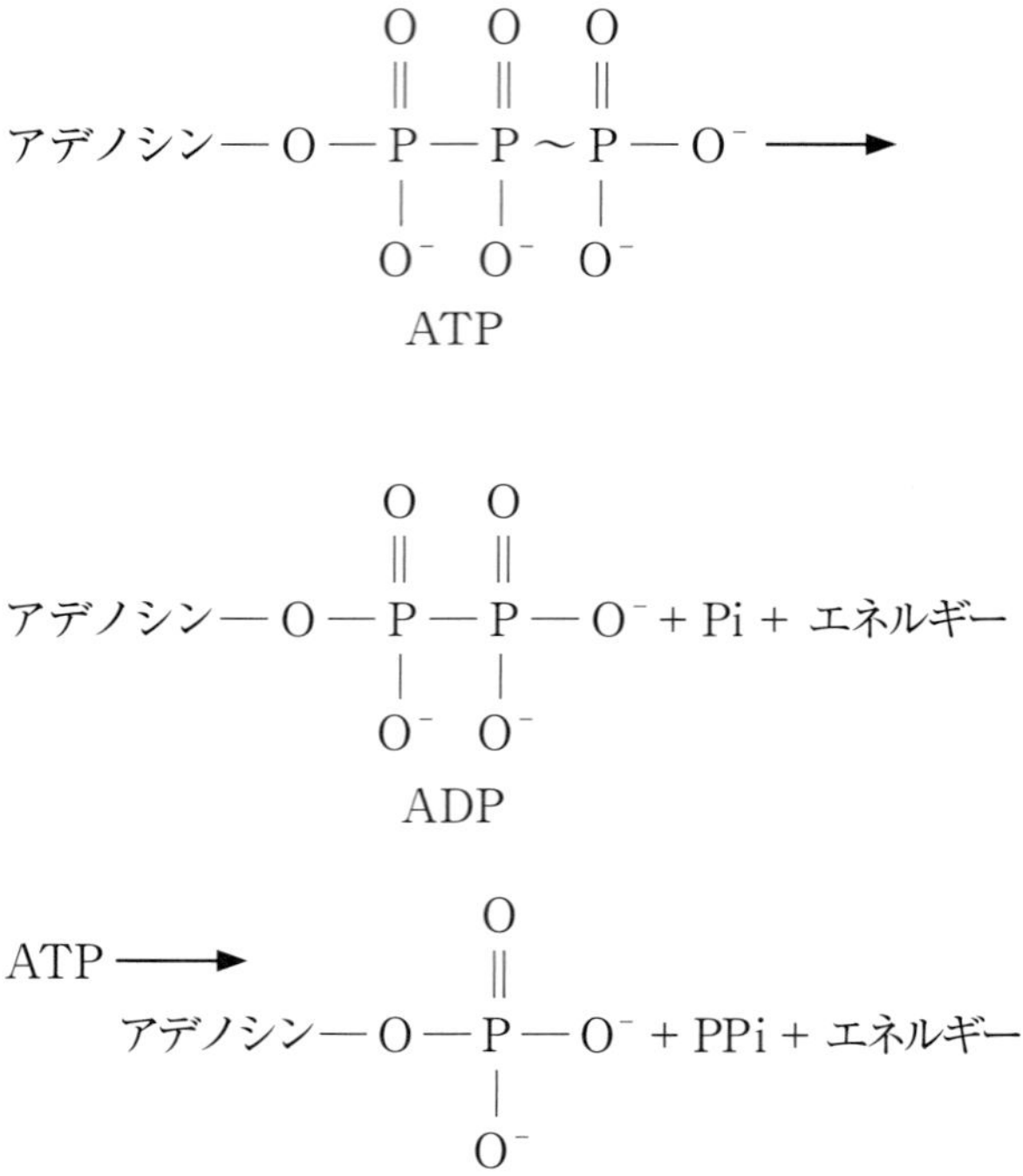

リン酸が結合する部位

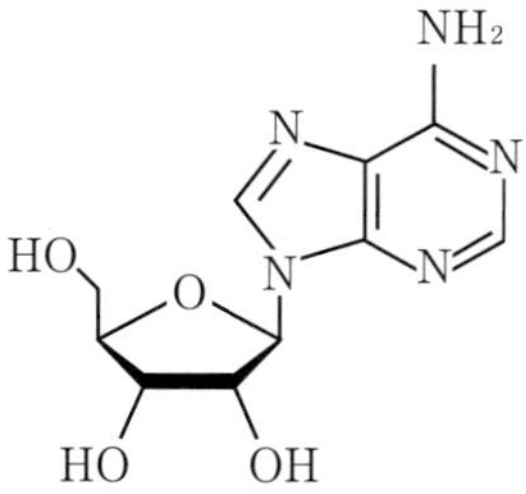

アデノシン

式4-4

解糖系	$C_6H_{12}O_6$ ↓ $2C_3H_4O_3$（ピルビン酸）$+ 2[H^+] + 2ATP$
クエン酸回路	$2C_3H_4O_3 + 6H_2O$ ↓ $6CO_2 + 2ATP$
電子伝達系	$24[H^+] + 6O_2$ ↓ $12H_2O + 34ATP$
	$C_6H_{12}O_6 + 6O_2 + 6H_2O$ ↓ $6CO_2 + 12H_2O + 38ATP$

の膜に結合する4つの複合体から成り立っている。複合体ⅠはNADHユビキノン還元酵素から、複合体Ⅱはコハク酸デヒドロゲナーゼから、複合体Ⅲは補酵素Q－シトクロムc還元酵素から、複合体Ⅳはシトクロムcオキシダーゼから、それぞれできている。これら各複合体は、複雑な膜貫通構造によって膜に埋められている。

　NADHやユビキノールから供給された電子は、酸化還元電位の低い複合体Ⅰから酸化還元電位の高い複合体Ⅳに向かって移動し、最終的に酸素分子

(O_2)に渡されるが、その間にプロトン(H^+)を膜外に放出する。

それぞれの複合体を構成しているタンパク質には、次のようなヘムタンパク質、鉄硫黄タンパク質や銅イオンなどがある。

●複合体Ⅰ：4種の鉄硫黄(Fe－S)タンパク質
●複合体Ⅱ：3種のFe－Sタンパク質、シトクロムb
●複合体Ⅲ：シトクロムb、シトクロムc、Fe－Sタンパク質
●複合体Ⅳ：2種の銅イオン、2種のヘムa_3

ミトコンドリアによるエネルギー産生だけを見ても、これだけ多くの金属タンパク質が協同してはたらいているのである。これはまさしく、海水中の微量元素を起源として、生命が高度な機能を獲得し、進化してきた証左であろう。

4-5 本当に「微量」なのか？――生体反応の司令塔としての微量元素

鉛をかじる虫

物理学者であり随筆家でもあった寺田寅彦（1878〜1935年）が、「鉛をかじる虫」と題するおもしろい随筆を書いている。ある日、鉄道大臣官房研究所を見学した際に奇妙な虫を見せてもらったのだという。

「顕微鏡でのぞいて見ると、ちょっと穀象《こくぞう》（引用者註：体長約3㎜ほどのカブトムシの仲間のコクゾウムシのこと）のような格好をした鉛のようなねずみ色の昆虫である。これが地下電線の被覆鉛管をかじって穴を明けるので、そこから湿気が侵入して絶縁が悪くなり送電の故障を起こすのだそうである。実に不都合な虫である（中略）虫の口から何か特殊な液体でもだして鉛を化学的に侵蝕するのかと思ったが、そうでなくて、やはりほんとうに『かじる』のだそうである。その証拠にはその虫の糞がやはり『鉛の糞』だという。なるほど（中略）立派な鉛色をしている（中略）西遊記の怪物孫悟空が刑罰のために銅や鉄のようなものばかり食わされたというおとぎ話はあるが、動物が金属を主要な栄養品として摂取するのははなはだ珍しいといわなければなるまい。もっとも、人間にでもきわめて微量な金属が非常に必要なものであるということは、近ごろだんだんにわかりかけて来ているようではあるが、しかしそれは食物全体に対して10のマイナス何乗というような微少な量である。この虫のように自分の体重の何倍もある金属を食って、その何十プロセントを排泄するというのは全く不思議というよりほかはないであろう」

（寺田寅彦「鉛をかじる虫」『寺田寅彦全集　第七巻、随筆七』岩波書店、1961年、34〜38

ページ）

〝必須金属〟への先端的発想

この話を読んで思い出したことがある。

京都のとある寺の本堂の木鼻《きばな》（社寺建築の柱から突き出た部分）の上部に、象のような鼻をもつ伝説上の動物「貘《ばく》」の彫刻がある。そこには「鉄や銅を食べるが、戦争があると鉄や銅が武器となるので、貘は平和な時代しか生きられない」という解説が掲げられている。貘は平和の象徴であり、人々の願いや祈りの象徴であったのだろう。

現実にも、そして空想の世界にも、「金属を食べる生物」がいるのは興味深いものがある。先の寅彦の文章が書かれたのは1933年である。当時の化学的な知識といえば、1745年に鉄が、1850年にヨウ素が、1928年に銅が、そして1931年にマンガンが、人や動物にとって必須の元素であると証明されていたくらいであった。亜鉛（ラットは1934年、人は1961年）やコバルト（1935年）が、動物や人に必須であると証明される前のことであった。

また、わが国で人が一日に摂るべき元素の量が定められたのは1941年のことであり、それもカルシウムと鉄、食塩の3種に限られていた。寅彦がどのようにして「人に必要な微量の金属（必須金属）」に関する知識を得たのかはわからないが、〝鉛をかじる虫〟から〝必須金属〟への発想は、じつに先端的なものであったことは間違いない。

おもしろいことに、寅彦の話はさらに展開される。われわれは小学校から大学まで膨大な量の知識を教わるが、そのうちのほとんどを忘れてしまい、意識の圏外へと排泄している。まるで鉛をかじり、それを糞として排泄している虫と同じではないか、と。しかし、よく考えてみると、膨大な知識を詰め込み、そのうちの微量でも、その人をつくる糧（知の栄養素）となれば、何も努力しないよりは少しでも努力するほうがよろしいのではないかと結論づけているのだ。

「鉛をかじる虫」は、寅彦節全開の一編といえるだろう。

金属を蓄える植物

「鉛をかじる虫」ならぬ「微量金属を集積する植物」についても紹介しておこう。

金属を体内に取り込む性質をもつ植物は「ハイパーアキュムレーター」といわれている。たとえば、ムラサキシキブに似た実をつけるヤブムラサキは金を、フィリピンのルソン島に生えるリノレア・ニコリフェラは葉にニッケルを蓄えることが知られている。今から10年ほど前には、オーストラリアのユーカリの葉の中に約46ｐｐｂの金が検出され、話題となった。

これらの植物はなぜ、金属を蓄えるのか？　有害金属を多く含む土から吸収されたこれらの金属イオンは、植物にとって毒であるため、有害な生体反応を抑えるために金属イオンを還元し、金属微粒子にして末端の葉に運んだのではないかと推定されている。植物の生存戦略の一つであり、進化の結果として獲得した能力であろう。

「Less is more」

人の体重1kgあたり100mg以下しか存在しない鉄をはじめとする微量元素や超微量元素は、これまで見てきたとおり、生命をつくり、進化させる原動力の一つとして、今日の人間を形づくる重要な役割を果たしてきた。

鉄、亜鉛、銅、マンガン、セレン、ヨウ素、モリブデン、ホウ素、クロム、コバルトなどの元素は、イオンや他の元素として、アミノ酸や糖、脂肪酸などの生体分子や、タンパク質、核酸などの高分子と結合して、全身に分布し、生命活動の中心的役割を担っている。微量であるがゆえに、多種多様な役割を演じることができる。

イギリスの詩人ロバート・ブラウニング（1812〜1889年）が1855年にあらわした詩の一節に、「Less is more」という言葉が登場する。ブラウニングは、ルネサンス期の画家アンドレア・デル・サルト（1486〜1531年）に語らせることで、自らの芸術論を開陳している。画家が、妻のルクレツィアに自身の仕事や、他の有名なルネサンスの画家のことをさまざまに話すモノローグの中で「Less is more」が使われている。

「より少ないことは、より多いこと」、あるいは「より少ないことは、より豊かなこと」、さらには「少ないものに集中すれば、これを活かすことができる、可能性を引き出すことができる」などと解釈されているが、体の中の微量元素は、まさしく「Less is more」を体現しているように思われる。

大きな、ときには巨大とさえいえるタンパク質や酵素の中にぽつんと存在している金属イオンは、その位置で電子を動かしたり、他の小さな化合物を結合して運搬したり、あるいはそれらを分解して他の新しい化合物に変換させたりしながら、生体内にリズムと調和を生み出し、生命を動かしている。音楽でいえば、まさにオーケストラの指揮者の役割だ。このように考えると、微量元素は体の中での絶対量こそ少ないが、きわめて大きな役割を果たしているといっても過言ではない。微量元素は、「いのちの司令塔」ともいうべき存在なのである。

レアメタルとレアアース——地球の微量元素

ここで、図4-3を見ていただきたい。上段から順に、宇宙全体、地殻中、および人体に占める元素の存在比を示したものである。人体中の元素を重量％で示した下段を見ると、微量元素と超微量元素を合わせても全体の0・7％を占めるにすぎないことがわかる。一方、中段の地殻中の元素分布を見ると、その他の元素として0・6％と示されている。ここには、レアメタルとレ

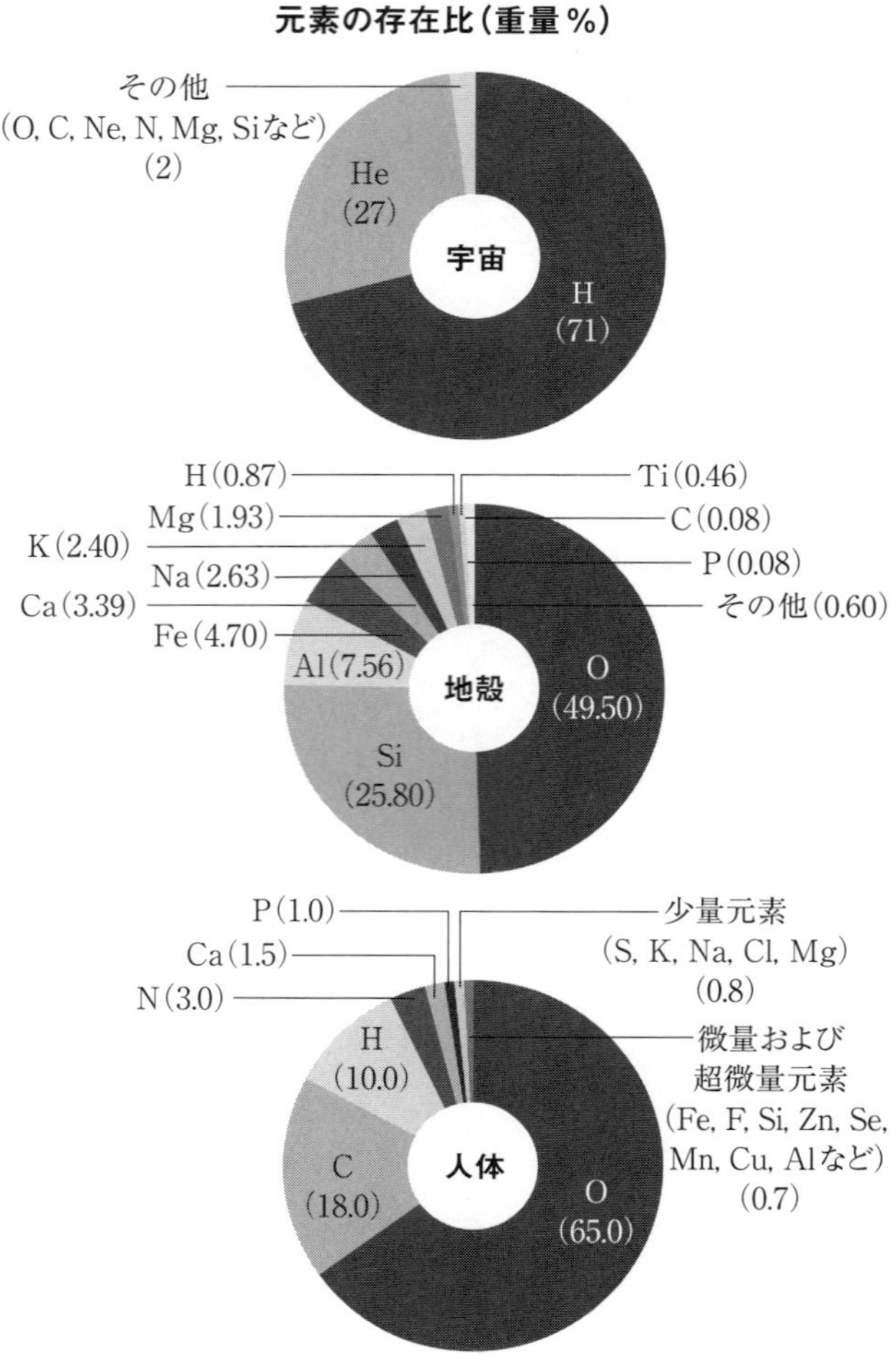

図4-3 宇宙、地殻と人体の元素の存在比
『一家に1枚周期表』（2021）より

アアースとよばれる多くの元素が含まれている。

「レアメタル」は希少元素ともよばれ、①地殻中の存在量が比較的少なく、採鉱と精錬に多大な費用がかかる、②単体として取り出すことが技術的に難しい、などの理由から、商業上の重要な元素とされ、31種類が挙げられている。このなかで、チタンのみは存在量が多く、本来はレアメタルとはいえないが、利用の重要性から、現在ではレアメタルとして認定されている。

一方の「レアアース」は希土類元素ともよばれ、スカンジウムとイットリウムの2元素と、原子番号57のランタンから原子番号71のルテチウムまでのランタノイド15元素を加えた17元素と決められている。レアアースは外殻の電子配置が互いによく似ている。なぜだろうか？　この理由を簡単に説明しよう。

レアアースがイオンになると、6s軌道や5d軌道の電子が放出されて、最外殻の電子配置（5s軌道と5p軌道の電子）はほぼ同じとなり、その内側の4f軌道の電子数が互いに異なるだけとなる（306～307ページ「基底状態にある各元素の原子の電子配置」参照）。典型元素や遷移金属元素では、原子番号が変化するにつれて最外殻の電子数も変化するため、化学的性質が互いに少しずつ違ってくるが、レアアースの場合には、元素の原子番号が変化しても最外殻の電子配置は大きくは変わらない。原子やイオンの化学的性質は最外殻の電子配置で決まるため、レアアースイオンの化学的性質が互いにあまり変わらないのである。

このため、化学者たちがすべてのレアアースを分離するには100年以上の歳月を必要としたが、レアアースは超伝導磁石、パソコンやスマホ、通信、電動自転車、光学レンズ等の製造に欠かすことのできない元素群であり、現代生活を支えている金属元素である。

レアメタルとレアアースは地球上に比較的少ない、文字どおり〝レアな〟金属元素類であり、それぞれが固有の機能を示すために、少ないがゆえに重要な元素である。これらもまた、「Less is more」なのである。

4-6 「過剰」と「欠乏」でなにが起きるか――元素の適量とは？

生物に大進化をもたらした要因の一つとして、多種多様な元素（金属元素）が岩石や土から海洋へ大量に流入してきたことを措定してきた。それでは、それらの元素が、実際に現実に生きている人の体内に存在していることは、どのようにして確認されてきたのだろうか？

人体の成分としての元素

歴史的に最も古い例は、1669年にドイツの錬金術師ヘニッヒ・ブラント（1630～16

92年）が人の尿を煮つめて酸素を絶ち、精製して得たリンの発見である。すなわち、ブラントは人体の成分に元素が存在することを初めて明らかにした人物である。イギリスの画家ジョゼフ・ライト（1734〜1797年）が描いた絵画『賢者の石を探す錬金術師』から、当時の実験室の雰囲気と、リンを発見したブラントの祈りに満ち、誇らしげな姿を窺《うかが》い知ることができる（図4-4）。

図4-4 リンを発見したヘニッヒ・ブラント
イングランドの画家ジョゼフ・ライト『賢者の石を探す錬金術師』

すでに紹介したように、17世紀半ばに、オランダのスワンメルダムやレーウェンフックらが赤血球の存在を見出していた。この発見を受けて、イタリアのメンギニは血球を燃やした跡の微粒子に磁石に引きつけられる成分があることに気づき、これが鉄であることを1745年に発見した。人間の体の中に金属が存在することを発見した最初の例である。

その後、1774年にイギリスのプリーストリーが赤血球は酸素と反応すること、1780年にはフランスのラヴォアジエとラプラスが赤血球が酸素を体の隅々まで運んでいることを見つけ、1862年にはドイツのホッペ＝ザイラーが酸素を運搬するヘム鉄タンパク質としてヘモグロビンを発見した。

最初の金属酵素

続いて、1808〜1830年に牛の骨や人の血液からマンガンが、1813年には胆汁から硫黄が、1927年には血液から銅がと、微量元素が次々に発見された。1933年になると、イギリスの生化学者N・U・メルドラムとF・J・W・ラウトンが哺乳動物の赤血球に炭酸脱水酵素が存在していることを発見し、1940年には同じくイギリスの生化学者D・キーリンとT・マンが、この酵素は亜鉛を含む最初の金属酵素であることを発見した。

ヘモグロビンや炭酸脱水酵素の発見は、必須元素の存在を証明する新たな方法を確立することになった。すなわち、体の中に金属元素を直接検出しなくても、金属元素を含むタンパク質や酵素を発見すれば、その活性中心をつくる金属元素は必須元素として認定されるようになったのである。実際にその後も、多数の金属タンパク質や金属酵素、ビタミンが発見されていった。

金属イオン	金属タンパク質・金属酵素・ビタミン
鉄（Fe）	ヘモグロビン，ミオグロビン
	鉄硫黄タンパク質
	カルボキシペプチダーゼ，サーモリシン
亜鉛（Zn）	カーボニックアンヒドラーゼ（炭酸脱水酵素）
	アルコールデヒドロゲナーゼ（アルコール脱水素酵素）
銅（Cu）	スーパーオキシドジスムターゼ
	アスコルビン酸オキシダーゼ
	セルロプラスミン
セレン（Se）	グルタチオンペルオキシダーゼ
マンガン（Mn）	コンカナバリン，アルカリホスファターゼ
	スーパーオキシドジスムターゼ
モリブデン（Mo）	キサンチンオキシダーゼ
ニッケル（Ni）	ニトロゲナーゼ，ウレアーゼ
バナジウム（V）	ブロモペルオキシダーゼ
カドミウム（Cd）	メタロチオネイン
コバルト（Co）	ビタミンB_{12}の成分

表4-1　代表的な金属含有タンパク質・酵素・ビタミンの例

表4‐1にそれらの一部を掲げるが、たとえば、亜鉛タンパク質や亜鉛酵素は300種類以上が発見され、多くの生化学反応や、元素の細胞への出入りなどが理解されるようになっている。

このような探究の積み重ねによって、体の中に金属元素を含む多くの無機元素が存在することが認識されるようになり、現在では、少なくとも21種類の元素が人の健康や生命の維持にきわめて重要な役割を果たしていることが明らかにされている。

なお、本書では金属元素を中心に扱っているが、金属元素を除く無機元素、水素、炭素、窒素、リン、酸素、硫黄、ハロゲン元素などもさまざまな化学形で生体内に存在し、無数ともいえる多くの機能を担っていることを決して忘れてはならない。無機元素と生体の関わりについては、巻末に掲載した参考文献などをご覧いただきたい。

鉄欠乏と他の金属元素との関わり

生命の維持に重要な役割を果たしている金属元素が不足したり、あるいは過剰になってしまった場合には、生体にどんな影響が起きるのだろうか？

日常生活にひそむ微量元素の不足や栄養素に注意が払われ、食生活の条件が整い、病気の素早い診断が可能となっている現代社会においても、金属の摂取が十分でないとか、病気の原因が金属にあるとして診断されるケースが後を絶たない。

たとえば、わが国の貧血症の患者数は約１５００万人にものぼるといわれている。男女比は1対10で、圧倒的に女性が多い。貧血症にもさまざまな種類があり、鉄欠乏性貧血（全体の60～80％）、悪性貧血、溶血性貧血、再生不良性貧血、続発性貧血など多様である。どの貧血症も、基本的には赤血球中のヘモグロビン不足が原因であるため、鉄剤を飲み、鉄を多く含む食事を摂るように勧められる。

しかし、ラットなどを用いて多面的に研究されるうちに、鉄剤を与えても貧血が治らないケースがあることがわかってきた。一方で、動物の肝臓、レタス、トウモロコシの乾燥物を鉄剤の投与とともに与えると、貧血が治るという画期的な現象が発見された。その理由は、これらの乾燥物に銅が含まれていることだった。こうして、銅が貧血の治療に有効であることがわかったのである。

亜鉛も必要だった

さらにその後、銅だけでなく、亜鉛も必要であることがわかり、銅や亜鉛がヘモグロビンの体内での合成や輸送に関係していることが明らかにされた。すなわち、銅イオンはセルロプラスミンとよばれるタンパク質に存在し、細胞外のFe^{2+}をFe^{3+}に酸化する役割をしている。Fe^{3+}はアポトランスフェリンに結合してトランスフェリンとなり、細胞内に鉄イオンを輸送して、ヘモグロビン合成に利用される。

一方、亜鉛イオンはシャペロンタンパク質に作用して、細胞内のさまざまなタンパク質の合成に関わっている。シャペロンタンパク質とは、他のタンパク質の立体構造の形成を助ける一群のタンパク質であり、さらにタンパク質の凝集を防いだり、細胞内での他のタンパク質の運搬にも関わっている。

また、先に挙げた悪性貧血は、ビタミンB_{12}の吸収が十分でないことが原因で発症する。ビタミ

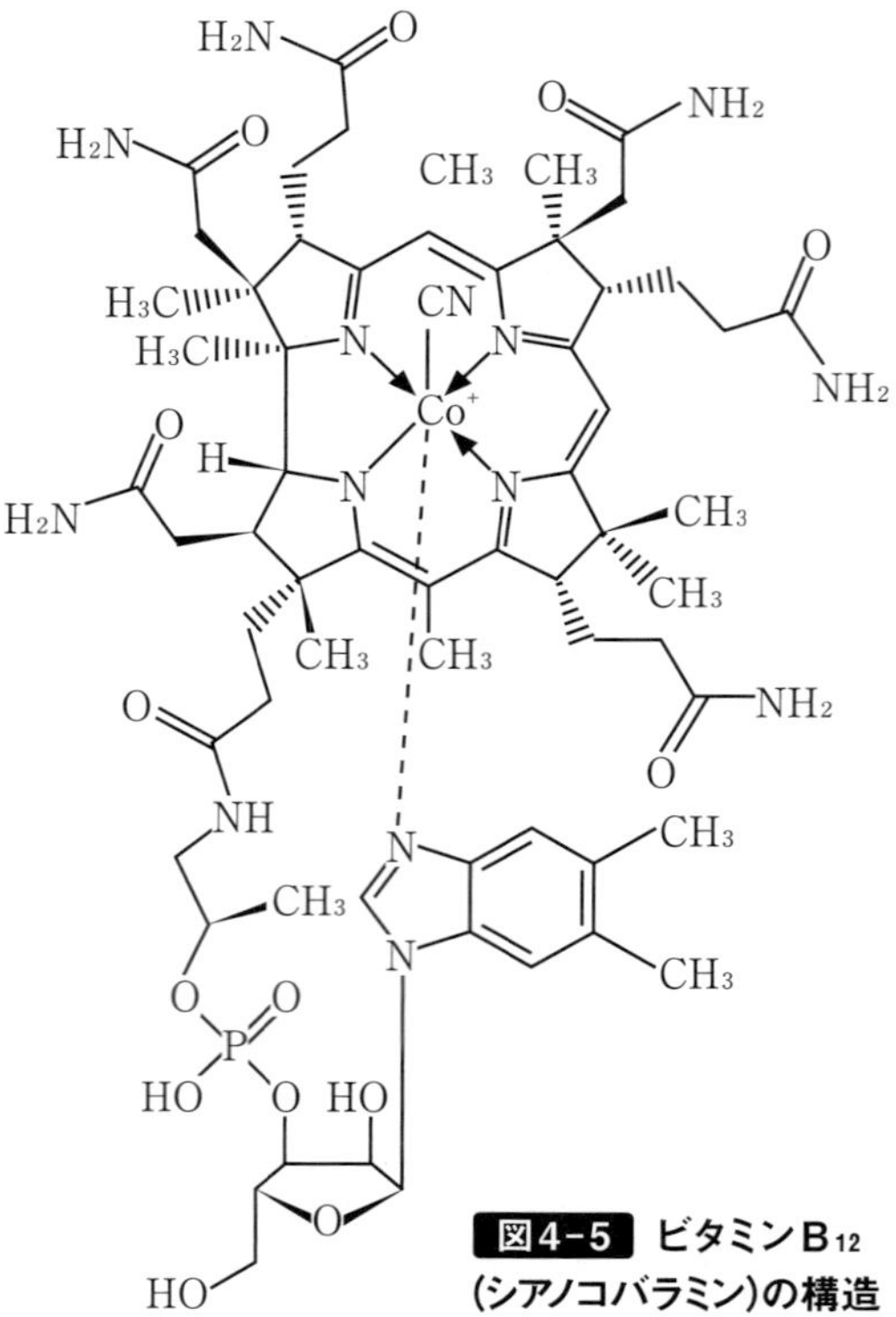

図4-5　ビタミンB_{12}（シアノコバラミン）の構造

ンB_{12}が不足すると、骨髄でつくられる赤血球の形が正常でなくなることがわかってきた。ビタミンB_{12}は、コバルトを含む唯一のビタミンである（図4-5）。

これらの結果はラットだけでなく、人でも同じであった。

貧血症は鉄やヘモグロビンの不足と簡単にとらえられることが多いが、鉄に加えて銅や亜鉛、あるいはコバルトも関係し、ヘモグロビンの合成や輸送に複合的にはたらいていることが理解されている。アスリートは鉄欠乏性貧血にかかるケースが多いが、最近ではこれらの知見が取り入れられ、食事やサプリメントで工夫して発症を未然に防止するよう取り組まれている。

貧血症のように、体内に多く存在する鉄の欠乏による病気の場合は比較的発見しやすく、また治療方針も立てやすい。しかし、鉄よりも低い濃度でしか存在しない微量元素の欠乏の場合は、まったく事情が違ってくる。実際に、いまだ原因が不明であるか、治療方針が確立されていない病気などに対しては、鉄より少ない微量元素が関与している可能性が探究されている。

鉄の運命——吸収・代謝と細胞内代謝

厚生労働省「日本人の食事摂取基準2025年版」によれば、摂取された食品中の鉄の、消化器官からの吸収と体内での代謝は、およそ次のようになっている。これはすなわち、生体内における〝鉄の運命〟である。

食事から摂取された鉄は、胃で消化されて十二指腸から空腸上部において吸収される。ヘム鉄は、特異的な担体によって小腸上皮細胞に吸収され、細胞内でヘムオキシゲナーゼによって2価鉄イオン（Fe^{2+}）とポルフィリンに分解される。一方、無機形の3価鉄イオン（Fe^{3+}）は、鉄還元酵素「duodenal cytochrome b（DCYTB）」やアスコルビン酸などの還元物質によってFe^{2+}となり、

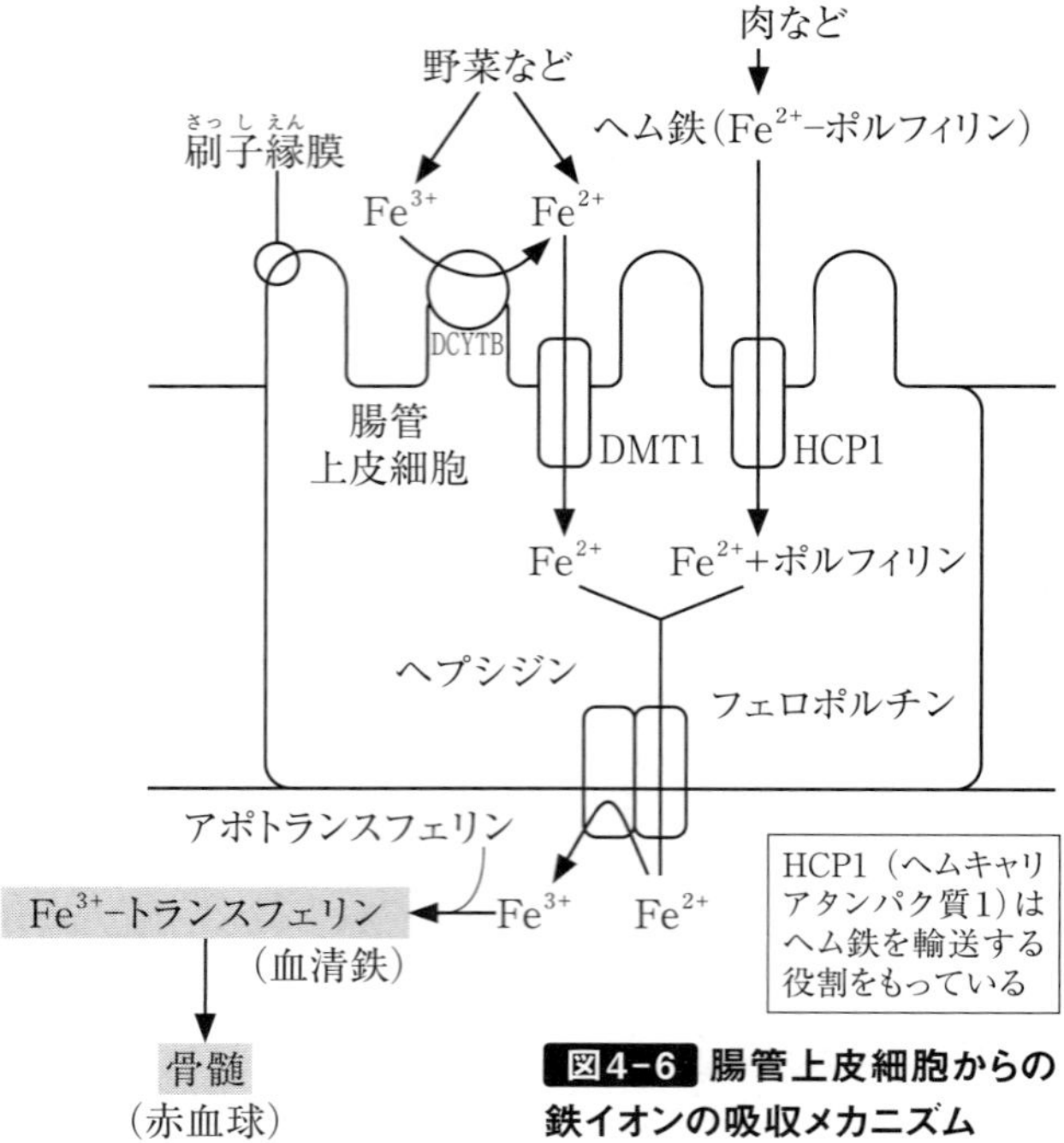

図4–6 腸管上皮細胞からの鉄イオンの吸収メカニズム

上皮細胞刷子縁膜《さっしえん》（細胞の上部に存在し、長さや太さが不ぞろいの微絨毛《びじゅうもう》が密に形成されている部分）に存在する「divalent metal transporter 1（DMT1）」に結合して上皮細胞に吸収される。

吸収されたFe^{2+}は、フェロポルチンと結合して門脈側に移出された後、鉄酸化酵素によってFe^{3+}となり、トランスフェリン結合鉄（血清鉄）として全身に運ばれる。

多くの血清鉄は、骨髄においてトランスフェリン受容体を介して赤芽球《せきがきゅう》（赤血球にな

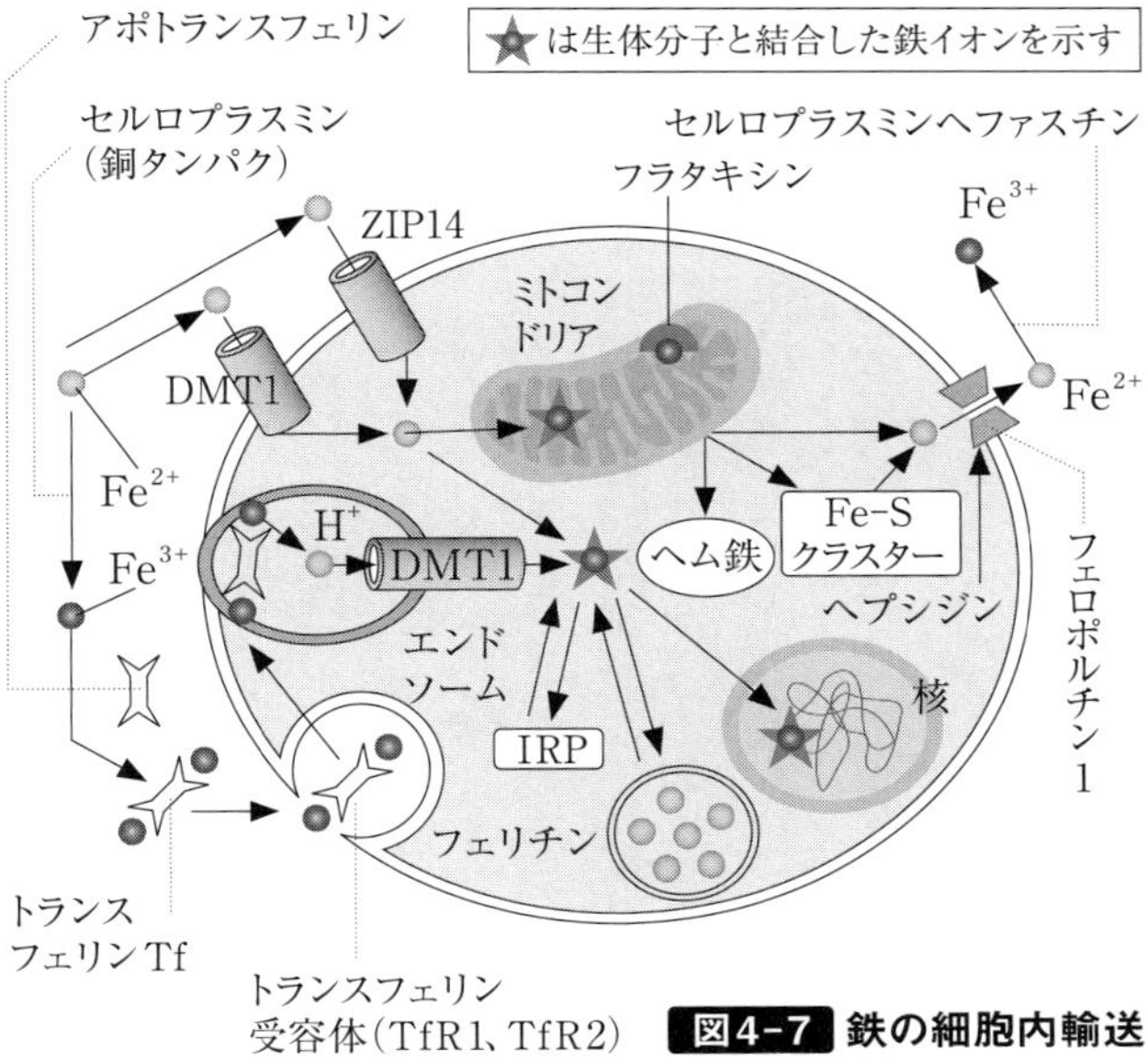

図4-7　鉄の細胞内輸送

る前段階の細胞）に取り込まれ、赤血球の産生に利用される。約120日の寿命を終えた赤血球は網内系（単核貪食細胞系）のマクロファージに捕食されるが、放出された鉄はマクロファージの中にとどまってトランスフェリンと結合し、再度ヘモグロビン合成に利用される（図4-6）。

網内系とは、貪食細胞と網目状の繊維からできている構造をした組織のことである。この網目中にマクロファージなどの貪食細胞が存在して、外部からきた異物や細菌を貪食している。

細胞内での鉄の輸送

分解された鉄は前述のとおり、マク

ロファージの中にとどまってトランスフェリンと結合し、ふたたびヘモグロビン合成に利用される。体内の鉄が減少すると鉄の吸収率は高まるが、充分な量があると過剰な鉄は腸管上皮細胞内にフェリチンとして貯蔵され、腸管上皮細胞がはがれ落ちると消化管に排泄される。

細胞内での鉄の輸送のようすを簡単に図4-7にまとめた。細胞外の鉄イオンはFe^{2+}であるため、細胞内に取り込む際には銅タンパク質であるセルロプラスミンによってFe^{3+}に酸化される。酸化されたFe^{3+}は、アポトランスフェリンと結合し、さらにトランスフェリン受容体と結合して細胞内に入る。細胞内に入った鉄は、トランスフェリンから離れて細胞内成分と結合し、細胞核、ミトコンドリア、フェリチン、鉄制御タンパク質（IRP）などへ輸送される。

細胞外のFe^{2+}は、別の経路からも細胞内に取り込まれる。Fe^{2+}は、DMTや鉄イオン、亜鉛イオンとよく似ているため、亜鉛輸送体（ZIP）を使っても細胞内へ入ることが知られている。細胞内の鉄はフェロポルチンによって細胞外へと放出される。

亜鉛が欠乏すると……？

1960年代に発見された、一つの例を紹介しよう。

インド生まれのアメリカの生化学者アナンダ・プラサド（1928～2022年）は、イランで顔つきや身長、体重、性的発育などが10歳程度にしか見えない21歳の患者（低身長症）を診察したとき、当初は鉄不足を疑ったが、原因をなかなか特定できなかった。

いろいろと調べるうちに亜鉛が不足しているのではないかと考え、症状がよく似た15人の患者を集めて、亜鉛を投与してみた。すると、低身長症の患者の肉体的・性的発育に改善がみられた。推測どおり、亜鉛が不足していたのである。亜鉛不足の原因を調べていたところ、彼らが食べていたパンにフィチン酸という化合物が多く含まれていることがわかった（図4-8）。

このフィチン酸が、パンと一緒に摂取した食品中や、もともと体内にあった亜鉛と結合することで、亜鉛の吸収を抑制するか、あるいは亜鉛の体外への排出を促進していることが原因であると理解されるようになった。

この研究をきっかけに、亜鉛欠乏と食事の関係が注目されるようになった。さらにこの研究は、特定の地域における食品と亜鉛欠乏

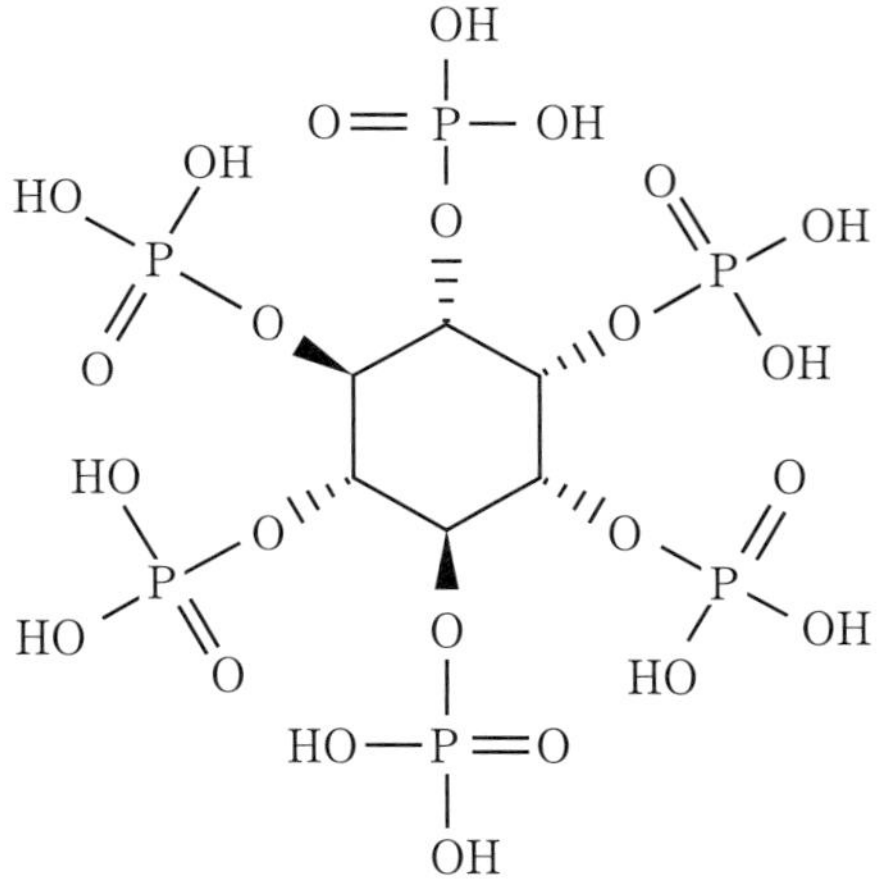

図4-8 フィチン酸の化学構造

との関係を明らかにしただけでなく、一般に人での亜鉛欠乏症を警告した最初の例となった。

そこで、わが国の例も紹介しておこう。長野県でおこなわれた興味深い調査結果である。医師の倉澤隆平が約1400人の住民の血清中の亜鉛濃度を調べたところ、血清亜鉛値80μg／dLを基準にして考えると、長野県の人々は亜鉛欠乏の傾向にあることがわかった。長野県の人たちだけが特殊な食事をしているわけではないので、この傾向は日本国民全体についてもあてはまると考えられる。日本臨床栄養学会の「亜鉛欠乏症の診療指針2024」によれば、血清亜鉛の基準値は80〜130μg／dLが適切であり、60μg／dL未満で亜鉛欠乏、60〜80μg／dLで潜在的亜鉛欠乏と評価することが推奨されている。

加齢とともに亜鉛が不足していくことは以前から指摘されていたが、亜鉛が不足すると、食欲減退や生活活性の低下、抑うつ傾向、味覚異常、長期に病床にある場合には褥瘡《じょくそう》（長期間にわたる体への圧迫によって、背中などで血流が低下して虚血状態や低酸素状態となり、組織がただれた状態）などが起こりやすくなると警告されている。

亜鉛の運命

亜鉛の細胞内における代謝機構、すなわち亜鉛の運命は、鉄のそれとはかなり様相が異なっている。亜鉛は、酸化還元反応をしない安定な2価の陽イオンとして存在し、細胞質中では10^{-12}モルほどの低い濃度に保たれている。亜鉛の細胞内への取り込みと細胞外への排出は、細胞膜に発現している多くの亜鉛トランスポーターがその役割を担っている。

亜鉛の代謝については従来、37〜38ページで登場したメタロチオネインが中心的な役割を果たしていると考えられてきた。亜鉛と多数の病気との関係が明らかにされるにしたがって、メタロチオネインの重要性が指摘され、その観点からの研究が多数を占めてきた経緯がある。

メタロチオネインの重要性に変わりはないが、最近、京都大学の神戸大朋《かんべたいほう》らによって多数の亜鉛トランスポーターが発見され、その重要性が注目されている。亜鉛は多くの機能をもっているが、メタロチオネインだけでは、その多彩な生理作用を説明することができなくなってきたためである。動物細胞において初めて亜鉛トランスポーターが発見されたのは、１９９５年のことであった。亜鉛トランスポーター研究は新しい研究分野であり、その進展は目覚ましい。

亜鉛トランスポーターは大きく、ＺＩＰトランスポーターとZnＴトランスポーターに分けられる。ＺＩＰトランスポーターは、細胞外や細胞小器官中の亜鉛を細胞質へ輸送して、細胞質中の亜鉛濃度を高める役割をしている。一方のZnＴトランスポーターは、逆方向に亜鉛を輸送して細胞質内の亜鉛濃度を低下させる役割を果たしている。哺乳動物の細胞では現在、ＺＩＰトランスポーターが14種類、ZnＴトランスポーターは９種類が発見されている（図４-９）。

これら２種類の亜鉛トランスポーターは協同してはたらき、細胞の亜鉛濃度のバランスをコン

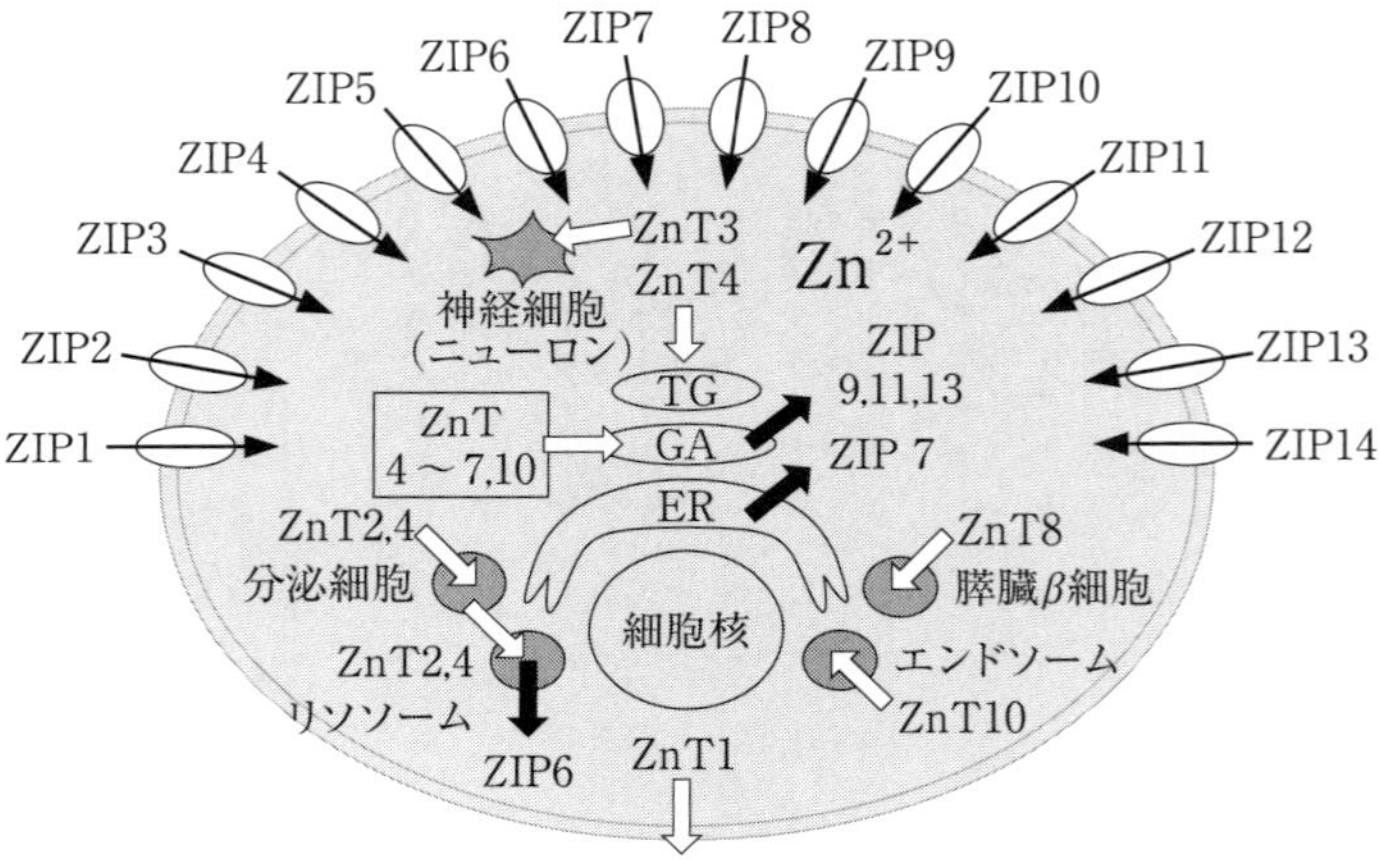

ZIPトランスポーター：(黒矢印)細胞質内のZnの濃度を高める
ZnTトランスポーター：(白矢印)細胞質内のZnの濃度を低下させる

TG：トランスゴルジ網様
GA：ゴルジ体　ER：小胞体

図4-9 亜鉛の細胞への取り込みと排出(T. Fukuda and T. Kambe (2011), T. Kambe *et al.* (2015) より改変)

トロールしている。亜鉛濃度のバランスが崩れることによる疾患として、たとえば、先天性の亜鉛欠乏症である腸《ちょう》性《せい》肢《し》端《たん》皮膚炎ではＺＩＰ４とＺＩＰ５が関係していることが、また、重い皮膚炎を生じる乳児亜鉛欠乏症ではＺｎＴ２の遺伝子に変異体ができ、亜鉛の輸送が円滑に進まないことなどが明らかにされている。

　さらに、膵臓のランゲルハンス島β細胞に発現するＺｎＴ８が２型糖尿病の疾患感受性遺伝子であることや、ＺＩＰ13が硬組織や結合組織の発達に障害を与えるエーラス・ダンロス症候群（皮膚や関節の過伸展性、各種組織がもろくなる遺伝性疾患）の原因遺伝子であることも知られてきた。このように、亜鉛濃度のバランスが崩れると、単に亜鉛欠乏症や過剰症の危険性を高めるだけでなく、さまざまな疾患の発症につながる可能性が示されつつある。

メラニンの合成にも亜鉛が関係

神戸らはまた、紫外線から皮膚を守る重要な物質であるメラニンの合成に、亜鉛イオンが関係していることも明らかにした。メラニン合成には3種類のメラニン合成酵素、すなわちチロシナーゼとチロシナーゼ関連タンパク質1、および2がはたらいていることが知られている。

神戸らの研究チームはすでに、細胞小器官である小胞体やゴルジ体に存在する亜鉛トランスポーターの複合体が、複数の亜鉛酵素に亜鉛イオンを供給していることを見出していたが、この研究の過程で、亜鉛トランスポーター複合体を欠損したメダカを用いて研究したところ、メダカの体内のメラニン量が大きく減少していることを発見した。そこで、ヒトメラノサイト（皮膚や目などに存在するメラニン色素を形成する細胞）についても同様に調べたところ、やはりメラニン量が減少した。

先に述べたチロシナーゼは、分子内に銅イオンを2個もっている銅酵素であることが早くから知られていたが、得られた結果は、メラニン合成には銅イオンのみならず、亜鉛イオンが必要であることを示していた。生命が太陽からの紫外線を避けながらも、同時にそれを利用しつつ進化してきたプロセスで、最も影響を受けやすい皮膚組織において、紫外線の影響から守るために銅と亜鉛の両イオンを利用してきたことは、金属元素が生命の進化に果たしてきた役割を考えるうえで重要な事実になりそうだ。生命における亜鉛の重要性は、ますます高まってきている。

さまざまな元素の欠乏症と過剰症

前項までに鉄と亜鉛の欠乏について紹介したが、他の金属元素については、どのような欠乏症や過剰症が生じるのだろうか？　詳しく解明されているものとそうでないものとがあるが、これまでに知られている欠乏症と過剰症を表４－２にまとめる。

過剰症の典型的な例はナトリウム、つまり食塩の摂り過ぎである。人には塩分感受性（食塩を摂ると血圧が上昇する人）と塩分非感受性（食塩を摂っても血圧が上昇しない人）とがあり、塩分感受性の人は高血圧になりやすいことが経験的に知られている。その原因や関係性については今も研究中だが、現時点で考えられているメカニズムは、次のとおりである。

①ナトリウムを過剰摂取すると、血液の浸透圧を一定に保つために血液中に水分が取り込まれ、体内を循環する血液量が増大する。このため末梢血管の壁にかかる圧力が高くなり、血圧が上昇する

元素	欠乏障害	過剰障害
As	成長遅延、生殖不良、心筋障害、周産期死亡	
B	成長遅延、骨異常	
Br	不眠、成長遅延	
Ca	骨格障害、破傷風、虫歯	胆石、アテムローム性動脈硬化症、白内障
Cd	成長遅延	イタイイタイ病
Co	悪性貧血症、食欲不振、体重減少	心筋疾患、赤血球増加症
Cr	糖尿病、高血糖症、動脈硬化症、成長遅延、角膜障害	鼻中隔穿孔
Cu	貧血症、毛髪色素欠乏症、縮毛症、栄養疾患、食欲不振、成長減退、メンケス病、神経·精神発達低下	肝硬変、腹痛、嘔吐、下痢、運動障害、知覚神経障害、ウイルソン病
F	造血·生殖·成長障害、虫歯	
Fe	貧血症、脱毛症、根気減退、免疫低下	出血、嘔吐、循環器障害
I	甲状腺腫、クレチン病	
K		アジソン病
Li	成長・造血障害、肝中元素変動	
Mg	血管拡張、興奮、不整脈、感情不安定、痙攣	
Mn	骨格変形、発育障害、糖尿病、脂肪代謝異常、生殖腺機能障害、筋無力症、動脈硬化	肝硬変、神経障害、筋肉運動不整、パーキンソン病
Mo	痛風、貧血、性欲不振、虫歯、食道がん、脳症	
Na	アジソン病	高血圧症、脳出血、心臓疾患
Ni	成長・造血障害、肝中元素変動	
Pb	成長遅延、鉄代謝異常	
Se	心筋症、筋異常、心筋梗塞、がん	毛髪·爪の脱落、皮膚炎
Si	結合組織、骨代謝異常	
Sn	成長遅延	
V	成長遅延、脂質代謝異常、生殖不全	
Zn	低身長症、成長抑制、食欲不振、味覚減退、生殖腺機能障害、睾丸萎縮症、知能障害、免疫力低下、皮傷炎	嘔吐、下痢、肺の衰弱、高熱、悪寒

表4-2 微量元素の欠乏症と過剰症

②食塩を摂りすぎると交感神経が活発になり、分泌されるホルモンの影響を受けて、食塩排泄に関わる遺伝子（ＷＮＫ４遺伝子）のはたらきを抑える

③腎臓細胞の形を維持しているタンパク質（Rac1）が、塩分貯蔵性ホルモンであるアルドステロンのはたらきを高める

したがって、塩分感受性の高い人については、摂取する塩分量を制限することが勧められている。現在、目標量として成人男性では食塩７・５ｇ未満／日、成人女性では６・５ｇ未満／日が設けられている。

最適な濃度をどう考えるか

健康な状態にある人では、必須微量元素を含む各元素は、ほぼ一定の濃度範囲で体内に存在している。吸収と排出を繰り返しつつも動的平衡状態に保たれ、それらの濃度はタンパク質や酵素、ホルモンによって微細に調節されている。このようなはたらきは「ホメオスタシス」とよばれている。

ある元素を生物に与えたとき、その量と生物の応答との関係は一般に図４‐10のように描かれる。与える量を減らすと、たとえば生育はしだいに低下し（欠乏障害）、もっと減らすとついには死にいたってしまう。反対に、与える量を増やすと、生育はしだいに抑制され（過剰障害）、

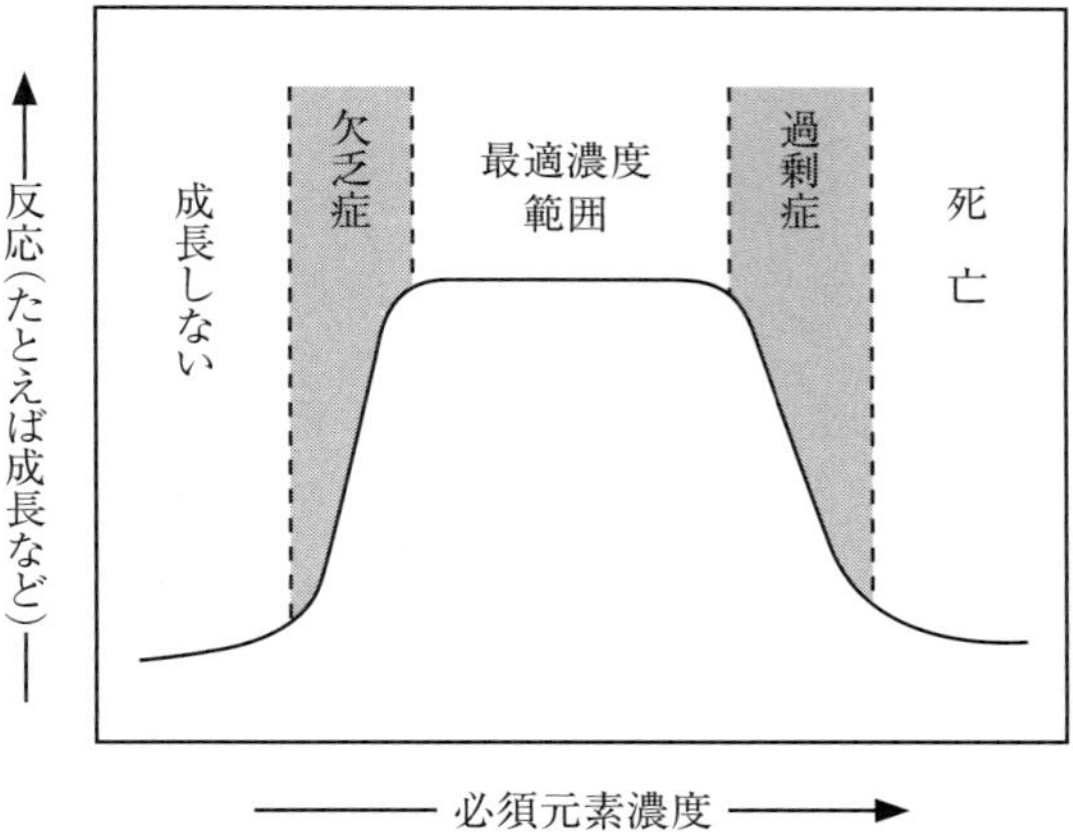

図4-10 元素の最適（至適）濃度

もっと増やすとやはり死をもたらすことになる。

欠乏と過剰のあいだの量に見られる平坦な領域は「最適濃度範囲（至適濃度範囲）」とよばれ、ホメオスタシスが保たれている状態を示している。また、この曲線の形は、同じ元素であっても与える物質の化学形や酸化形、あるいは他の元素の共存とそれらの量や化学形、酸化形によっても変化する。さらに、生物の種類、性別、年齢、体内成分の濃度バランスの状態などによっても変化し、それに応じて欠乏症や過剰症が生じる。

たとえば、人におけるセレンについては、血液中の濃度が０・０４μg／mLでは欠乏症が現れ、虚血性疾患やがんにかかりやすくなることが知られている。至適濃度範囲は０・０４～

0・32μg／mLの狭い領域にあり、この範囲を超えると、毛髪や爪の脱落、皮膚炎や神経障害などの過剰症が現れる。人におけるセレンの一日の最適摂取量は0・03〜0・1mgとされ、これが0・01mgよりも少なくなると欠乏症が、0・2mgを超えると中毒症が発症する。

セレン欠乏症の典型的な例として、1935年ごろに中国・黒竜江省克山《こくざん》県で発見された「克山病」が挙げられる。心筋疾患を引き起こす原因不明の病気が発見され、詳しく調査した結果、この地域では土中のセレン含有量が少なく、そこで収穫した食材中のセレン濃度も低いために生じたものであることがわかった。

日常的にセレンが欠乏していたことで、血液中のセレンを含む酵素グルタチオンペルオキシダーゼの活性が低下したために起こった疾患であった。セレンの投与やセレン含量の多い食品を摂取すると、克山病の症状は回復した。

一日の必要量を知る

前述のとおり、至適濃度範囲はさまざまな要因によって変わりうる。そのため、多くの元素については、人における正確な至適濃度範囲を知ることは不可能に近いが、世界中で報告されている各種のデータから、世界各国において一日に必要な元素量が設けられている。

わが国では、「日本人の食事摂取基準2025年版」で、多量元素（ナトリウム、カリウム、カ

元素（単位）	年齢（歳）	男 推定平均必要量	男 推奨量	女 推定平均必要量	女 推奨量
鉄（mg/日）	18～64	6.0	7.5	5.0	6.0
	65～74	5.5	7.0	5	6
	75以上	6	7	5	6
	妊婦（付加量）				
	初期			2	2.5
	中期・終期			7	8.5
	授乳婦（付加量）			1.5	2.0
亜鉛（mg/日）	18～74	8	9.5	6.5	8
	75以上	7.5	9.0	6	7
	妊婦（付加量）			2	2
	授乳婦（付加量）			2.5	3
銅（mg/日）	18～74	0.7	0.9	0.6	0.7
	75以上	0.7	0.8	0.6	0.7
	妊婦（付加量）			0.1	0.1
	授乳婦（付加量）			0.5	0.6
マンガン（mg/日）	18以上	3.5	11	3.0	11
	妊婦			3.0	
	授乳婦			3.0	
ヨウ素（μg/日）	18以上	100	140	100	140
	妊婦（付加量）			75	110
	授乳婦（付加量）			100	140
セレン（μg/日）	18以上	25	30	20	25
	妊婦（付加量）			5	5
	授乳婦（付加量）			15	20
モリブデン（μg/日）	18以上	20～25	30	20	25
	妊婦（付加量）			0	0
	授乳婦（付加量）			2.5	3.5
		目安量	許容上限量	目安量	許容上限量
クロム（μg/日）	18以上	10	500	10	500
	妊婦			10	
	授乳婦			10	

表4-3　微量元素の必要量

ルシウム、マグネシウム、リン）と微量元素（鉄、亜鉛、銅、マンガン、ヨウ素、セレン、モリブデン、クロム）について、一日に必要な量や推奨量などが設けられている。年齢などの各種条件に応じて詳しく設定されているが、これらを簡便に知るために、筆者がまとめ直したのが表4-3である。この表を参考に、日常生活に活かしていただきたい。

4-7 「必須微量金属元素」リスト

これまで述べてきた必須微量元素のなかから、金属元素に限って、日々の生活に関係する事柄について簡単に紹介しておこう。

鉄——金属元素の最大勢力

鉄は、人の体内に4～6gが存在する。亜鉛の2倍以上、銅の60倍以上であり、金属元素のなかでは最大量を誇っている。体の中の鉄のほとんどはタンパク質と結合しており、その約65％がヘム鉄タンパク質として、酸素分子の運搬を担うヘモグロビン中に存在している。約15～30％は、非ヘム鉄タンパク質のフェリチン（約4500個の3価鉄を貯蔵）やDNA結合フェリチン

（約500個の3価鉄を貯蔵）、フラタキシン類（6～7個の2価鉄を貯蔵）などの貯蔵鉄として、そして約5％が筋肉中にヘム鉄タンパク質のミオグロビンとして存在している。

ヘム鉄タンパク質はヘム構造の中心に鉄をもち、酸素分子の貯蔵や運搬などの生命にとって最も重要な機能に関わっている。一方、非ヘム鉄タンパク質では、電子伝達、生体エネルギー産生、細胞内代謝や細胞応答に関わる種々の酵素の活性中心に鉄が存在していて、サイトカインやホルモンなどの多くの生体分子の活性化機構やシグナル伝達機構に重要な役割を果たしている。さらに、スーパーオキシドジスムターゼ（SOD）やカタラーゼなどの抗酸化酵素の活性中心にも存在しており、酸素代謝や抗酸化反応にも関わっている。

貯蔵鉄は約1gあるが、消化管や皮膚の上皮細胞の脱落などによる鉄の喪失量は、一日に約1㎎である。赤血球は、主として脾臓で破壊されて血漿中に放出されたのちに、ふたたび造血に利用される。食品からの鉄の吸収

Fe　鉄

人体中の全量		4～6g
血液中濃度	女	460μg/mL
	男	520μg/mL
一日必要量	女	5.0mg
	男	6.0mg
多く含む食品	豚や鶏のレバー	
おもな生理活性物質	ヘモグロビン、カタラーゼ	
おもな欠乏症	貧血症、疲労・倦怠感	

量は一日約1㎎であり、造血に利用される鉄量は20〜25㎎であるため、鉄を再利用しなければ、ただちに貧血を起こすことになる。

一般に、鉄の体外への排出量はかなり制限されており、一日約1㎎と、鉄吸収量と排出量とのバランスはとれている。鉄は胃と小腸の全域で吸収されるが、そのなかでも十二指腸が最もよく吸収し、小腸の下部では吸収能力が低下する。

鉄には2価と3価のイオンがあるが、水溶性の2価鉄のほうがよく吸収される。したがって、ビタミンC（アスコルビン酸）のような還元性物質があれば、鉄は2価に還元されて吸収が促進されることになる。

亜鉛——ホメオスタシスの重鎮

1939年、炭酸脱水酵素に亜鉛が0・33％含まれていることが発見され、亜鉛の代謝的役割が認識されて、亜鉛の必須性が確立された。

亜鉛は、体重70kgの人では総量2〜2・3gが含まれている。この量は鉄の約2分の1、銅の約30倍以上、そしてマンガンの約100倍以上である。

亜鉛は、特に前立腺に高濃度に存在することが知られている。続いて、骨、腎臓、筋肉、肝臓、心臓、消化管、脳、睾丸、卵巣に分布している。

現在までに約300種の亜鉛タンパク質や酵素が発見され、それらの3次元構造が解析されている。

亜鉛は、ホメオスタシスにおいて重要な役割を果たしている。特に、亜鉛欠乏は細胞内代謝や細胞応答に関与するそれぞれの活性化機構やシグナル伝達機構に影響し、脳神経系、免疫系、内分泌系、消化器系、循環器系、栄養代謝系など、さまざまな領域の機能障害を引き起こす。先天性の欠乏症として、腸性肢端皮膚炎がよく知られている。

さらに、遺伝情報の転写（DNAからメッセンジャーRNA）に関わる因子として、亜鉛フィンガータンパク質が知られている。指を丸めたようなループ構造をもち、ループの基点で亜鉛が結合して安定化するユニークな構造をもっている。

膵臓中の亜鉛は、インスリンの生産や機能に関与している。ラットやモルモットでは、膵臓中の亜鉛はほとんどランゲルハンス島に

Zn　亜鉛

人体中の全量		2〜2.3g
血液中濃度	女	5.2μg/mL
	男	6.1μg/mL
一日必要量	女	6.5mg
	男	8.0mg
多く含む食品	生ガキ、肉類	
おもな生理活性物質	炭酸脱水酵素、アルカリホスファターゼ	
おもな欠乏症	腸性肢端皮膚炎、味覚障害	

濃縮されている。さらに膵臓の亜鉛濃度は、ランゲルハンス島の細胞の機能状態によって変化することや、亜鉛がインスリンを生産するβ細胞の機能に関与することが知られている。

亜鉛の吸収は小腸、特に十二指腸からおこなわれる。人は一日に8〜11㎎の亜鉛を必要とする。亜鉛の吸収を左右する因子としてカルシウムが挙げられる。哺乳動物では、高濃度のカルシウムを摂取すると亜鉛欠乏症を引き起こす。

銅——肝臓と脳に多い微量元素

銅は、哺乳類の必須金属として認められるより以前に、種々の腹足類《ふくそく》（サザエやカタツムリなどの軟体動物）や昆虫などの節足動物、海棲動物などの血液中で、タンパク質と結合して存在することが知られていた。銅含有色素「ヘモシアニン」と名づけられた呼吸系タンパク質である。

銅がラットの生存に必須であることが明らかになってまもなく、放牧されているヒツジやウシに自然発生する病気が飼料中の銅欠乏によることが判明し、銅の投与によってその症状が回復することがわかった。

銅の濃度は肝臓中で最も高く、次いで脳組織に多い。血中の銅はおもに2つの形で存在している。

一つは、タンパク質に強固に結合している「セルロプラスミン」とよばれる青色銅タンパク質である。セルロプラスミンは、多くのポリフェノールやセロトニンなどの生理活性物質を含む種々の基質を酸化する酵素である。分子量15万1000のα_2－グロブリンであり、1分子あたり8原子の銅を含んでいる。人では、血漿中の銅の約80％がセルロプラスミンとして存在している。

残りの約20％の銅は、ジエチルジチオカルバミン酸を加えると容易に除去できるため、血清アルブミンとゆるく結合していると考えられている。アルブミンと結合している血漿銅が、実際の輸送銅を構成している。

Cu	銅	
人体中の全量		70～80mg
血液中濃度	女	0.9～1.0μg/mL
	男	0.9～1.0μg/mL
一日必要量	女	0.6mg
	男	0.7mg
多く含む食品		牛のレバー、ココア
おもな生理活性物質		セルロプラスミン、シトクロムc酸化酵素
おもな欠乏症		メンケス病（過剰症ウイルソン病）

銅は、人では主として十二指腸から吸収され、ラットでは小腸と胃から同程度吸収される。フィチン酸やアスコルビン酸が銅の吸収を減少させることに加え、亜鉛とモリブデンも銅の吸収を抑制する。

銅の代謝はおもに肝臓でおこなわれ、主要代謝経路は胆汁《たんじゅう》系である。銅は血清アルブミンと結合し、肝臓や腎臓でセルロプラスミンに取り込まれ、肝臓に達した銅は胆汁中に分泌され、胆管経路を経て排泄される。銅イオンは各種の酸化還元酵素の活性中心にあり、種々の生理作用や機能に加え、電子伝達などの維持に関わっている。

銅の欠乏はセルロプラスミン、シトクロムc酸化酵素、リシル酸化酵素、チロシナーゼの活性低下を引き起こす。

マンガン――細胞内ではミトコンドリアに集中

マンガンの必須性は、軟骨のムコ多糖類の合成にマンガンが特有の作用をもつことから明らかにされた。

マンガンが欠乏すると、コンドロイチン硫酸の含有量の低下が起こる。なぜなら、マンガンは多糖類の形成段階で作用する酵素ガラクトシルトランスフェラーゼに必須だからである。

一方、マンガンは肝臓の糖新生にも関与し、正常な糖代謝に重要な役割を果たしている。ミトコンドリア中のマンガンを含むピルビン酸カルボキシラーゼは、ピルビン酸のカルボキシル化を触媒し、オキサロ酢酸を生成する反応を触媒している。

マンガン欠乏のラットやウサギなどでは、肝臓のマンガン含有酵素アルギナーゼの活性が著しく低下していることが観察される。この酵素は、マンガンをコバルトに置換すると活性化される。ＥＤＴＡ（エチレンジアミン四酢酸）を用いて、透析によってマンガンを除去した後、コバルトを加えても活性化することが知られている。

アルギナーゼ中のマンガンイオンは、６配位八面体構造（図４-11）をとっていることを考慮すると、同じ６配位型

Mn　マンガン

人体中の全量		12〜20mg
血液中濃度	女	0.02 μg/mL
	男	0.02 μg/mL
一日必要量	女	3.0mg
	男	3.5mg
多く含む食品		全粒穀類、マメ類、ナッツ
おもな生理活性物質		ガラクトシルトランスフェラーゼ、アルギナーゼ
おもな欠乏症		糖質の代謝障害、脂質代謝異常など

式4-5

Mn^{2+} 0.67~0.83

Co^{2+} 0.67~0.75

Mn^{3+} 0.58~0.65

Co^{3+} 0.55~0.61

（単位はÅ）

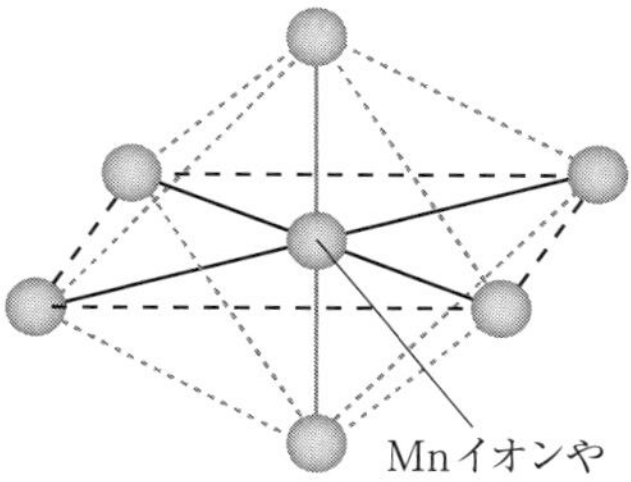

図4-11 6配位八面体構造

のマンガンイオンとコバルトイオンの半径（単位はÅ）は式4-5に示した値のようになる。コバルトイオンは、2価や3価の状態にあってもマンガンイオンの半径よりも小さいため、アルギナーゼのマンガン結合部位に十分に置換されると考えられる。

マンガンは、鉄と同様にトランスフェリンと結合し、血液循環によって肝臓を経由して、腎臓、脳下垂体、甲状腺、副腎、膵臓などの多くの組織に輸送されている。

マンガンはさらに、骨形成時のプロテオグリカン合成に重要なグルコシルトランスフェラーゼ、抗酸化作用をもつSODなどの金属酵素の活性中心に存在し、生体機能に重要な役割を果たしている。

セレン——血中濃度に左右される微量元素

セレンは、栄養素として至適濃度範囲が狭い元素であり、体内でのふるまいはセレンの血中濃度によって著しく変化する。セ

Se セレン

人体中の全量		12〜14mg
血液中濃度	女	70〜80 μg/mL
	男	70〜80 μg/mL
一日必要量	女	20 μg
	男	25 μg
多く含む食品		肉類、魚介類、あわび
おもな生理活性物質		グルタチオンペルオキシダーゼ、チオレドキシン還元酵素
おもな欠乏症		克山病（中国）

レンが充足した状態では肝臓や腎臓に輸送された後、すみやかに排泄される。セレン欠乏状態では、精巣や甲状腺など内分泌器官に優先的に分布する。

生体内に吸収されたセレン化合物は、最終的にセレナイドに代謝され、セレノプロテインPなどのセレン含有タンパク質に取り込まれて「セレノシステイン」として存在する。セレンはまた、グルタチオンペルオキシダーゼやチオレドキシン還元酵素などの抗酸化酵素、あるいは甲状腺ホルモン（チロキシン）の代謝に必要な脱ヨード化酵素の構成成分として存在している。

セレンの欠乏は心筋症を起こし、前述のとおり、中国では克山病の原因となった。セレンの過剰は神経症状、胃腸障害、成長障害、爪の変色と脱落、脱毛などの症状を起こす。

モリブデン——欠乏は息切れや嘔吐、昏睡を引き起こす

モリブデンの生物的な重要性は、マメ科植物の根に共生する根粒《こんりゅう》菌の体内に存在し、空気中の窒素分子をアンモニアに変換する「窒素固定反応」を触媒する酵素であるニトロゲナーゼにモリブデンが含まれていることに表れている。

モリブデンは、食品からモリブデン酸イオン（MoO_4^{2-}）の形で吸収され、血中に入って肝臓、腎臓、脾臓、肺、脳、筋肉に分布する。体内のモリブデンのほとんどは、アミノ酸代謝酵素、核酸代謝酵素、硫酸代謝酵素などの酵素の活性中心に存在する。

Mo モリブデン

人体中の全量		5～10mg
血液中濃度	女	1μg/mL
	男	1μg/mL
一日必要量	女	25μg
	男	30μg
多く含む食品	大豆	
おもな生理活性物質	キサンチンオキシダーゼ、アルデヒドオキシダーゼ	
おもな欠乏症	痛風、小児の遺伝性亜硫酸オキシダーゼ欠損症、中心静脈栄養による亜硫酸塩中毒	

糖質や脂質の代謝に関与して、貧血を予防するはたらきを担っている。モリブデンが欠乏すると、息切れ、心拍数の増加、悪心、嘔吐、昏睡などの症状を引き起こす。

肝臓には、モリブデン含有酵素として、キサンチンオキシダーゼ、アルデヒドオキシダーゼ、サルファイトオキシダーゼなどが知られている。

酸化還元酵素であるキサンチンオキシダーゼはフラビン酵素でもあり、タンパク質1分子あたり2原子のモリブデン、2個のフラビンアデニンジヌクレオチド（FAD）分子、8個の非ヘム鉄原子を含んでいる。キサンチンのC－8位を水酸化し、尿酸を生成する。この反応では、基質を2原子酸化すると同時に、酸素分子が2電子還元され、過酸化水素を形成する。

また、アルデヒドオキシダーゼは、タンパク質1分子あたり2原子のモリブデン、2個のFAD分子、8個の鉄原子を含み、さらに2分子のコエンザイムQ10を含んでいる。この酵素は、アセトアルデヒドやサリチル酸アルデヒドなどのアルデヒド体を、それぞれ酢酸やサリチル酸などに酸化するが、キサンチンは酸化しないという特徴をもっている。

一方、サルファイトオキシダーゼは、酵素1分子あたり2原子のモリブデン、2個のヘム鉄を含むが、FADなどのフラビンは含まず、FADやFMN（フラビンモノヌクレオチド）などを添加しても活性に影響を与えないため、キサンチンオキシダーゼやアルデヒドオキシダーゼとは異なっている。

Cr	クロム	
人体中の全量	1〜2mg	
血液中濃度	女	6〜100μg/mL
	男	6〜100μg/mL
一日必要量	女	10μg
	男	10μg
多く含む食品	豚や鶏のレバー、ひじき、きな粉	
おもな生理活性物質	クロモデュリン	
おもな欠乏症	糖尿病	

クロム
——糖やコレステロールの代謝を司る

食品から摂取された6価クロム（Cr^{6+}）は、小腸から吸収され、赤血球膜を通過して、赤血球内で3価クロムイオン（Cr^{3+}）に還元されてヘモグロビンと結合する。しかし、Cr^{3+}は赤血球膜を通過できないため、血漿中のアルブミンやトランスフェリンと結合し、肝臓や腎臓へ運搬される。

人では60～70％がアルブミン、30～40％がトランスフェリンと結合している。おもな生理的役割は、糖代謝（クロム含有耐糖因子）、コレステロール代謝、結合組織代謝（コラーゲン形成）、タンパク質代謝などが知られている。

クロムのおもな生理作用には、糖の利用を促進し、血糖を低下させて正常な糖代謝を維持する作用がある。Cr^{3+}は耐糖因子（ＧＴＦ）の成分であることが報告されており、ＧＴＦの構成成分の一つが、クロモデュリンと考えられている。

クロモデュリンはオリゴペプチドであり、４原子の３価クロムイオンが結合している。クロモデュリンの役割は、インスリンによって活性化されるインスリン受容体のチロシンキナーゼ活性の増強と、脂肪細胞の膜に存在するホスホチロシンホスファターゼの活性化である。

クロムが結合していないアポ型クロモデュリンには活性化能力がないため、クロム欠乏下ではインスリン作用が低下し、耐糖能低下が生じると考えられる。

クロムはまた、血清コレステロールの恒常性に関与することも示唆されている。クロムの欠乏はグルコースや脂質、タンパク質の代謝などに幅広い障害を与える。

コバルト――ビタミンB_{12}に含まれる金属

コバルトは食品から、2価コバルト（Co^{2+}）または3価コバルト（Co^{3+}）の状態で腸管から吸収される。体内のさまざまな組織に分布するが、特に肝臓、腎臓、骨に比較的多く分布する。

ビタミンとして唯一、コバルトイオンを含むビタミンB_{12}（シアノコバラミン、172ページ図4－5参照）は、神経組織の健康維持、赤血球や核酸の合成に必須である。

コバルトの欠乏は悪性貧血、メチルマロン酸尿症、食欲減退、体重減少などを引き起こす。悪性貧血では赤血球減少や巨赤芽球生成などの現象が見られる。

Co　コバルト

人体中の全量		1〜2mg
血液中濃度	女	0.2〜20μg/mL
	男	0.2〜20μg/mL
一日必要量	女	4.0μg*
	男	4.0μg*
多く含む食品	肉類、魚介類	
おもな生理活性物質	ビタミンB_{12}	
おもな欠乏症	貧血	

*シアノコバラミン（分子量1355.4）相当量として

＊

本章では、微量な金属元素を巧みに使いこなす生命の巧妙なしくみを見てきた。しかし、あらためて考えてみれば、金属にはなぜ、そのような機能を果たすことが可能なのだろうか？

続く第5章では、「金属とはなにか」を問い直してみよう。生命を支える微量元素はなぜ、どのようにしてその重責を担っているのか――金属の構造としくみを深掘りする。

第5章

金属とはなにか

――その性質を決める「周期律」を探る

前章までに、生命における微量元素、とりわけ金属元素の重要性について紹介してきた。これらの元素はなぜ、重要なのだろうか？　生命を支えるその機能は、いかにして発揮されるのだろうか？

前述のように、生命に関わる金属元素は、基本的にイオンとして体内に存在している。金属イオンがどのようにしてはたらいているかを理解するためには、金属元素を構成する金属原子の基本的な構造を知っておくことが重要になる。本章では、原子の構造に関する基本事項をおさらいしながら、金属元素（金属イオン）の構造としくみを深掘りする。

5-1 原子の描像――原子核を取り囲む電子の雲

まず初めに、原子の具体的なイメージをとらえてみよう。

原子は、直径およそ0・1nm（1億分の1cm）の小さな粒子である。その中心には、原子の10万分の1ほどの大きさの原子核があり、その周囲をマイナスの電荷をもつ電子が周回している。量子力学によれば、電子は原子核の周辺に確率論的に分布しており、まるで雲のような形で何重にも重なるように存在していると考えられることから「電子雲」とよばれている。原子は、原子核を電子雲が包み込んでいるボールのような形を想像すればよいこととなる。

原子核には、プラスの電荷をもった陽子と電気的に中性の中性子があり、強力な力（核力）で結合している。原子の特性は、原子核内にある陽子の数によって決まる。陽子数と電子数は等しく、両者の電荷が中和されることで、原子自身は電荷をもっていない。陽子数（または電子数）は「原子番号」として使われる。また、陽子数と中性子数を合計した数は「質量数」とよばれる。

電子殻と電子軌道

原子核のまわりを回る電子の軌道は球面構造をしており、「電子殻」とよばれる。電子殻は、原子核に近いほうからK殻、L殻、M殻、N殻、O殻、P殻と名づけられ、それぞれの殻には一定数の電子しか入ることができない。たとえば、K殻には電子は2個、L殻には8個、M殻には18個といった具合だ。一般に、内側の殻から順に$2n^2$個の電子が入る。

電子殻はさらに、「電子軌道」とよばれる小軌道からできている。エネルギー準位の低い内側のs軌道ではじまり、p軌道、d軌道、f軌道と続く。各小軌道に電子が入る総数が、その電子殻の電子容量である。K殻にはs軌道に2個、L殻にはs軌道に2個とp軌道に6個の合計8個、M殻ではs軌道に2個、p軌道に6個とd軌道に10個の合計18個、そしてN殻ではs軌道に2個、p軌道に6個、d軌道に10個、f軌道に14個の合計32個が最大電子収容数となる。

なお、各軌道の頭文字s、p、d、fはそれぞれ、「sharp」「principal」「diffuse」および「fundamental」の略号である。

原則的には、電子はエネルギー準位の低い電子軌道から先に収容されていく。これを「構造原理（Aufbau principle）」とよんでいる（図5-1）。「Aufbau」は、ドイツ語で「築き上げること」を意味する。たとえば、M殻の3p軌道に電子が入ると、次は3d軌道ではなくN殻の4s軌道に入り、その後はM殻のd軌道（3d）に戻り、さらに3d→4p→5s→4d→5p→6sと続く。第4周期以降には例外もあるので、306〜307ページの「基底状態にある各元素の原子の電子配置」を参照していただきたい。

電子軌道の形

先ほど、電子殻はボールのような形をしていると書いたが、電子軌道はどのような形をしているのだろうか？

量子力学によれば、s軌道は球状をした1種類のみ、p軌道は亜鈴《あれい》型をした3種類、d軌道には複雑な形をした5種類、そしてf軌道にはさらに複雑な形をした7種類がある。

それぞれの軌道には、電子は2個まで収容することができる（図5-2）。

殻	電子軌道				
K	1s				
L	2s	2p			
M	3s	3p	3d		
N	4s	4p	4d	4f	
O	5s	5p	5d	5f	…
P	6s	6p	6d	…	…

図5-1 電子軌道への電子の入り方（構造原理）

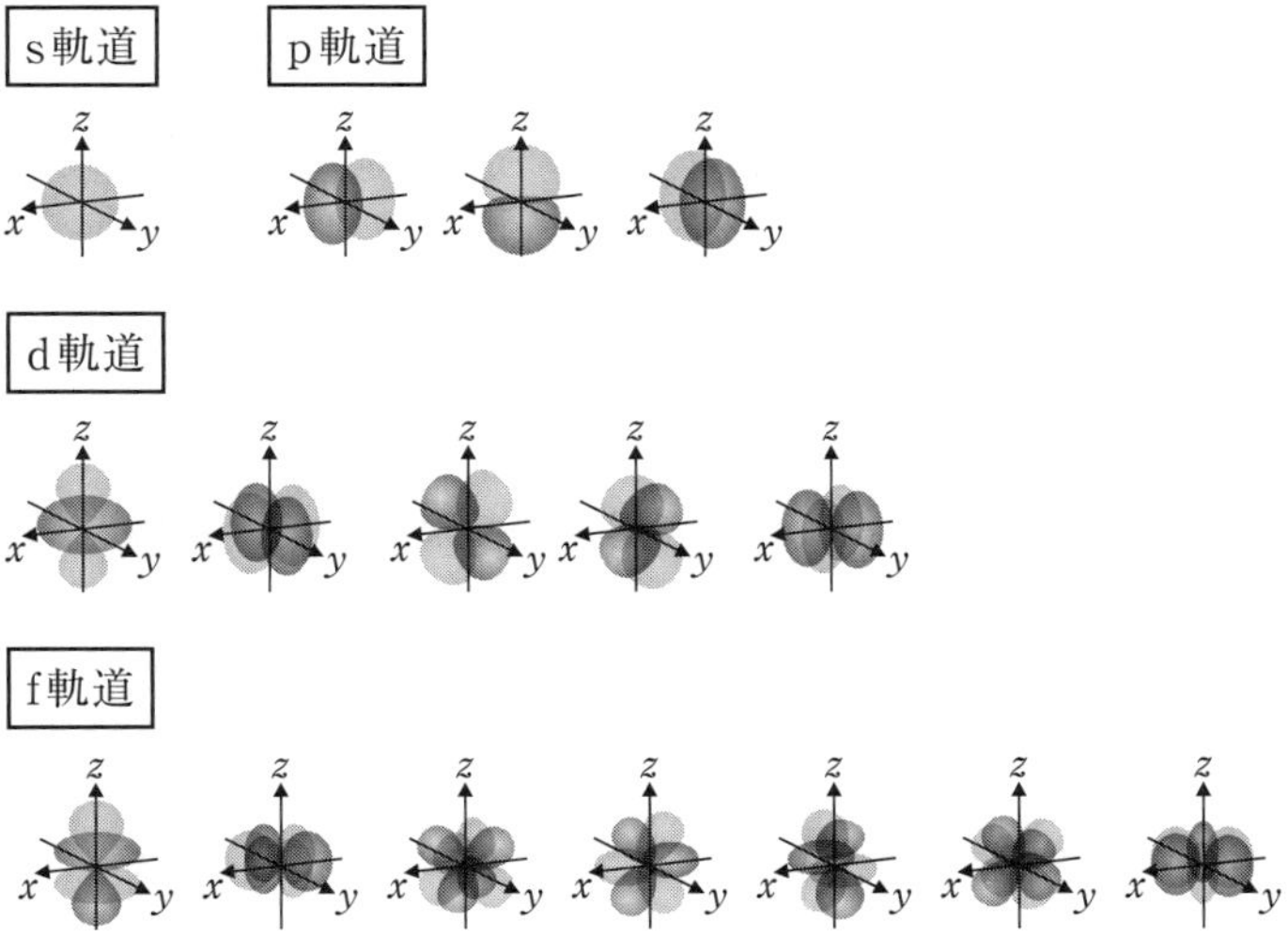

図5-2 電子軌道の形

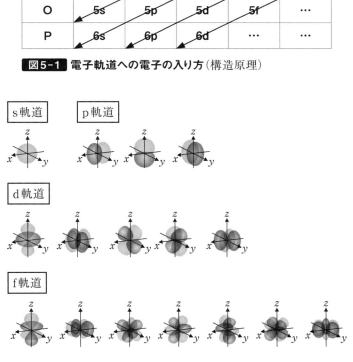

5-2 遷移元素とはなにか

生体必須微量元素、特に金属元素は、「元素周期表」の第4周期の第3族から第12族に集中している。一般に、第3族から第12族までの元素は「遷移元素」とよばれ、電子軌道への電子の入り方が少しずつ違っている。スカンジウムから亜鉛までの電子配置を表5-1に示した。

電子は本来、前述の構造原理にしたがって各軌道に収容されていくが、遷移元素の場合はこれにしたがわず、4s軌道よりも先に3d軌道に電子が入り、しかも3d軌道には電子は満杯にならない。クロムと銅については、4s軌道から3d軌道に移動するため、4s軌道には電子が1個しか存在していない。そのメカニズムを少し詳しく見てみよう。

電子配置の妙

鉄の原子番号は26で、鉄原子中の26個の電子の電子配置は、式5-1①である。Fe^{2+}の電子配置は鉄原子の4s電子が2個とれて式5-1②となる。Fe^{3+}の場合は、Fe^{2+}の電子配置から、さらに3d電子が1個とれて式5-1③となる。

どうして4s電子が先にとれるのか？ 3d軌道のエネルギーのほうが高いのだから、よりとれや

原子番号	元素	K	L		M			N
		1s	2s	2p	3s	3p	3d	4s
21	Sc	2	2	6	2	6	1	2
22	Ti	2	2	6	2	6	2	2
23	V	2	2	6	2	6	3	2
24	Cr	2	2	6	2	6	5	1
25	Mn	2	2	6	2	6	5	2
26	Fe	2	2	6	2	6	6	2
27	Co	2	2	6	2	6	7	2
28	Ni	2	2	6	2	6	8	2
29	Cu	2	2	6	2	6	10	1
30	Zn	2	2	5	2	6	10	2

表5-1　スカンジウムから亜鉛までの原子の電子配置（306〜307ページの「基底状態にある各元素の原子の電子配置」も参照）

式5-1

①鉄原子の電子配置：$1s^2 2s^2 2p^6 3s^2 3p^6 4s^2 3d^6$

②Fe^{2+}の電子配置：$1s^2 2s^2 2p^6 3s^2 3p^6 3d^6$

③Fe^{3+}の電子配置：$1s^2 2s^2 2p^6 3s^2 3p^6 3d^5$

④Crの電子配置：$1s^2 2s^2 2p^6 3s^2 3p^6 4s^1 3d^5$

⑤Cuの電子配置：$1s^2 2s^2 2p^6 3s^2 3p^6 4s^1 3d^{10}$

すいのは3d電子のはずである。そうならない理由は、クロム（原子番号24）や銅（原子番号29）の原子の電子配置（クロムは式5-1④、銅は式5-1⑤）で示す不規則性に関係がある。

4s軌道と3d軌道のエネルギー準位は、構造原理からみると4s＜3dだが、そのエネルギー差は小さいため、3d軌道の電子配置による安定さによって、4s軌道のほうがエネルギー的に高く（不安定に）なる。このような現象は、他にもモリブデンやパラジウム、銀、白金、金などで見られる。d軌道に電子がほとんど満たされた状態か、または半分近くが満たされた状態の原子は、構造原理にしたがわないのである。

また、Fe^{2+}とFe^{3+}を比較してみると、Fe^{3+}のほうが安定である。Fe^{2+}は放っておくとFe^{3+}に変化するが、その逆の反応は起こらないからだ。これはFe^{3+}の電子配置が$3d^5$、つまり5個の3d軌道に1個ずつ、計5個の電子が入っている状態のほうが、エネルギー的に安定であることを示している。

電子配置の違いは、遷移元素の化学的性質や磁気的性質を決めることとなる。

5-3 原子の性質はどう決まるか

原子の化学的性質は、最外殻電子の数によって決まる。ただし、遷移元素については、より内側の3d軌道の電子数は変化するものの、最外殻電子数はほとんど変わらないため、基本的な化学的性質に大きな変化は生じない。遷移元素がイオンとなる場合には、たいていは4s軌道の電子が取り去られ、最外殻はd^nの電子配置をとることとなる。遷移元素は、この性質のために着色イオンをつくり、また磁性的性質を生む原因となる。

イオンの色はなぜ変わるのか

たとえば、Co^{2+}、Ni^{2+}、Cu^{2+}を含む水溶液の色はそれぞれ、赤、緑、青をしている。これらの金属イオンの3d軌道の電子数は、表5－1からそれぞれ7個、8個、10個であり、金属イオンに水分子が結合していると考える。

また、遷移元素の錯体では、中心金属イオンに結合する有機分子が化合物の色を決定する要素となる。「錯体」とは、配位結合によってつくられる分子を指している。金属と非金属の原子や原子団（これを「配位子」という）が結合した構造をもつ化合物であり、「金属錯体」ともよばれる。ここでは、中心金属イオンに結合する有機分子が、配位子としての役割を果たしている。

遷移元素の錯体において、有機分子が配位することによって色が変わるのは、d軌道のエネルギーが変化するためである。配位子が遷移元素イオンと結びつくと、一定のエネルギーをもっていたd軌道は、高エネルギー準位の組と低エネルギー準位の組に分かれる。この状態で配位子をもつ金属イオン、すなわち金属錯体に光を当てると、低エネルギー準位にあった電子が光を吸収して高エネルギー準位に移動する（このような現象を「遷移」とよぶ）。

このとき吸収される光が、色として認識されるのである。吸収される光は、d軌道のエネルギー準位の差と同じエネルギーをもつため、準位差の違いは吸収する光の波長、すなわち色の違いとして現れる。これを「d－d遷移」とよんでいる。

d－d遷移によって変化する錯体の色は、次の要素によって決まる。

①中心となる遷移元素イオンのd電子の数

②中心イオンの周囲の配位子の位置。異性体（分子式は同じでも、原子の結合状態や立体配置が異なる化合物）が存在すれば、異なる色を示すことがある

③配位子の性質。強い配位子（金属イオンに配位するローンペア電子〔非共有電子対や孤立電子対ともいう〕を金属イオンに与える傾向が強い原子を含む化合物やイオンのこと）が結合すると、エネルギー準位の分裂幅は大きくなる

また、亜鉛の場合には、3d軌道がすべて満たされているため、低エネルギーのd軌道から高エネルギーのd軌道への遷移は起こらない。このため、亜鉛の錯体は無色である。

磁石の性質はどう生まれるか

一方、遷移元素の磁性的性質はどのようにして生まれるのだろうか。

マイナスの電荷をもつ電子が自転運動（スピン）しながら原子核のまわりを運動すると、小さな磁石としてはたらくために磁界をつくる。この電子が2個でペアをつくると、磁石の性質（磁気モーメント）はなくなるが、単独、つまり不対電子として存在すると磁石となる。これを「常

磁性」を示すという。

たとえば、Fe^{3+}は3d軌道に5個の電子をもっているが、これらすべてが不対電子として存在すれば、5個の磁気モーメントをもつことになる。このような場合を「高スピン状態」という。他方、5個の電子のうち4個がペアをつくれば、残る1個の不対電子による磁気モーメントをもつことになり、こちらは「低スピン状態」とよばれている。このように、3d軌道の電子の数によって、遷移金属は異なった磁気的性質を発揮することになる。

「酸化数」とはなにか

化合物は複数の原子からなるが、化合物が全体としてもつ電子の総数を化合物中の各原子に割り当てたとき、その原子がもつ電荷の数を「酸化数」という。一般に、酸化された原子では酸化数が増え、還元された原子では酸化数は減少する。

個々の金属元素は、酸化数も異なった値をとるため、電子対を与えることができる原子、たとえば窒素、酸素、硫黄などを含む多くの有機化合物やタンパク質などと結合して多様な錯体をつくり、ときには特有の触媒作用を示すこととなる。

たとえば、鉄の電子配置は、209ページ式5-1①に示したとおりである。鉄イオンは−2から+6までの酸化状態をとることができるが、生体内では+1、+2、+3、+4をとると考えられている。通

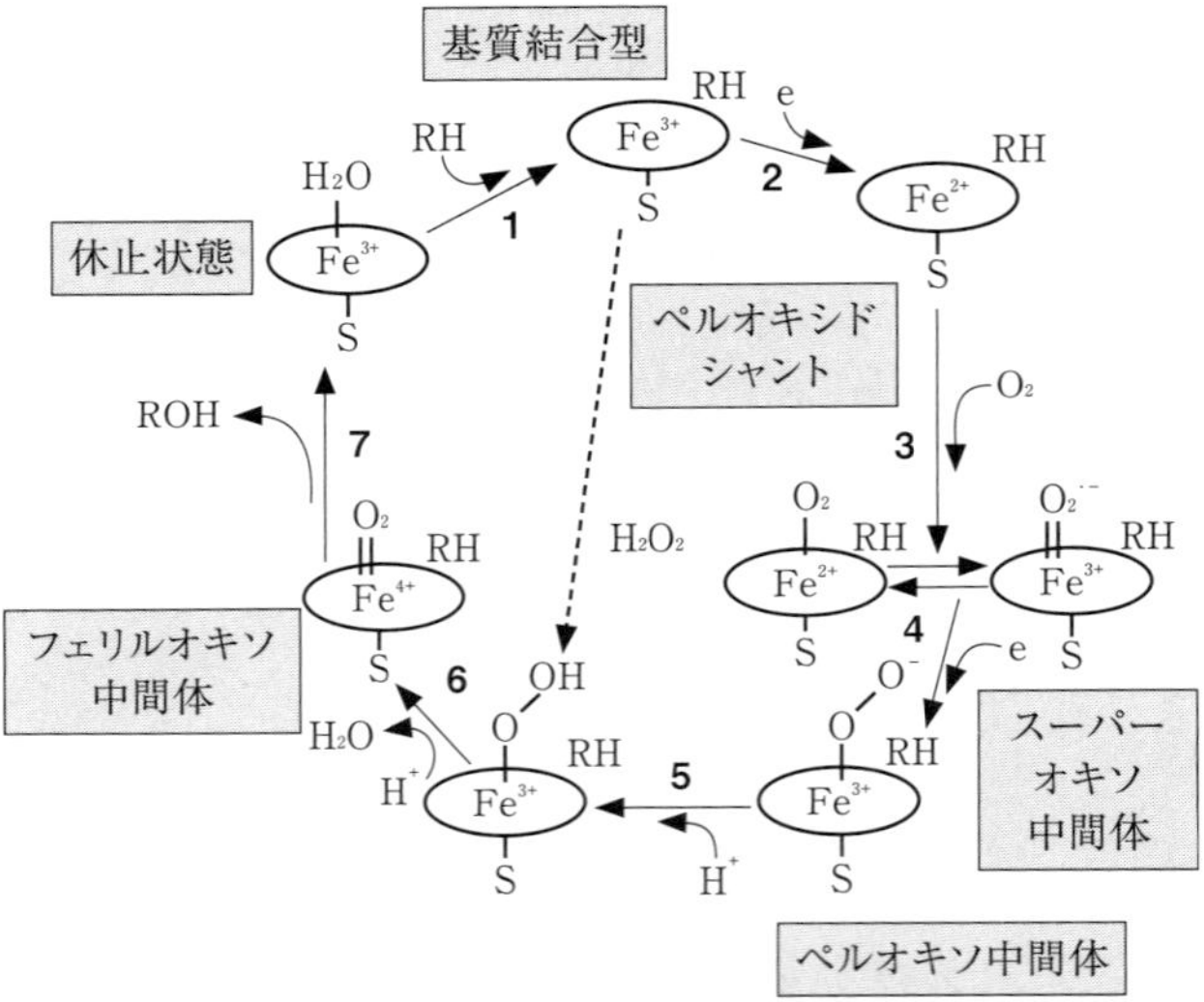

図5-3 シトクロムP450の反応サイクル中の鉄イオンの酸化状態の変化(RH＝基質、S＝タンパク質中のシステイン硫黄を表している。反応は休止状態からはじまる)

常は+2と+3であり、最外殻の電子はそれぞれ、Fe^{2+}($3d^6$)とFe^{3+}($3d^5$)となって、Fe^{3+}は奇数個の電子をもつために常磁性を示す。

81ページ図2-2で紹介したミトコンドリアの電子伝達系では、Fe^{2+}とFe^{3+}のあいだの電子移動反応が利用されている。Fe^{2+}は酸素分子と結合するが、Fe^{3+}は結合しない。この性質の違いが、酸素分子の運搬や貯蔵ができるヘモグロビンやミオグロビンの生理機能の発現に利用されている。

$Fe^{2+}-O_2$に酸化剤が作用するとO_2が放たれ、Fe^{3+}が生成される。Fe^{+}の電子配置($3d^6 4s^1$)は不安定なため、4s電子が3d軌道に入り込んで、$3d^7$になると考えられている。Fe^{4+}は$3d^4$となり、この状態は、薬物代謝酵素シトクロムＰ４５０の活性種と推定されている（図5-3）。これとよく似た反応は、過酸化水素を酸化剤として用いるペルオキシダーゼ類の活性化機構でも知られている。

5-4 金属元素の構造と元素周期表

地球上で天然に存在する元素は、すでにほぼ発見し尽くされている。それらに加え、人類の知恵と努力によってつくり出された人工元素の存在も多数、確認されている。自然界から発見された元素と人工元素のすべて——現時点で１１８元素——を１枚の表に集約したのが、「元素周期表」である（12〜13ページ参照）。

元素周期表に「周期」という言葉が含まれているのは、全１１８種類の元素を配置した際に、周期的な性質が見出せるからである。その周期性が各元素の構造と特徴を決め、個性を生み出している。本書の主役である金属元素も、もちろんその例外ではない。

今節では、元素の周期性がどのように見出され、どのような探究によって元素周期表へと結実したのか、すなわち、118種類におよぶ元素の描像がどのように精緻化されてきたのかを紹介する。

メンデレーエフの功績

1869年、ロシアの化学者ドミトリ・イヴァノヴィチ・メンデレーエフ（1834〜1907年）は、世界で初めて元素の「周期律」を発見し、「元素周期表」を発表した。わずか1枚の紙にすべての元素が収まる元素周期表は、今やお馴染みのものとなり、物理、化学、生命、産業、そして日々の生活を支える科学のバイブルとなっている。

さまざまな元素の発見やその性質の解明には、18世紀の初頭からヨーロッパを中心とする科学者が貢献してきた。しかし、周期律という視点から元素を合理的に整理し、誰でも理解できるようにまとめられた周期表が、ヨーロッパ近代科学を目指していたロシアの化学者によって考案されたことはじつに興味深い。

メンデレーエフにはなぜそれが可能だったのか？　彼が発揮した天性の才能の秘密と努力に焦点を当てながら、周期表を人類にとって不滅の財産へと昇華させた科学者たちの英知の成果を見ていこう。

アヴォガドロの発想から

水素はH_2、酸素はO_2のように、「2原子分子」の形で表すことは、今では中学校からの化学で教わる常識だが、この表現法を考えたのはイタリアの物理学者アメデオ・アヴォガドロ（1776〜1856年）である。このため、水素と酸素が反応して水ができる反応は、式5‐2に示す形で書かれるようになった。

しかし、アヴォガドロの法則でもよく知られる彼の「2原子分子」表現はその後、忘れ去られてしまった。その眠りを覚まし、重要性を認識して再評価したのは、イタリアの有機化学者スタニズラオ・カニッツァーロ（1826〜1910年）である。カニッツァーロは1860年、ドイツのカールスルーエで開催された国際化学者会議で、水素や酸素はアヴォガドロが提案した原子固有の結合数の考え方を取り入れて、あらためて「2原子分子」で表現しようと訴えかけ、当時は研究者によってバラバラだった「原子量」の求め方を統一して整理することを提案した。

原子量とは、各元素の相対的質量を表した数値で、ある特定の元素の質量を基準にして求めるのが一般的である。現在では炭素が基準とされているが、19世紀末の段階ではまだ、統一された基準が存在しなかったのである。

式5-2

$$2H_2 + O_2 \longrightarrow 2H_2O$$

未知の元素にどう挑んだか

それでは、カニッツァーロらの時代には、未知の元素の原子量をどのようにして求めていたのだろうか。

既知の原子量をもつ元素との化合物の分子量を求め、その化合物に含まれる各元素の比を求めれば、未知の元素の原子量を決めることができる。そこで、さまざまな元素と化合物をつくる酸素が基準に選ばれた。すなわち、O＝16を原子量として、他の元素の原子量を決めていたのである。

しかし、当時は原子価が不確定な元素が多く、個々の研究者が自らの考え方で原子価を求め、それに基づいて原子量を発表していたことで混乱が生じていた。原子価とは、ある原子が他の原子といくつ結合できるかを表す数である。

1850年代になって、原子価をより正確に求められるようになったころ、ドイツのアウグスト・ケクレ（1829～1896年）は、水素とハロゲン元素は他の1個の原子と、酸素は他の2個の原子と、窒素は他の3個の原子と、そして炭素は他の4個の原子と結合しているとしようと述べていた。カニッツァーロが原子量の統一的な求め方を国際会議で提案したのは、これを受けてのものという経緯があったのである。

未知の元素の存在を的中させたメンデレーエフ

その国際会議の場で、カニッツァーロの講演を聞いて大いに感銘を受けたのが、ロシアからの留学生であったメンデレーエフであった（図5-4）。

図5-4　最初の周期表をつくったころのドミトリ・メンデレーエフ（30代なかば）

（©Science & Society Picture Library／アフロ）

メンデレーエフは帰国後、元素の新しい整理法の開発に取り組み、1869年2月17日（グレゴリオ暦では3月1日）に「周期律」を発見し、それに基づいた「元素周期表」を3月6日（グレゴリオ暦では3月18日）にロシア化学会で発表した。メンデレーエフはさらに、その元素周期表に当時は未発見だった元素の存在と、それらの化学的性質を予言して書き加えた。

やがて、そのうちの3元素が自然界から実際に発見され、原子量や化学的性質がメンデレーエフの予言とほぼ一致したことで、彼の元素周期表は世界的に認められることとなった。

メンデレーエフとは、どのような人物だったのか。

彼は１８３４年、官僚制と農奴制を基盤としたロシアのロマノフ朝（１６１３～１９１７年）第15代ニコライ1世時代の西シベリアのトボリスクで、14人きょうだいの末っ子として誕生した。トボリスク中学校を卒業した16歳のときに、高等教育を受けさせたいと強く願う母に連れられ、トボリスクから馬車を乗り継いでモスクワからペテルブルクへと向かった。幸い、ペテルブルク高等師範学校への入学が許されたが、母はその後すぐに他界した。

メンデレーエフは、母の遺言である「幻想に囚われてはいけない。頼るべきものは実行である。ひたすらに求むべきは神と真理の知慧であり、いつもそれを望むがよい」を座右の銘として、生涯この言葉を忘れることはなかったという。メンデレーエフの真実を追い求める探究心は、このころに形成されたようである。

高等師範学校を卒業した後は、教師や講師を務めた。18世紀以後、ロマノフ朝が近代化政策を進めるなかで外国旅行の制限が解除され、メンデレーエフは１８５９年からの2年間、ヨーロッパ留学の機会を得て、パリとハイデルベルクで近代化学を学んだ。ハイデルベルクで在籍したのは、ブンゼン灯の発明で有名なドイツの化学者ロベルト・ブンゼン（１８１１～１８９９年）の研究室だった。

ロシアに帰国した後の1867年、ペテルブルク大学の化学教授に就任し、そこで「一般化学」を23年間教えた。就任した翌年から『化学の原理』の執筆を開始し、元素の整理法を考えはじめた。そして1869年、35歳で「周期律」を発見し、63元素からなる「周期表」を発表したのである。

1882年には英国王立協会からデーヴィーメダルを授与されたが、1890年の学生運動に連座して大学を辞職した。メンデレーエフはそれ以前から、技術百科事典の出版、コーカサスやドネツの油田の調査や気球観測など、各種の産業にも貢献していたことから、1893年には度量衡管理局総裁に就任した。

メートル法を導入するなど、ロシアの単位問題の解決計画などに加わり、14年間を勤め上げた。革命の足音が聞こえはじめる18代ニコライ2世時代の1907年に、72年の生涯を閉じた（表5-2）。

逝去の前年にはノーベル賞候補にも挙げられたが、残念ながら受賞は叶わなかった。

化学と天賦

メンデレーエフが学んだペテルブルク高等師範学校の理学部は、数理学科と博物学科に分かれていた。メンデレーエフは博物学科に進んで動物学を学び、ペテルブルク県に生息するネズミや

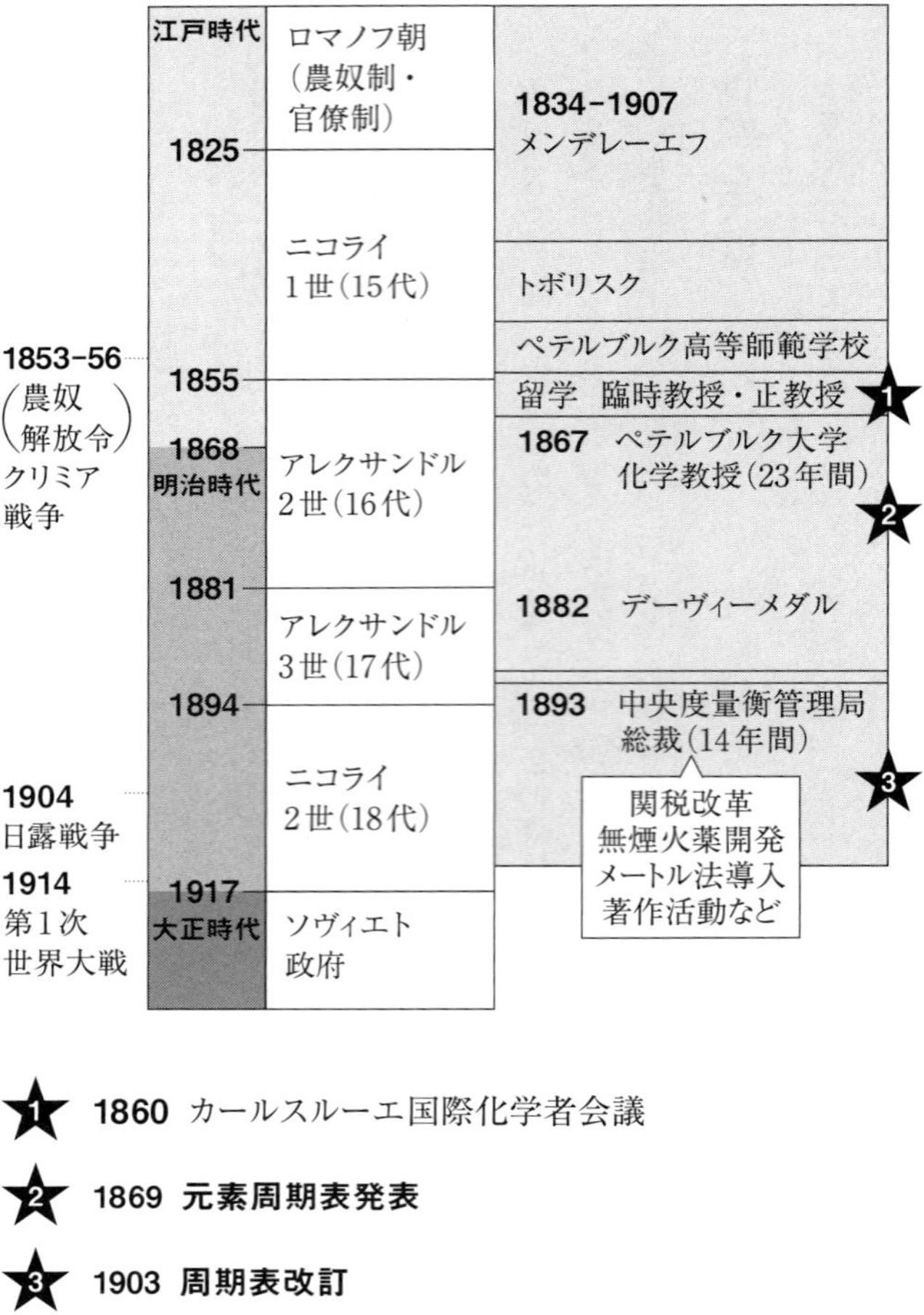

表5-2 **メンデレーエフの生涯**　『化学の原理』（1868-1906）
生涯に8回改訂

ウサギ、リスなど齧歯《げっし》類の調査をおこない、高く評価された。その後、鉱物学と化学の教授であったA・A・ヴォスクレセンスキー（１８０９〜１８８０年）の指導を受け、鉱物の分析に取り組んだ。メンデレーエフが発表した最初の学術論文は、「フィンランド産褐簾石《かつれんせき》の化学分析」（１８５４年）である。

続いて、「輝石の化学分析」も発表した。この2論文の執筆に加え、卒業研究では鉱物分析の発展として鉱物結晶の同形現象について研究した。これらの経験から、メンデレーエフは化学を専攻することを決めたと推測されている。

メンデレーエフの教え子はのちに、このころの若き師が「広範な分野の知識を把握し、統一する能力を身につけ、思考を急激に飛躍させ、無関係に思われる事実と理念とを不意に近づける能力を獲得した」と天賦の才の秘密を回想している。メンデレーエフの周期表創生への道は、高等師範学校時代にすでに芽生えていたと、科学史家の梶雅範はその著書『メンデレーエフ——元素の周期律の発見者』（東洋書店、２００７年）で語っている。

「三つ組元素」から「オクターブ説」まで——先行していた理論たち

１８６７年にペテルブルク大学の化学教授に就任したメンデレーエフは、一般化学の教科書『化学の原理』を執筆しはじめ、当時知られていた63元素の整理法に取りかかった。そのきっかけは、「周期律についての私の思考を発展させるのに決定的瞬間を与えたのは、1860年のカールスルーエ国際化学者会議とその席でイタリアの化学者カニッツァーロによって原子量が明確にされたことで、これが研究上の支点となった。その意味で彼はまさしく私の先駆者であると思う。彼が提言した原子量の変化は……新しい調和をもたらすもので、原子量が増えると元素の性質が周期的に変わるという考えが、当時すでに私の脳裏に浮かんできたのである。そしてこの方向に研究を進めなくてはならないと確信した」と述べている。

発見された元素を合理的に整理して理解を深めようとする試みは、すでに19世紀の初頭から始まっていた。

ドイツのヨハン・ヴォルフガング・デーベライナー（1780〜1849年）は1817年、ストロンチアン石から発見されたストロンチウムが、精製すればするほど原子量や化学的性質がカルシウムとバリウムの中間にくることに気づいた。1829年には、リチウム－ナトリウム－カリウム、塩素－臭素－ヨウ素、硫黄－セレン－テルルの組み合わせにおいても、中央の元素が両隣の元素の中間の性質をとることを示し、「三つ組元素」と名づけて元素観を整理した。

1862年には、フランスのエミール・ベギエ・ド・シャンクルトア（1820〜1886年）が、円筒状の紙に元素をらせん状に並べると、垂直方向に性質が似た元素が並ぶことに気づいて「地のらせん説」を発表した。さらに、1864年にイギリスのジョン・ニューランズ（1

８３７～１８９８年）が、元素を原子量順に並べると8個ごとに似た性質の元素が配置されていることを見出し、「オクターブ説」と名づけた。

同じころ、ドイツのユリウス・ロータル・マイヤー（１８３０～１８９５年）は、原子容《げんしよう》（単体の原子1モルが占める体積）について調べ、15列の58元素からなる「元素表」を発表し、周期表完成への道は一歩ずつ歩みを前に進めていた。

「周期律」の発見

そうした経緯をふまえ、メンデレーエフは１８６９年、「三つ組元素」と「地のらせん説」を重視したうえで、大きなブレイクスルーを成し遂げる。

当時知られていた63元素を原子量順に、イギリスの化学者エドワード・フランクランド（１８２５～１８９９年）が提案した原子価を考慮して並べることで、一定の周期で配列できるとする「周期律」を発見したのである。そして、この周期律に基づいて周期表を組み立てただけでなく、未発見元素の予言、原子量の修正や元素の配置の改善などを繰り返し、やがて決定的な周期表を完成した。

１８６９年2月には、メンデレーエフは1枚の紙に印刷した「原子量と化学的類似性に基づく元素表試案」を多くの化学者に配布し（図５-５左）、１８７１年には論文『化学元素の周期律』

1871年の周期表

Series.	Group I. R_2O.	Group II. RO.	Group III. R_2O_3.	Group IV. RH_4. RO_2.	Group V. RH_3. R_2O_5.	Group VI. RH_2. RO_3.	Group VII. RH. R_2O_7.	Group VIII. RO_4.
1 ·······	H=1							
2 ·······	Li=7	Be=9.4	B=11	C=12	N=14	O=16	F=19	
3 ·······	Na=23	Mg=24	Al=27.3	Si=28	P=31	S=32	Cl=35.5	
4 ·······	K=39	Ca=40	—=44	Ti=48	V=51	Cr=52	Mn=55	Fe=56, Ce=59 Ni=59, Cu=63
5 ·······	(Cu=63)	Zn=65	—=68	—=72	As=75	Se=78	Br=80	
6 ·······	Rb=85	Sr=87	? Y=88	Zr=90	Nb=94	Mo=96	—=100	Ru=194, Rh=104 Pd=106, Ag=108
7 ·······	(Ag=108)	Cd=112	In=113	Sn=118	Sb=122	Te=125	I=127	
8 ·······	Cs=133	Ba=137	? Di=138	? Ce=140	....	....	....	....
9 ·······	....	....	....	....	....	....	....	....
10 ·······	....	....	? Er=178	? La=180	Ta=182	W=184	....	Os=195, In=197 Pt=198, Au=199
11 ·······	(Au=199)	Hg=200	Tl=204	Pb=207	Bi=208	....	....	
12 ·······	....	....	....	Th=231	....	U=240	....	....

● In=197は Ir=197の間違い

をドイツ語で出版し、周期表を改訂した。図5-5右に示す周期表には、現在は使われていない元素名「Di（ジジミウム）」が書かれている。ジジミウムは、1885年にプラセオジム（Pr）とネオジム（Nd）の混合物であることがわかった。

周期表の意義

メンデレーエフが1869年に周期表を発表したときには、ロシア国内のみならず海外からも、疑義を唱える否定的意見が寄せられた。メンデレーエフはそれらに対し、周期表の意義をていねいに語る回答を送っている。

「元素表は教育的な意義をもち、またさまざまな事実を整理し、関係づけることによってその研究をたやすくさせるばかりでなく、類似元素を発見して元素研究に新しい道を示すという点で純然た

縦型から横型へ

1869年の周期表

ОПЫТЪ СИСТЕМЫ ЭЛЕМЕНТОВЪ.

ОСНОВАННОЙ НА ИХЪ АТОМНОМЪ ВѢСѢ И ХИМИЧЕСКОМЪ СХОДСТВѢ.

			Ti=50	Zr=90	?=180.
			V=51	Nb=94	Ta=182.
			Cr=52	Mo=96	W=186.
			Mn=55	Rh=104,4	Pt=197,4.
			Fe=56	Rn=104,4	Ir=198.
			Ni=Co=59	Pl=106,6	Os=199.
H=1			Cu=63,4	Ag=108	Hg=200.
	Be=9,4	Mg=24	Zn=65,2	Cd=112	
	B=11	Al=27,4	?=68	Ur=116	Au=197?
	C=12	Si=28	?=70	Sn=118	
	N=14	P=31	As=75	Sb=122	Bi=210?
	O=16	S=32	Se=79,4	Te=128?	
	F=19	Cl=35,5	Br=80	I=127	
Li=7	Na=23	K=39	Rb=85,4	Cs=133	Tl=204.
		Ca=40	Sr=87,6	Ba=137	Pb=207.
		?=45	Ce=92		
		?Er=56	La=94		
		?Yt=60	Di=95		
		?In=75,6	Th=118?		

原子番号がないことに注意！

Д. Менделѣевъ

- Di（ジジミウム）
  ネオジムとプラセオジムの混合物であることが1885年にわかった
- Tb（テルビウム）原子量158.9（1843年発見）が書かれていない

図5-5　メンデレーエフの元素周期表（63元素）

Eric R. Scerri: The Periodic Table —— Its Story and Its Significance. Oxford University Press, 2007

る科学性をもつ」としたうえで、「いままでわれわれは未知の元素の性質を予言するなんの手がかりももたず、その元素のどれかが足りないか、あるいは存在しないかを推定することもできなかった」と主張したのである。

メンデレーエフは高等師範学校で学び、研鑽を積んだ精神をいつまでも忘れず、周期表の教育的意義や科学としての重要性、そして予言可能性までを語り、多くの事実の総合と俯瞰的な思考によって、近代ヨーロッパのなみいる科学者たちが成しえなかった挑戦に成功し、世界の歴史を変えてみせたのである。

この功績により、ノーベル賞が創設される以前の1882年に、ロンドン王立協会からデーヴィーメダルがメンデレーエフとマイヤーに授与された。

「エカアルミニウム」=ガリウムだった

メンデレーエフは周期表に空白を設け、当時は未発見だった16個の元素の存在と原子量などを予言したが、そのうちの9元素がのちに発見されている（表5-3）。なかでも、予言から20年も経たないうちに、3元素が発見されたのは特筆に値するだろう。メンデレーエフはその喜びを、次のように語っている。

「1871年に未発見元素の性質決定に周期律を適用することについて論文を書いたときはその

メンデレーエフによる仮元素名	予想された原子量	実測された原子量	認定された元素名(年)
エカホウ素	44	44.6	スカンジウム(1879)
エカアルミニウム	68	69.2	ガリウム(1875)
エカケイ素	72	72.0	ゲルマニウム(1886)
★エカマンガン	100	99	テクネチウム(1937, 1947)
★エカヨウ素	170	210	アスタチン(1940)
ドヴィマンガン	190	186	レニウム(1925)
★エカテルル	212	210	ポロニウム(1898)
★エカセシウム	220	223	フランシウム(1939)
★エカタンタル	235	231	プロトアクチニウム(1917)

表5-3　メンデレーエフにより予言され、のちに発見された元素
メンデレーエフは16種類の元素の存在を予言したが、そのうち9種類の元素が発見された。★は放射性元素を、エカ(eka)とドヴィ(dvi)は、サンスクリット語でそれぞれ1と2を表す

Eric R. Scerri: The Periodic Table ── Its Story and Its Significance. Oxford University Press, 2007

周期律の結果が実証されるまで生きのびることはなかろうと思ったが、実際はそうではなかった。私は論文の中で3つの元素──エカホウ素、エカアルミニウム、エカケイ素──のことを書いておいたが、それからまだ20年も経たないうちにこの元素が3つとも発見されたのを知ってとてもうれしかった」

最初に発見された元素は、エカアルミニウムの位置にあるガリウムであった。フランスの化学者ポール・エミール・ルコック・デ・ボアボードラン(1838～1912年)が1875年に閃亜鉛鉱から発見した。このとき、メンデレーエフは周

期律に基づいて、ボアボードランが最初に報告した元素の密度の誤りを指摘している。ボアボードランは再実験し、自らその値を訂正した。

1879年には、スウェーデンの化学者ラース・フレデリク・ニルソン（1840〜1899年）が、ガドリン石およびユークセン石から新元素を発見し、スカンジウムと命名した。ニルソンはメンデレーエフの予言を知らなかったが、ほぼ同時に新元素を発見したスウェーデンの化学者・地質学者ペール・テオドール・クレーベ（1840〜1905年）が、スカンジウムはメンデレーエフの予言したエカホウ素であることを明らかにした。

続いて1885年には、ドイツの化学者クレメンス・ヴィンクラー（1838〜1904年）が銀鉱石のアージロード鉱からエカケイ素にあたる新元素を発見し、ゲルマニウムと名づけた。

こうして、メンデレーエフが予言した元素の中からガリウム、スカンジウムそしてゲルマニウムが発見され、周期表の価値が国際的に評価されることとなった。

窮地に追い込まれた周期表

その後、貴ガス元素やレアアース元素、放射性元素といった、新たなタイプの元素の発見が相次ぎ、周期表は一時、窮地に追い込まれることになる。しかし、貴ガス元素には新しい枠を設け、レアアース元素や放射性元素は正確な原子量が決定されるにしたがって表に追加することで、周期表は基本的な形を変えることなく発展しつづけた。

メンデレーエフは1902年、放射線を発見したフランスの物理学者・化学者アントワーヌ・アンリ・ベクレル（1852〜1908年）、およびフランスの物理学者ピエール・キュリー（1859〜1906年）とポーランド生まれのフランスの物理学者・化学者マリー・キュリー（1867〜1934年）夫妻を訪ねた（G・スミルノフ著、木下高一郎訳『メンデレーエフ伝――元素周期表はいかにして生まれたか』講談社ブルーバックス、1976年参照）。

キュリー夫妻は、「ピッチブレンド」とよばれるウランを含む鉱石から、1898年にポロニウム、1902年にはラジウムと、2種類の放射性元素を発見・精製していた。2人のもとを訪れて自ら放射性元素の存在を確認したメンデレーエフは、翌1903年に周期表を改訂した（図5-6）。メンデレーエフの、事実に向き合う誠実さが滲み出ているエピソードである。

メンデレーエフは、「元素になぜ周期性が表れるのか」について、自身で説明することはできなかったが、次のような示唆的な言葉を残している。

「単体および重合体の周期的可変性はある高度の法則に従うものであるが、その性質、いわんや原因をつかむ手段はいまのところまだない。それはたしかに原子と粒子内部の内部力学の原則に隠れている」

原子構造が未解明だった時代に、メンデレーエフは原子の内部にひそむ粒子の存在を想像して

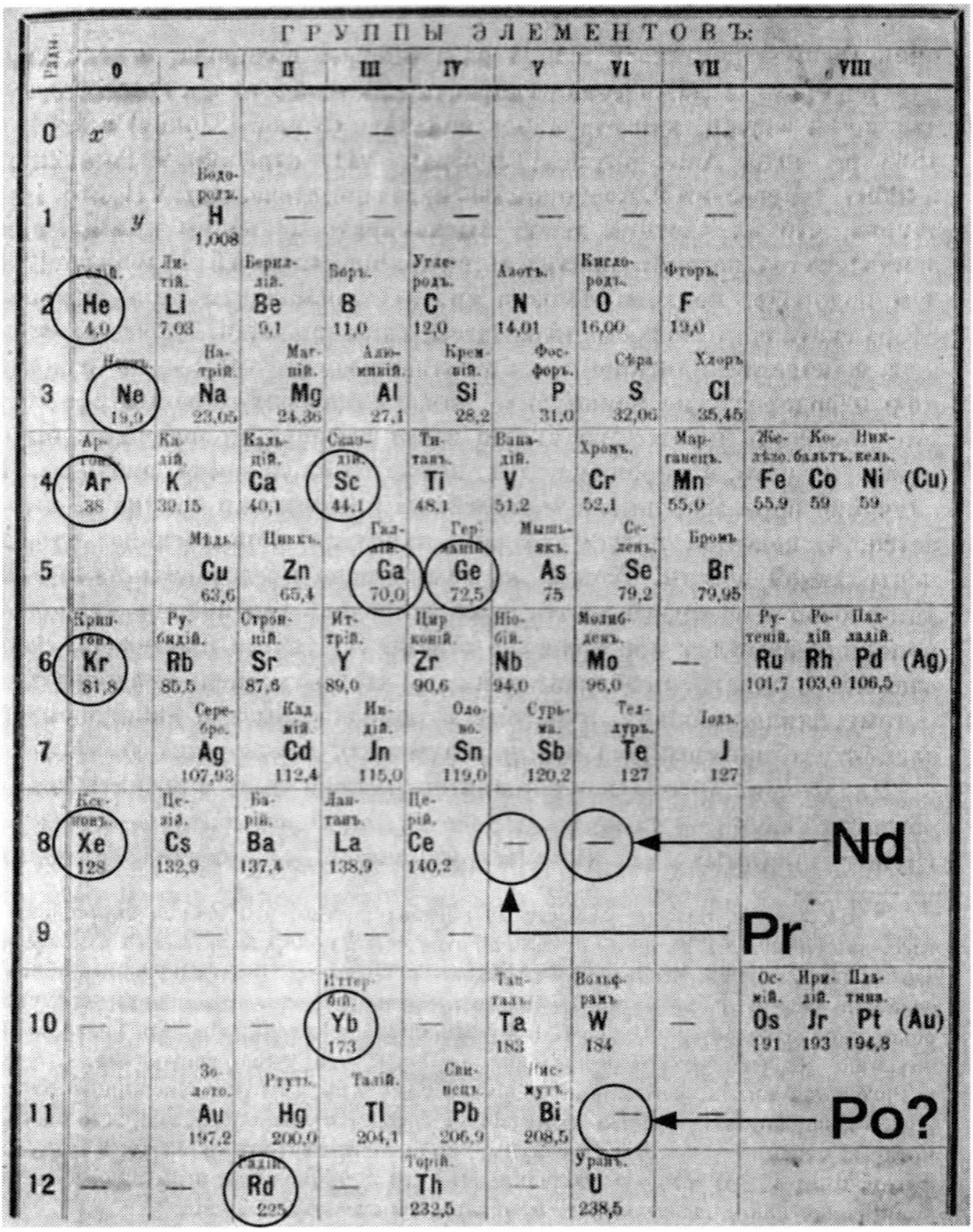

Ряды	0	I	II	III	IV	V	VI	VII	VIII
0	x	—	—	—	—	—	—	—	
1	y	H 1,008	—	—	—	—	—	—	
2	He 4,0	Li 7,03	Be 9,1	B 11,0	C 12,0	N 14,01	O 16,00	F 19,0	
3	Ne 19,9	Na 23,05	Mg 24,36	Al 27,1	Si 28,2	P 31,0	S 32,06	Cl 35,45	
4	Ar 38	K 39,15	Ca 40,1	Sc 44,1	Ti 48,1	V 51,2	Cr 52,1	Mn 55,0	Fe 55,9 Co 59 Ni 59 (Cu)
5		Cu 63,6	Zn 65,4	Ga 70,0	Ge 72,5	As 75	Se 79,2	Br 79,95	
6	Kr 81,8	Rb 85,5	Sr 87,6	Y 89,0	Zr 90,6	Nb 94,0	Mo 96,0	—	Ru 101,7 Rh 103,0 Pd 106,5 (Ag)
7		Ag 107,93	Cd 112,4	Jn 115,0	Sn 119,0	Sb 120,2	Te 127	J 127	
8	Xe 128	Cs 132,9	Ba 137,4	La 138,9	Ce 140,2	—	—		
9		—	—	—	—				
10	—	—	—	Yb 173	—	Ta 183	W 184	—	Os 191 Jr 193 Pt 194,8 (Au)
11		Au 197,2	Hg 200,0	Tl 204,1	Pb 206,9	Bi 208,5	—	—	
12	—	—	Rd 225	—	Th 232,5	—	U 238,5		

図5-6 メンデレーエフが1903年に改訂した元素周期表

原子番号がないことに注意！

Eric R. Scerri: The Periodic Table —— Its Story and Its Significance. Oxford University Press, 2007

いたのである。これもまた、彼の天与の才を示すものであろう。

メンデレーエフを悩ませた難題

現在の元素周期表をよく見ると、原子番号の順と原子量の順が一致していないところが、式5-3に示したように4ヵ所存在している（元素記号の左下に添えられている数字は「原子番号」を、（　）内の数字は周期表に書かれている「原子量」を示す）。

当時はまだ、原子番号が知られていなかったため、メンデレーエフの周期表では元素の並び方と原子量の並び方が一致していなかったためである。メンデレーエフはこの矛盾を非常に気にしていたが、自身では解決できなかった。

メンデレーエフの没後、オランダのアマチュア物理学者アントン・ファン・デン・ブルック（1870～1926年）が元素に原子番号をつけることを提案し、イギリスの化学者フレデリック・ソディー（1877～1956年）が元素には「同位体」があることを発見した。続いてイギリスの物理学者ヘンリー・モーズリー（1887～1

式5-3

$_{18}$Ar (39.95)	—	$_{19}$K (39.10)
$_{27}$Co (58.93)	—	$_{28}$Ni (58.69)
$_{52}$Te (127.60)	—	$_{53}$I (126.90)
$_{90}$Th (232.04)	—	$_{91}$Pa (231.04)

915年）が、各元素に固有の「特性X線」の波長と原子番号との関係性を見出すなど、元素に関する重要な知見が相次いで得られた。

たとえば、コバルトとニッケルの組み合わせを見てみよう。天然のコバルトには同位体が存在せず、^{59}Co（元素記号の左上に添えられた数字は相対質量を示す）が100％である。一方、天然のニッケルには^{58}Niが68・08％、^{60}Niが26・22％、^{61}Niが1・14％、^{62}Niが3・63％、そして^{64}Niが0・93％存在する。

これらの同位体の存在比と、それぞれの原子の相対質量から計算されたニッケルの原子量は58・69となる。周期表上の元素は、陽子数＝原子番号の順に並べられているため、ニッケルの原子量は小さいにもかかわらず、コバルトの後に置かれている。

このように、元素の同位体が存在する場合には、原子番号と原子量の順は必ずしも一致しない場合がみられることとなる。こうして、同位体の発見によってメンデレーエフが気を揉んでいた問題は解消されることとなった。

物理からみた周期表

その後の科学技術の進歩によって、原子のイオン化エネルギーが測定されるようになり、原子の並び方とイオン化エネルギーの関係が調べられた。イオン化エネルギーとは、気体状態の原子

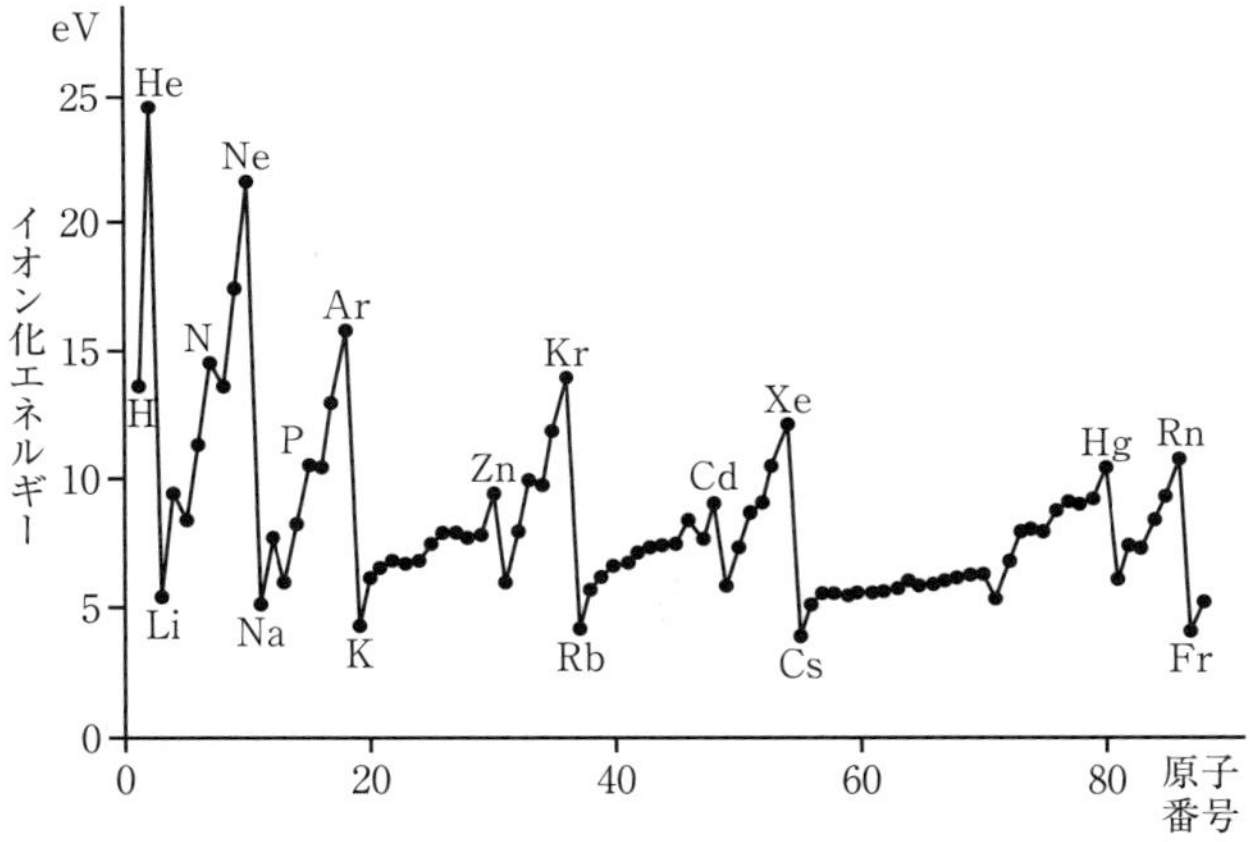

図5-7　イオン化エネルギーと原子番号　アルカリ金属から貴ガスまでの順にイオン化エネルギーが大きくなり、周期性が見られる

(https://en.wikipedia.org/wiki/Ionization_energy)

から電子を奪うために必要なエネルギーのことである。得られた結果を図5-7に示す。

この図から、原子核の正電荷が大きくなると、原子核が電子を引きつける力が強くなって電子を放出しにくくなることがわかる。すなわち、陽イオンになりにくくなり、イオン化エネルギーが大きくなるということだ。

この結果から、元素は周期性をもって並んでいることが明らかになり、元素の周期性は物理の面からも説明されることとなった。これは、化学的な面のみならず、物理的にも元素周期表が完成を見たことを意味している（図5-8）。

さらに1930年代に入ると、アメリカ

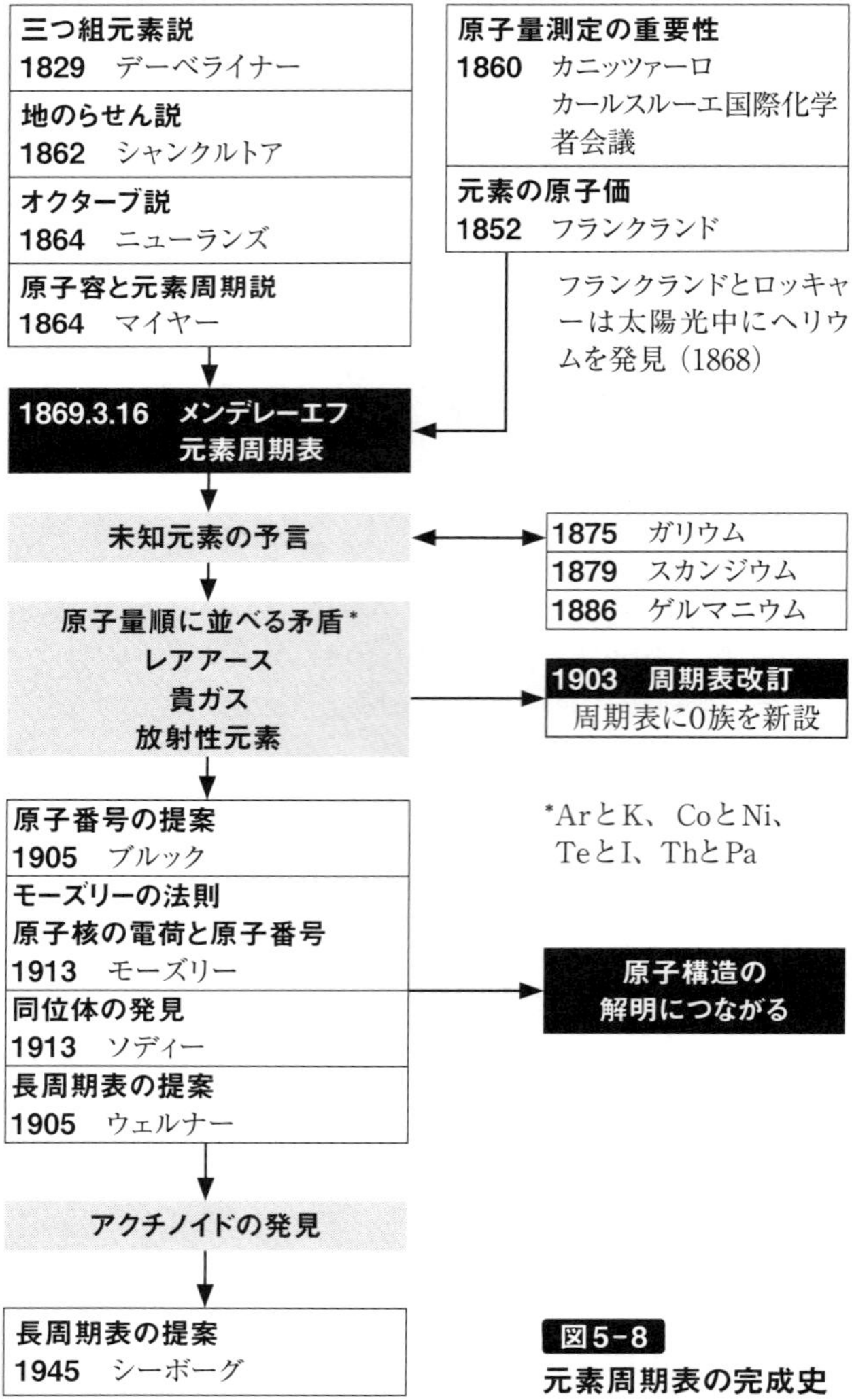

図5-8
元素周期表の完成史

Md メンデレビウム

半減期	^{258}Mb　52日
周期表の提唱者メンデレーエフにちなんで命名	

図5-9 メンデレビウム(258)　1955年、アメリカのギオルソ、ハーヴェイ、ショパン、トンプソン、シーボーグらが、^{253}Esにα粒子を照射して101番人工元素を発見した

の物理学者アーネスト・ローレンス（１９０１〜１９５８年）が、イオンを加速する装置である「サイクロトロン」を発明した。これを使って、イタリア生まれのアメリカの物理学者エミリオ・セグレ（１９０５〜１９８９年）とイタリアの鉱物学者カルロ・ペリエ（１８８６〜１９４８年）は１９３７年、モリブデンに重陽子をぶつけることで、メンデレーエフが「エカマンガン」とよんだ43番元素テクネチウムを合成した。人類初の「人工元素の合成」に成功したのである。

　これを契機に、多くの超ウラン元素や超重元素が合成され、線形加速器も導入されて、続々と新しい元素が合成されていくことになる。

　テクネチウムの発見に始まる人工元素の合成研究は、約80年の歴史を経て、２０１６年のニホニウム誕生にまで発展した。１９５５年に発見された１０１番の人工元素は、メンデレーエフの功績を讃えて「メンデレビウム」と名づけられ（図５-９）、メンデレーエフの名前は、彼が考案・作成した

11	12	13	14	15	16	17	18	電子軌道
							2 He	1s
		5 B	6 C	7 N	8 O	9 F	10 Ne	2s2p
		13 Al	14 Si	15 P	16 S	17 Cl	18 Ar	3s3p
29 Cu	30 Zn	31 Ga	32 Ge	33 As	34 Se	35 Br	36 Kr	4s3d4p
47 Ag	48 Cd	49 In	50 Sn	51 Sb	52 Te	53 I	54 Xe	5s4d5p
79 Au	80 Hg	81 Tl	82 Pb	83 Bi	84 Po	85 At	86 Rn	6s5d6p
111 Rg	112 Cn	113 Nh	114 Fl	115 Mc	116 Lv	117 Ts	118 Og	7s6d7p
163	164	139	140	169	170	171	172	8s7d8p
		167	168					9s9p

65 Tb	66 Dy	67 Ho	68 Er	69 Tm	70 Yb	71 Lu	4 f
97 Bk	98 Cf	99 Es	100 Fm	101 Md	102 No	103 Lr	5 f
149	150	151	152	153	154	155	6 f

129	130	131	132	133	134	135	136	137	138	5g

原子番号
元素記号

周期＼族	1	2	3	4	5	6	7	8	9	10
1	1 H									
2	3 Li	4 Be								
3	11 Na	12 Mg								
4	19 K	20 Ca	21 Sc	22 Ti	23 V	24 Cr	25 Mn	26 Fe	27 Co	28 Ni
5	37 Rb	38 Sr	39 Y	40 Zr	41 Nb	42 Mo	43 Tc	44 Ru	45 Rh	46 Pd
6	55 Cs	56 Ba	57~71 ランタノイド	72 Hf	73 Ta	74 W	75 Re	76 Os	77 Ir	78 Pt
7	87 Fr	88 Ra	89~103 アクチノイド	104 Rf	105 Db	106 Sg	107 Bh	108 Hs	109 Mt	110 Ds
8	119	120	121-138 141-155 ★	156	157	158	159	160	161	162
9	165	166								

ランタノイド	6	57 La	58 Ce	59 Pr	60 Nd	61 Pm	62 Sm	63 Eu	64 Gd
アクチノイド	7	89 Ac	90 Th	91 Pa	92 U	93 Np	94 Pu	95 Am	96 Cm
★スーパーアクチノイド	8	141	142	143	144	145	146	147	148

★スーパーアクチノイド	8	121	122	123	124	125	126	127	128

図5-10 ピューコックによる172番元素までの拡張元素周期表
（羽場宏光『現代化学』2019、575、42より）

元素周期表の中に、永遠に刻まれることとなった。

ところで、新たな元素は、今後もさらに合成されていく可能性があるのだろうか？すでに119番や120番元素の合成が試みられている。さらにどれくらいの元素が合成されうるかについては、フィンランドの理論化学者ペッカ・ピューコック（1941年〜）によって計算されている（図5-10）。

その結果によれば、じつに172番元素までが合成可能なのだという。なお50を超える元素がわれわれの前に姿を現す可能性がある……、今後の合成研究の発展が期待される。

最も深く感動すること――周期表を讃えて

元素周期表はこれまで、数多くの人々に元素や化学を学ぶ楽しさや喜びを与えてきた。そして、多くの人々が周期律と元素周期表を讃える言葉を残している。そのうちのいくつかを紹介しよう。

1930年、アメリカ化学会会長であったウィリアム・マクファーソン（1864〜1951年）は、文学に秀でた学生に化学のコースを選んだ意義を訊ねたところ、人生哲学を組み立てるにあたって周期律が大いに役立ったと述べた感想を紹介している。

「この若者は、宇宙には秩序というものがまったく欠如しているように思って混乱していたのです。ところが彼は周期律を勉強しはじめて宇宙の秩序についての明白な証拠を受け入れるようになったのです。なぜなら、未知元素の存在だけでなく、未知元素の性質までも予言することができるのは、秩序を持った宇宙以外にはありえないからです……」

（ウィークス／レスター著、大沼正則監訳『元素発見の歴史2』、朝倉書店、1989年）

アクチニウムに始まる元素を「アクチノイド系列」と命名し、この系列に属するもののうち9個の人工元素の合成に成功したアメリカの化学者・物理学者グレン・シーボーグ（1912〜1999年）は、1969年のメンデレーエフ記念大会で、次のように讃えた。

「最も深く感動するのは、メンデレーエフが原子構造、同位体、元素番号と原子価との関係、原子の電子的性質、原子構造によって決まる化学的性質の周期性のような、いまでは一般に認められた概念を知らないのに、過去100年間科学の多大な成果にもかかわらず目立った変更をいささかも受けなかった元素周期表をつくることができた、ということである」

人類の三大「科学財産」

イギリスの神経内科医であり、映画『レナードの朝』の原作者としても知られるオリヴァー・サックス（1933〜2015年）は、『タングステンおじさん――化学と過ごした私の少年時代』で周期表をまるで化学の花園のようだと表現している。

「周期表はまるで庭のようで、子どものころ夢中になった『数の花園』を彷彿とさせた。けれども数の花園と違い、それは実在し、世界を読み解く鍵になっていた。私は陶然としながら、何時間もこの素敵なメンデレーエフの花園をさまよい、いろいろなものを見つけ出した」

（斉藤隆央訳、早川書房、2003年）

イタリアの化学者・作家であり、小説『これが人間か』でよく知られているプリーモ・ミケーレ・レーヴィ（1919〜1987年）は、『周期律——元素追想』で、周期表を韻を踏む一篇の詩としてとらえた。

「物質に打ち勝つとはそれを理解することであり、物質を理解するには宇宙や我々自身を理解する必要がある。だから、この頃に、骨を折りながら解明しつつあったメンデレーエフの周期表こそが一篇の詩であり、高校で飲みこんできたいかなる詩よりも荘重で高貴なのだった。それによく考えてみれば、韻すら踏んでいた」

（竹山博英訳、工作舎、1992年）

周期表は、イギリスの自然科学者チャールズ・ロバート・ダーウィン（1809〜1882年）による「進化論」、アルベルト・アインシュタイン（1879〜1955年）による「相対性理論」と並び、人類の三大「科学財産」である。「進化論」は分厚い書籍を、「相対論」は難しい論文を読まなければその真髄を知ることができないが、「周期表」はわずか1枚の紙に、そのすべてが記されている。

この1枚の周期表は、少なくとも地球上のあらゆる人々と、ひょっとすると宇宙に存在しているかもしれないすべての知性と、物理、化学、生命、産業や日々の生活を語り合うことができる素晴らしい共有財産なのである。

＊

本章では、金属元素の構造としくみを元素の周期律を中心に探ってきた。その背後には、メンデレーエフによってもたらされた「元素周期表」の存在があった。

元素周期表は、自然の対象物をつぶさに観察し、分析し、分類するという科学の営みの蓄積が結実した、偉大な科学の成果である。

その偉大な成果は、金属をはじめとする各元素の性質を明らかにすることにつながった。そしてその性質を巧みに用いることで、人類はさまざまな技術の開発に役立てている。

最終章となる第6章では、特に生命との関わりから、金属を薬剤として使用する試みについて見ていくことにしよう。

第6章

金属を薬にする！

——微量元素で病気を治す

紀元前のはるか昔から現代にいたるまで、人々は地球上に存在するさまざまな天然物や有機化合物、微生物などを利用して無数の医薬品をつくってきた。

しかし、無機元素を含む医薬品は、ごくわずかに限られている。少数派にもかかわらず、それら無機元素を含む医薬品が宝石のように個性的な光を放っていることは注目に値する。無機元素を含む医薬品がもつ個性はなにに由来するのか？

本書の締めくくりとなる最終第6章では、無機元素を含む医薬品を「無機系医薬品」と名づけ、その来歴をたどってみることにしよう。

金属元素を含む医薬品

「元素周期表」には現在、118種類の元素が収載されている。これら118種類のうち、29種類は人工元素であり、残る89種類の元素が自然界から発見されている。また、自然界で見出された89種類のうち、63種が鉱物から発見されている。

そのうち、金、銀、銅、鉛、スズ、鉄、ヒ素、マグネシウムなどの存在は、有史以前から知られていた。これら各元素は身近な鉱物や岩石の中に存在していたため、紀元前の古代の人々は長いあいだの経験から、こうした元素を病気の治療に用いていた。

中世から近代、そして現代へといたる科学技術や医療技術の進歩・発展を経て、無機元素、とりわけ金属元素を含む医薬品が開発されてきた。多数の有機化合物、天然物や抗生物質には期待できなかった生理機能や薬理作用が、無機系化合物によって実現されたからである。本章では、世界と日本で節を分けて、無機系医薬品活用の歴史を振り返ってみる。

ここで述べる無機系医薬品とは、次の3種類のいずれかを指している。

①無機化合物、すなわち有機化合物でない医薬品。たとえば、三酸化ヒ素や炭酸カルシウム、硫酸亜鉛など

②無機元素と有機化合物とが配位結合してできた「金属錯体」を含む医薬品。たとえばクエン酸第二鉄や、白金を含むシスプラチン、金を含むオーラノフィンなど

③無機元素と有機化合物中の炭素との結合を含む「有機無機複合体」（有機金属化合物）。たとえば、アルスフェナミン（有機ヒ素化合物）やビタミンB_{12}（メチルコバラミン）

なお、②に登場する「配位結合」とは、結合する2つの原子の一方の原子からのみ、結合に関わる電子が提供される結合のことをいう。つまり、2個の電子からなる電子対を与える原子から、電子対を受け取る原子へ、電子対が一方的に供給される化学結合のことである。

6-1 世界の無機系医薬品

紀元前の古代メソポタミアの石版や、古代エジプトの医学について記された「エーベルス・パピルス」には、現代の知識からみて金、銀、銅、鉛、スズ、鉄、ヒ素やマグネシウムなどを含む鉱物、岩石、宝石が、病気の治療に用いられていたことが書かれている。

たとえば、水銀、マグネシウム、鉄を含む化合物を、それぞれ梅毒、胃腸障害、貧血の治療に用いたのだという。鉱物のみならず、動植物を含む多数の薬物が用いられ、古代メソポタミアでは薬によって血液を新鮮にする、古代エジプトでは病気の原因と考えていた病魔を体内から追い出す、といった考えから、各種の薬物を使っていたと推定されている。

パラケルススが使った元素

さまざまな経験と知見が積み重ねられた古代ギリシャでは、「医学の父」「医聖」と讃えられるヒポクラテス（前460ごろ~前370年ごろ）が硫黄や鉄、鉛などを、古代ローマではクラウディウス・ガレノス（129ごろ~200年ごろ）が鉛やケイ素などを、また、パラケルススの名で知られるルネサンス期の医化学の祖テオフラストゥス・(フォン・) ホーエンハイム（149

3～1541年）は水銀や硫黄、アンチモン、鉛、銅、ヒ素、ホウ素などを含む鉱物を、意識的に医療に用いた。

18世紀ごろには、アンチモンを含む容器にワインを入れておくと吐き気をもよおす石ができることが見つかり、「吐酒石《としゅせき》」とよばれた。吐酒石の成分はのちに分析され、酒石酸アンチモンカリウムであることが判明したが、パラケルススは好んでアンチモン製剤を用いたとされている。酒石酸は、嘔吐を引き起こす作用から胃の洗浄に用いられたが、毒性が強いためにしだいに使われなくなったようである。

パラケルススは、金属元素を薬とする新しい考え方を提案したのみならず、「すべてのものは毒であり、その毒性は量で決まる」と用量依存性を説いたことで、現代の医薬品開発の原理を打ち立てた人物として評価されている。しかし、彼の用いた水銀や硫黄、アンチモン、ヒ素などが強い毒性を示したことは間違いないであろう。

19世紀のなかばになると、ヨーロッパを中心に有機化学が発展し、それにともなって多数の無機化合物も医薬品として各国で用いられるようになった。

「不死の薬」で命を落とした皇帝たち

一方、中国では、後漢《ごかん》（25～220年）から三国時代（220～280年）にかけて『神農本《しんのうほん》草経《ぞうきょう》』が著され、約365種の天然の薬材のうち約45種が「鉱物薬」として収載された。中国の唐時代の詩人・李白（701～762年）は、水銀や鉛を含む薬を讃える詩を残している。

吾営紫河車（わたしはいま丹を焼いて紫河車［薬金］をつくっているが、）
千載落風塵（仙薬が完成すれば服して俗塵を落とし、千年の生命をえるであろう）
薬物秘海獄（薬物は海と山に産出することが多く、）
採鉛青渓浜（鉛は青渓浜に採取した上品である）
（川原秀城著『毒薬は口に苦し——中国の文人と不老不死』大修館書店、2001年）

しかし、「不死の薬」といわれて服用した鉱物薬によって、唐代の皇帝22人のうち6人が死亡したとの記録が残されていることは興味深い。

体内に存在しない金属の治療効果

近代的な無機系医薬品の歴史は、ドイツから始まった。

1882年に結核菌を発見したロベルト・コッホ（1843～1910年）は、結核菌の成長を抑制する化合物として塩化金やシアン化金を見出した。臨床医らによって、当時は結核の一種と考えられていたリウマチ性関節炎の治療に金化合物の適用がただちに開始されたが、毒性のために中止される事態となった。

しかし、ヨーロッパではその後、粘り強く研究が継続され、1927年には金－チオグルコース錯体の有効性が確かめられた。その成果に基づいて、1960年には注射剤の金－チオリンゴ酸ナトリウムが（図6-1Ⓐ）、1976年には経口剤オーラノフィン（図6-1Ⓑ）が開発された。これらの錯体の特徴は、いずれも分子内に金－硫黄結合をもっていることであり、生体内には見られない結合や構造をもった金属錯体が、重大な病気を治療できる可能性を示した最初の例となった。

「配位理論」とはなにか

無機系医薬品の科学的な原点を創生したのは、コッホと同時代に生きた細菌学者パウル・エールリヒ（1854～1915年）と、日本から留学していた細菌学者・秦《はた》佐《さ》八郎《はちろう》（1873～1938年）であった。

1910年に合成した梅毒治療薬サルバルサン606号（アルスフェナミン）（図6-1Ⓒ）は、無機元素であるヒ素を含む有機ヒ素化合物である。エールリヒはこのとき、現代の医薬品開発の基盤となる「化学療法」や「特効薬」（特定の病気や症状に対してのみ効果のある薬）という

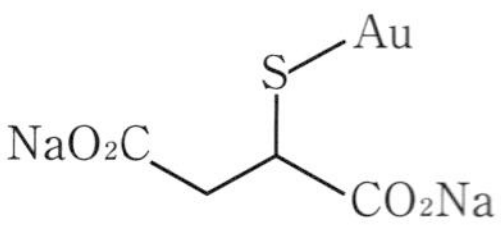

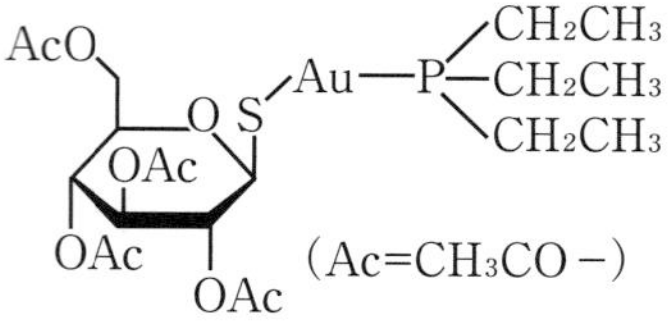

(A) 金－チオリンゴ酸ナトリウム　　**(B) オーラノフィン**

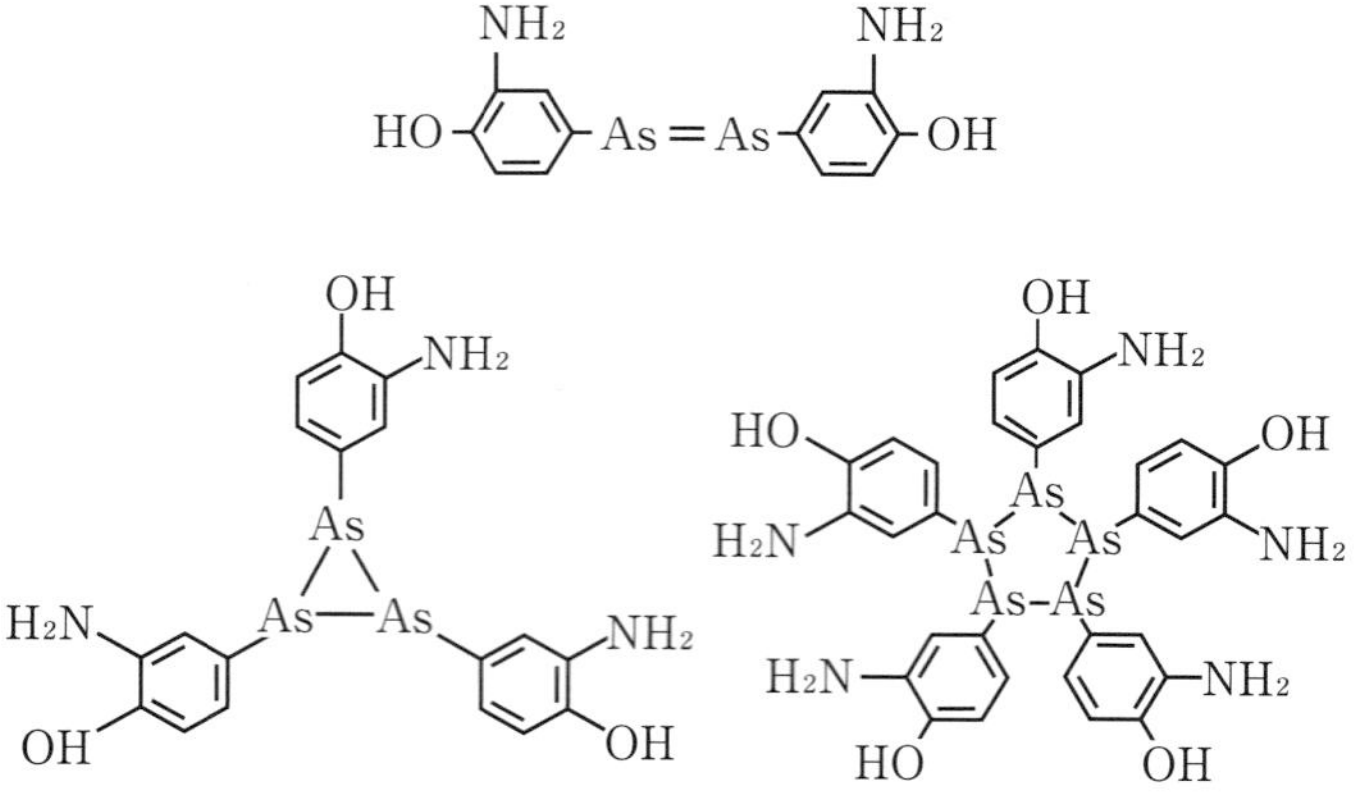

(C) アルスフェナミン（上）と、のちに修正された化学構造（下）

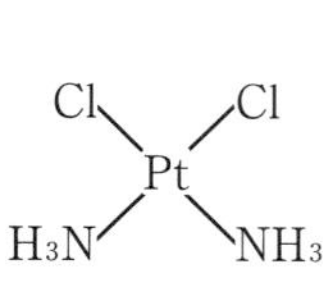

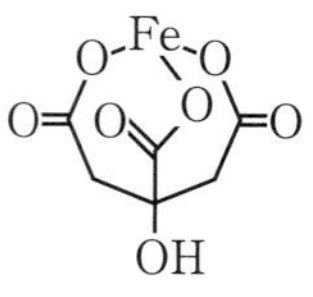

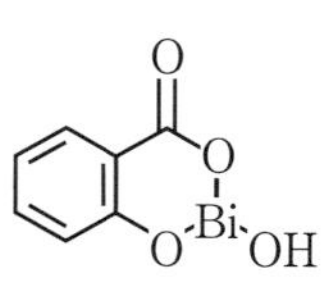

(D) シスプラチン　**(E) クエン酸第二鉄**　**(F) 次サリチル酸ビスマス**

図6-1 無機系医薬品の化学構造

新しい考え方を提案した。アルスフェナミンはその後、15年にわたって臨床的に用いられ、梅毒の患者数を半減させたが、１９４０年代に抗生物質ペニシリンが開発されたことで、医薬品としての使命を終えた。

ちょうどこのころ、スイスの化学者アルフレート・ヴェルナー（１８６６〜１９１９年）がコバルト錯体の立体構造を明らかにして、１９１０年に「配位理論」を提案し、現代錯体化学を創始した。

前述のとおり、錯体（金属錯体）は配位結合によってつくられる分子のことで、金属と、配位子とよばれる非金属の原子や原子団が結合した構造をもつ。「配位理論」は、それまで不明であった金属化合物の構造を明らかにしたのみならず、新しい錯体を合成する方法論をも提供する画期的な理論であった。同時に、無機系医薬品の開発研究にも弾みをつけることとなった。

「無機系医薬品」開発の三大必須要素

一方、分析技術の進歩によって、原子吸光法やＩＣＰ質量分析法、放射化分析法、高速液体クロマトグラフィーなどが実用化され、人や動物の体の中に微量に存在する元素の高感度分析が可能となった。それら各技術は同時に、投与した無機系医薬品の体内でのふるまいを把握することも可能にした。

このように、生体内に存在する「微量元素」の生理的な役割が議論される下地が整ったことで、しだいに「生体必須元素」という考え方が提案されるようになり、また、投与した無機系医薬品のモニタリングをおこなうことで、その安全性を議論できるようになった。

現在、人が健康に生きるためには二十数種類の元素が必須であることが明らかにされている。そして、微量元素の役割は、多数の金属元素を含むタンパク質や酵素、ビタミンの発見によって、分子レベルで解明されるようになった。

こうして「化学療法」と「配位理論」および「生体内の元素の高感度分析」の3つは、無機系医薬品の開発・研究に必要不可欠な要素となった。

代表的な無機系医薬品

20世紀の後半以降は、新しい有機合成医薬品や天然物医薬品が続々と登場し、それにともなって無機系医薬品の研究も世界的に活発となった。そして、天然物や合成有機化合物などでは決して得られない生理的・薬理的効果が発見され、医薬品を創製する新しい学問として発展している。

現在用いられている無機系医薬品の代表例を次に示す。セレンディピティ（何かを探しているときに、偶然に素晴らしい幸運にめぐり合ったり、素晴らしいものを発見する才能）として発見された医薬品も、合理的に発見された医薬品も含まれている。

①白金を含む抗がん薬：シス-ジアミンジクロロ白金（Ⅱ）錯体（シスプラチン）（図6-1(D)）

アメリカのバーネット・ローゼンバーグ（1926〜2009年）らは1965年、細菌の増殖と電場との関係を調べていたときに、大腸菌の増殖が電場によって抑制され、半球形のキャップのついた円錐形から細長い糸の形をしたフィラメント状になることを発見した。その原因として、白金電極から微量に溶けた白金イオンが、溶媒に含まれていた塩化アンモニウムと結合して白金-アンモニア錯体を形成し、大腸菌の増殖を阻害したと考えられた。

4年後の1969年、ローゼンバーグらはこの新発見を応用してがん細胞の分裂抑制を研究し、100年以上も前の1845年にイタリアの化学者ミケーレ・ペイローネ（1813〜1883年）によって合成されていたペイロン塩（シスプラチン）が、動物の腫瘍において比較的広い抗腫瘍スペクトルを示す化合物であることを突き止めた。抗腫瘍スペクトルとは、抗腫瘍薬がさまざまな腫瘍（がん）に対して示す最低の発育阻止濃度を表したものである。

シスプラチンは、1978年にカナダやアメリカなどで、1983年には日本で医薬品として承認された。現在、卵巣や睾丸、前立腺などの、各種のがん治療に用いられている。

②リチウムを含む双極性障害、統合失調症治療薬：炭酸リチウム（リーマス）

オーストラリアの精神科医ジョン・ケイド（1912〜1980年）は1949年、双極性障害の患者の尿に、症状の原因となる物質が含まれているのではないかと考え、モルモットに患者の尿を投与する実験を開始した。その際、尿に含まれる尿酸が関係しているという仮説を立て、水への溶解性が高い尿酸リチウム塩を使用した。

尿酸リチウム塩に鎮静効果が認められたことから、他のリチウム塩化合物も投与したところ、これも鎮静効果を示した。すなわち、原因物質であると予想した尿酸ではなく、リチウムイオンに鎮静効果があることがわかったのである。炭酸リチウムを早速、少数の双極性障害患者に投与してみたところ、強力な効果を示したため、ケイドはこの障害がリチウムイオンの欠乏によって起こるのではないかと推測した。

1954年になって、デンマークの精神科医モーゲンス・ショウ（1918〜2005年）がケイドの発表が正しいことを認め、それ以降、人に対する炭酸リチウムの使用が開始された。その作用メカニズムは、マグネシウムイオンと互いに作用を打ち消しあう拮抗《きっこう》作用や、ニューロンの細胞膜上にある過活性化したレセプターに関連しているのではないかと考えられているが、まだよくわかっていない。

リチウム化合物には強い副作用があるため、炭酸リチウムを投与する場合には、血清リチウム濃度のモニタリングなど、適切な管理が必要とされている。日本では、１９８０年に医薬品として承認された。

③ヒ素を含む急性前骨髄球性白血病治療薬：三酸化ヒ素または亜ヒ酸（トリセノックス）

急性前骨髄球性白血病（ＡＰＬ）は、急性骨髄性白血病の一種である。ＡＰＬは、造血幹細胞ががん化した細胞、つまり白血病細胞が無制限に増え、健康な血液がつくられにくくなる病気である。日本では、年間に人口10万人あたり２〜３人の割合で発症し、急性骨髄性白血病の約15〜20％を占める希少な病気である。

１９７０年ごろの中国では、さまざまながんに対して漢方薬が使用されていた。たとえば、経口投与される「癌霊1号」には、消化管や肝臓に障害が発生する副作用があった。そうした副作用を軽減するために、薬物を精製して注射剤として臨床試験をおこなったところ、いくつかのがん、特にＡＰＬに有効であるとわかった。さらに、その治療効果の要因が三酸化ヒ素にあることも判明し、その後にアメリカでおこなわれた臨床試験で有効性が確かめられた。

この病気は、２つの遺伝子が結合した「キメラ遺伝子」によって生じることが知られている。三酸化ヒ素には、このキメラ遺伝子を分離させる機能に加え、がん細胞を刺激してアポトーシス（遺伝子によってプログラムされた細胞の自死）に導く作用があると考えられている。２０００

年にアメリカで、２００４年には日本で医薬品として承認された。
「毒と薬は紙一重」の言葉を体現するような無機系医薬品である。

④亜鉛を含むウイルソン病（肝レンズ核変性症）治療薬：酢酸亜鉛水和物（ノベルジン）

先天性の銅代謝異常症である「ウイルソン病」は、肝臓や腎臓、脳などに銅イオンが多量に蓄積するために、肝機能低下などの障害を引き起こす病気である。３万〜４万人に１人の割合と、比較的高頻度で発症する。治療には、銅イオンを多く含む食事の摂取を制限して、Ｄ－ペニシラミンやトリエチレンテトラミンなどのキレート剤を投与して銅イオンを捕捉し、その排出を促進する方針がとられている。

一方、低分子化合物の酢酸亜鉛水和物を経口投与すると、腸管粘膜上皮細胞でシステインに富むタンパク質メタロチオネイン（分子量約６０００）の合成を誘導し、それが食事中の銅イオンと結合して銅イオンの体内吸収を抑え、さらにそれを体外に排出させる化合物であることがわかった。

ウイルソン病治療薬として１９９７年にアメリカで、２００８年に日本で承認された。メカニズムを考慮して開発された無機系医薬品である。

⑤鉄を含む高リン血症治療薬：クエン酸第二鉄水和物（リオナ）（図6-1(E)）

透析中や慢性腎臓病の患者では、腎臓からのリン排泄が低下して、高リン血症状態となる。この状態が長く続くと、各臓器や関節の周囲に石灰が沈着しやすくなる。血管壁における石灰沈着は動脈硬化の原因となり、心筋梗塞や狭心症を発症するリスクが高まる。

高リン血症の治療には、リンの摂取制限や透析によるリンの除去に加え、消化管からのリン吸収を抑制する経口リン吸着薬の投与がおこなわれている。経口リン吸着薬としては、高分子吸着剤のほかに、アルミニウム制酸剤、沈降炭酸カルシウムや炭酸ランタン水和物などの金属製剤が用いられてきたが、それぞれアルミニウム脳症や高カルシウム血症、ランタンの体内蓄積などの副作用を起こす可能性がある。

安全性を考慮した薬剤の探索がおこなわれた結果、リン結合能が高い第二鉄（Fe^{3+}）とクエン酸との錯体である「クエン酸第二鉄水和物」が有効であることが確かめられ、日本では2014年に医薬品として承認された。

必須元素の一つであるFe^{3+}が、食事に含まれていたリン酸と消化管内で結合し、不溶性のリン酸鉄を形成することでリンの消化管吸収を抑制するメカニズムが利用されている。

⑥ビスマスを含むヘリコバクター・ピロリ菌感染治療薬：次サリチル酸ビスマスIII（図6-1(F)）

ビスマスを含む化合物については、２００年ほど前から抗菌作用をもっていることが知られており、感染性腸炎の治療薬として用いられていた。

１９８３年にヘリコバクター・ピロリ菌が発見され、その除菌のためにビスマス製剤が採用された。１９１０年代に、次サリチル酸ビスマスが開発され、他剤と併用して用いられている。作用メカニズムの分子機構は明らかにされていないが、胃の内壁を保護するコーティング作用が考えられている。

6-2 日本の無機系医薬品

日本においても他国と同様に、有史以前から多数の天然物とともに鉱物が病気の治療などに用いられたと推測されているが、「医薬品」として歴史に残っているものは、奈良・東大寺の正倉院に保存されている薬物に限られている。

3割を占める鉱物薬——正倉院の薬物

昭和23〜24（１９４８〜１９４９）年と平成６〜７（１９９４〜１９９５）年の２回にわたっ

て、正倉院が所蔵する薬物の調査がおこなわれた。

生薬の研究で有名な薬学者・朝比奈泰彦（1881〜1975年）を中心とする調査団の下、第1次調査に加わった薬学者で鉱物学者の益富壽之助《ますとみかずのすけ》（1901〜1993年）は、無機化学を専門とする山崎一雄（1911〜2010年）の協力を得て、鉱物薬（石薬）の調査を担当した。

約60種の薬効が「種々薬帳」（「東大寺献物帳」中の一巻）に記載されており、「帳内薬物」と称されている。一方、記録になく、収納の由来もはっきりしない薬物があり、これらは「帳外薬物」とよばれている。鉱物性薬物として「帳内薬物」が19種類、「帳外薬物」は6種類あることがわかった。分析の結果、ナトリウム、カルシウム、マグネシウム、アルミニウム、ケイ素、ヒ素、鉄、鉛、水銀などを含む鉱物薬が全体の約30％を占めていることが明らかにされた。

戦国時代から使われた薬

室町時代から江戸時代にかけては、炉甘石《ろかんせき》（亜鉛鉱、水亜鉛華）を含む軟膏状の目薬である「善光寺雲切目薬」や「井上目洗薬」が、江戸時代末期から明治時代にかけては、硫酸亜鉛を含む点眼用の液体目薬（ヘボンの目薬）などが生まれた。

硫酸亜鉛を成分とする目薬は、紫外線対策用として現代でも使いつづけられていることを考えると、中世の人々の経験に基づく知識の鋭さを感じとることができる。

さらに、鉛丹《えんたん》（四酸化三鉛）を含む軟膏が、戦国時代から使われていたとする記録も残っている。

近代無機化学から生物無機化学へ

日本における近代無機化学の研究は、チューリヒ大学のヴェルナーやパリ大学のジョウルジュ・ユルバン（1872〜1938年、ランタノイドに属する71番元素「ルテチウム」の発見者）に師事して新しい錯体化学を学び、東京帝国大学理科大学に日本最初の無機化学講座を開設した柴田雄次（1882〜1980年）に端を発する。

柴田は、①錯体合成と吸収スペクトル、②錯体の光学分割と構造、③錯体の酸化酵素的作用、④コロイド溶液の酸化作用、といった各種の研究を展開し、多数の後進を指導した。

その一人である槌田《つちだ》龍太郎（1903〜1962年）は、③錯体の酸化酵素的作用に関する生物無機化学的な研究に参加したのち、イギリスとドイツで錯体の立体化学や旋光《せんこう》分散などを研究して、大阪帝国大学で無機化学講座を担当した。ユニークで洞察力の鋭い槌田は、多様な研究を展開しつつ、コバルト錯体の吸収スペクトルを観測して「分光化学系列」（1938〜1956年）を発見し、日本の錯体化学研究を世界的レベルに引き上げた。名著『金属化合物の色と構造』（増進堂、1944年）は、多数の若い研究者に強い刺激を与えた。

式6-1

$I^- < Br^- < S^{2-} < SCN^- < Cl^- < NO^{3-} < F^- < OH^- < ox^{2-}$
$< H_2O < NCS^- < CH_3CN < NH_3 < en < bpy < phen$
$< NO_2^- < PPh_3 < CN^- < CO$
（ox＝シュウ酸イオン、en=1,2－エチレンジアミン、
bpy=2,2′-ビピリジン、phen=1,10－フェナントロリン、
PPh_3＝トリフェニルホスフィン）

式6-2

$Mn^{2+} < Ni^{2+} < Co^{2+} < Fe^{2+} < V^{2+} < Fe^{3+} < Co^{3+} < Mn^{4+}$
$< Mo^{3+} < Rh^{3+} < Ru^{3+} < Pd^{4+} < Ir^{3+} < Pt^{4+}$

槌田の発見した分光化学系列とは、八面体型の金属錯体のｄ－ｄ遷移のエネルギー差の大きさの順にしたがって、配位子と金属イオンを並べた序列のことである。配位子の分光化学系列は、式６‐１に示すとおりである。同じ金属イオンでは、系列の後ろにあるものほどｄ－ｄ遷移のエネルギー差が大きい（吸収波長が短い）。

一方、金属イオンの分光化学系列は式６‐２に示すとおりである。同じ配位子では、系列の後ろにあるものほどｄ－ｄ遷移のエネルギー差が大きい（吸収波長が短い）。

槌田の研究室からは多数の優れた研究者が生まれたが、なかでも中原昭次（１９２３～２００３年）は日本で最初の生物無機化学研究を展開し、『入門生物無機化学』（化学同人、１９７９年）を著した。

日本発の代表的な無機系医薬品

中原と同世代の医学・薬学領域の研究者らは、生物無機化学研究のなかでも、とりわけ世界的に注目されはじめた無機系医薬品の研究・開発に力を注いだ。現代の生物無機化学研究の成果として、過去に承認された医薬品を含め製品化された日本発の無機系医薬品を紹介する。

①銅錯体：サンクロンとサクロン

金子卯時雨《うじう》（1903～1994年）は、クマザサの原形質液から緑色をした成分の抽出に成功し、主成分であるマグネシウム－クロロフィルナトリウム（葉緑素）を加水分解した後、銅錯体に変換して銅－クロロフィリンナトリウム（図6-2Ⓐ）とした。

ここから、胃の粘膜を修復する作用をもつ濃緑色水溶液「サンクロン」が開発され、1954年に承認された。1961年には、ナトリウムをカリウムに置き換えた銅－クロロフィリンカリウム（サクロン）が開発されている。

②アルミニウム錯体：スクラルファート（アルサルミン）

抗ペプシン剤の開発研究は、欧米と日本とでは異なる方針がとられた。

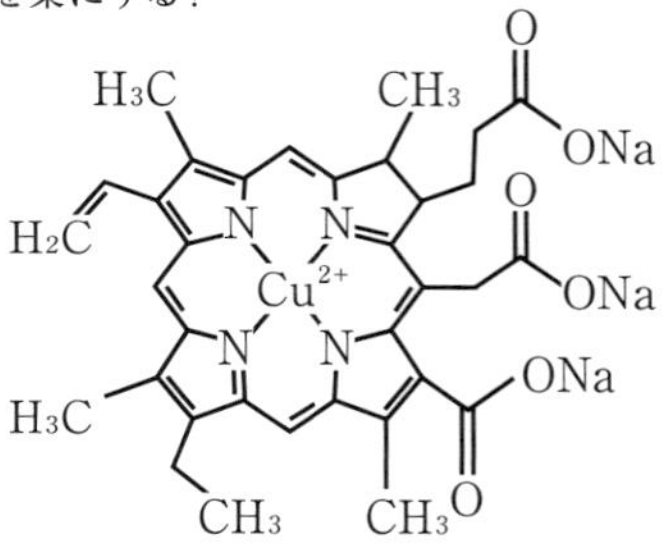

(A) 銅－クロロフィリンナトリウム

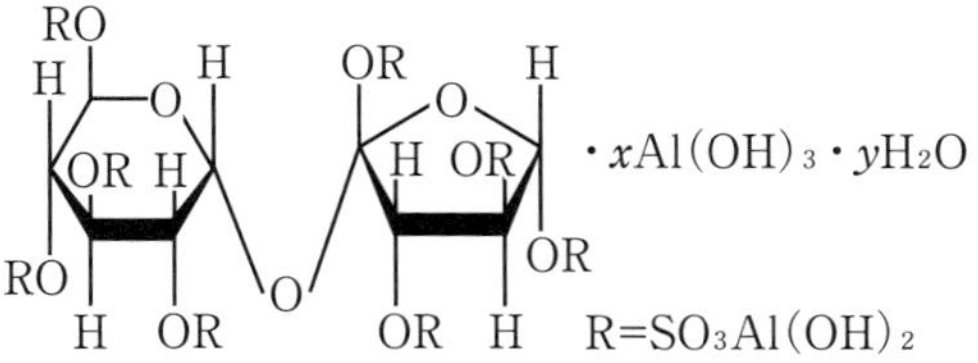

(B) スクラルファート

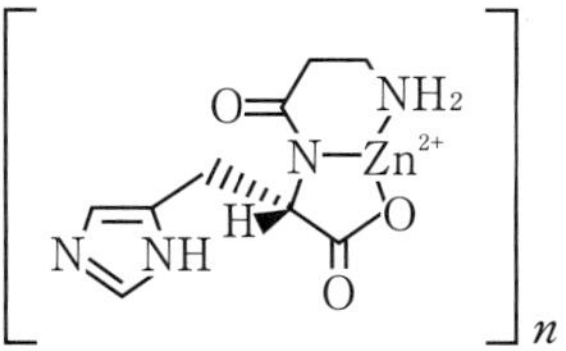

(C) ポラプレジンク

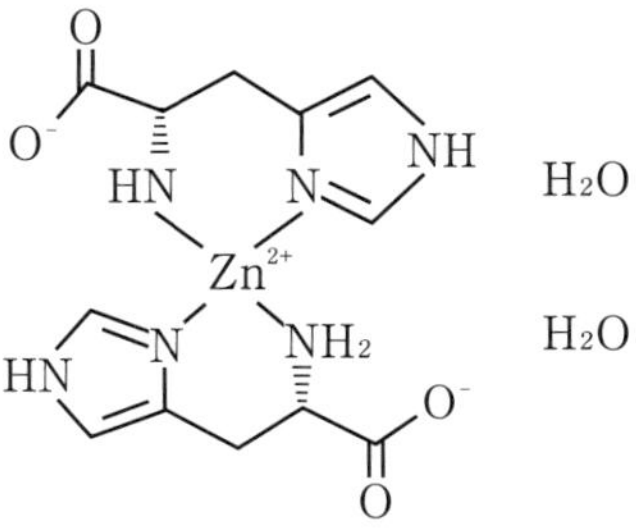

(D) ヒスチジン亜鉛

図6-2 日本発の無機系医薬品の化学構造

欧米では強い抗ペプシン作用が求められ、アミロペクチン硫酸エステル・ナトリウム塩などの高分子化合物が研究されたのに対し、日本では弱い抗ペプシン作用をもつ小分子化合物にアルミニウムを結合させることで、抗ペプシン作用や胃の粘膜を保護する作用をもつ医薬品へと向かった。行方正也や石森章らは、ショ糖硫酸エステルアルミニウム塩（アルサルミン、スクラルファート）を発見し（図6-2Ⓑ）、1968年に医薬品として承認された。

スクラルファートは、胃や十二指腸における潰瘍表面のタンパク質と結合して被膜を形成する。スクラルファートはまた、H2受容体拮抗薬やプロトンポンプ阻害薬などの胃酸抑制薬による治療後に、再発防止を目的としても使用される。

アルミニウムを含む薬剤は、腎臓の機能が低下している場合に、体内にアルミニウムが蓄積してアルミニウム脳症などを引き起こす可能性がある。

③亜鉛錯体：ポラプレジンク（プロマック）とヒスチジン亜鉛水和物（ジンタス）

哺乳動物の筋肉や神経組織に存在するジペプチドのL-カルノシン（N-β-アラニル-L-ヒスチジン）は1900年、ロシアの研究者らによって発見された。

1972年になって、永井甲子四郎によって抗炎症作用や創傷を治癒する作用をもっていることが明らかにされ、1975年には山川晃弘による実験の結果、胃潰瘍に対して抗潰瘍作用を示すことが確認された。

Ｌ－カルノシンはその後、生体内では酸化的ラジカル種を除去するスカベンジャーとしてはたらき、酸化的ストレスから体を守る可能性が研究された。一方、Ｃ・Ｗ・オーグルとＣ・Ｈ・チョーは１９７８年、硫酸亜鉛がラットに対して抗潰瘍作用と創傷治癒作用を発揮することを見出した。

抗潰瘍作用をもつＬ－カルノシンと、抗潰瘍・創傷治癒作用をもつ硫酸亜鉛とを結合して錯体を合成すれば、両者の相乗効果が期待できると考えた藤村一と高美茂夫らは、１９９０年に亜鉛－カルノシン錯体を合成した。亜鉛－カルノシン錯体は、期待したとおりの胃潰瘍治療作用を示し、「ポラプレジンク（プロマック）」（図６‐２Ⓒ）と名づけられて、１９９４年に医薬品として承認された。

すでに紹介したように、わが国では潜在的な亜鉛欠乏の人々が多いとされ、その改善を目指して２０２４年3月に低亜鉛血症治療薬としてヒスチジン亜鉛水和物（ジンタス）（図６‐２Ⓓ）が承認されている。この錯体は経口投与された後、亜鉛イオンとヒスチジンに分解して、消化管上皮細胞にあって亜鉛イオンの吸収に関わる亜鉛トランスポーターＺＩＰ４によって細胞内に取り込まれるか、あるいは錯体としてそのまま細胞に取り込まれ、細胞内で亜鉛イオンとヒスチジンに分解する2系統のメカニズムが推定されている。取り込まれた亜鉛イオンは、亜鉛トランス

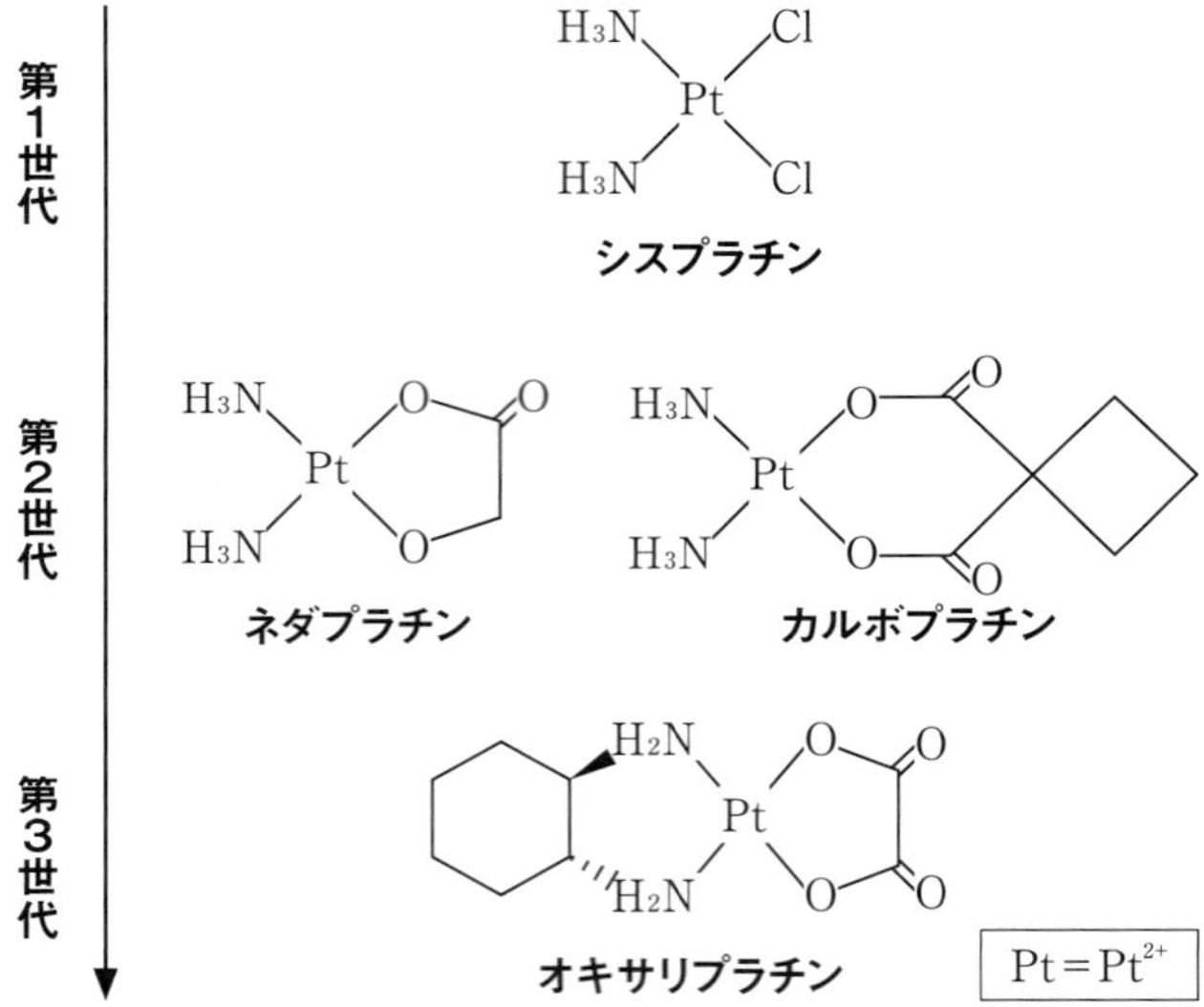

図6-3 日本で使われている抗がん白金錯体の化学構造

ポーターZNT1によって細胞外へくみ出されて血管内に入り、全身に分布すると考えられている。

④第3世代の白金錯体：オキサリプラチン（エルプラット）

アメリカのバーネット・ローゼンバーグらによって発見された第1世代の白金を含む抗がん薬「シスプラチン」は毒性が強かったため、より安全性の高い白金錯体が世界的に探索された結果、第2世代の抗がん白金錯体として、カルボプラチンやネダプラチンが開発された（図6-3）。

これらの白金錯体は、共通して特

徴的な構造をもっている。すなわち、白金に対して同じ側＝シス位に配位結合している2個のアンモニア分子（図6‐3上）は細胞内を通過したり、細胞核のDNA分子に結合する場合でも、他の分子と置き換わることなく白金に結合したまま非脱離基として作用したりすることが明らかにされている。

この配位構造を保つ新たな白金錯体が探られるなか、喜谷喜徳（1923～2010年）らが1976年、結腸・大腸がんに有効な第3世代の白金錯体を発見し、「オキサリプラチン」と名づけた（図6‐3下）。2005年に日本で医薬品として承認された。

前節と今節で、世界で使われている無機系医薬品と、日本を代表し、国内のみならず世界中で使われている無機系医薬品を概説的に紹介した。これらの成果に続いて、種々の元素やそれを含む化合物の、未知の生理作用や薬理効果を探求しながら、新しい無機系医薬品が研究されている。

たとえば、銅を含む抗酸化性錯体、抗ウイルス・抗がん性有機ゲルマニウム錯体、ルテニウムを含む抗がん性錯体、急性心不全を改善する有機セレン化合物、亜鉛やバナジウムを含む抗糖尿病錯体、亜鉛を含む紫外線誘導皮膚炎抑制錯体などがあり、将来的な臨床応用への期待が広がっている。

6-3 人工元素が切り拓いた「放射線医療」

前節までに見てきた無機系医薬品とはまた別のかたちで、医療に貢献している金属元素が存在する。その主役は、放射線を出す能力をもった「放射性元素」で、今や「核医学」の中心として病気の診断や治療に欠かすことのできない存在となっている。

その端緒を切り拓いたのが、初の人工合成元素である「テクネチウム」である。テクネチウム発見にいたる道筋をたどるところから、「放射線を医療に使う」とはどういうことか、そこに金属元素がどう関わるのかを見ていこう。

「放射線」の発見

「放射線」という現象が存在することを初めて発見したのは、ドイツのヴィルヘルム・コンラート・レントゲン（1845～1923年）である。

レントゲンは今から130年前の1895年、その20年ほど前にイギリスの物理学者ウィリアム・クルックス（1832～1919年）らによって発明された実験用真空放電管「クルックス管」を用いて、陰極線の研究をしていた。その過程で、黒いボール紙で覆われたクルックス管から、写真乾板を感光させて蛍光物質（シアン化白金バリウム）を光らせる、目には見えない光のようなものが出ていることに気づいた。

この〝光のようなもの〟の正体は「電磁波」だったが、陰極線のように磁気を受けても曲がることがないため、レントゲンは未知の放射線の存在を確信し、数学で未知数を表す「X」の文字を使って、「X線」という仮称をつけた。そして、その年の末には『新種の放射線について』と題する論文をヴュルツブルク物理医学会の会長宛に送った。

翌1896年にはさらに、妻の薬指に指輪をはめて撮影した写真や、金属ケース入りの方位磁針など、数枚のX線写真を論文に添付して、著名な物理学者に送付した。このX線が、今日「放射線」とよばれているものである。

一方、フランスの物理学者・化学者で、メンデレーエフとも親交のあったベクレルは、ウラン塩の蛍光を研究していた1896年、ウラン塩に太陽光を当てると燐光《りんこう》が出ることを見出した。曇りの日にも実験をおこなったベクレルは、太陽光を当てなくてもウラン塩が写真乾板を露光させることに気づき、ウラン化合物が、レントゲンが発見したX線とは異なる透過力の強い放射線を放出していることを発見し、「ベクレル線」と名づけた。このベクレル線は、のちに放射線の一種である「アルファ線（α線）」であることが判明した。ベクレルの名前は現在、放射能の単位として使われている。

「放射能」とはなにか

ベクレルの発見に刺激を受けたのが、ポーランド出身のフランスの物理学者・化学者マリー・キュリーである。彼女は、夫でフランスの物理学者ピエール・キュリーと協力し、ウランの放つベクレル線に関心をもって研究を開始した。

マリーは、ウラン以外にもベクレル線を放出する物質がないかを探索し、トリウムが放射線を出すことを発見した。そこで彼女は、ベクレル線を出す性質がウランだけの特質ではないことから、普遍的に「ある物質が放射線を出す性質」を「放射能」と名づけた。

マリーはその後、ウランやトリウムよりもはるかに強い放射能をもつ物質を探し当てていく。まずはポロニウム（Po）を発見し、次いでラジウム（Ra）を分離・濃縮・精製した。以後、放射能をもつ物質は自然界に70種類以上も見つかっており、「放射性同位元素（ラジオアイソトープ、ＲＩ）」とよばれている。

「人類の自然観」革命

ウランやトリウムを含む化合物の放射能の強さは、ウラン含有量に左右され、光や温度などの外的要因には影響を受けないことがわかった。すなわち、放射能は分子間の相互作用などによるものではなく、原子そのものに原因があるというきわめて重要な認識が得られた。この結果からマリーは、これら放射能をもつ元素を「放射性元素」と名づけた。

キュリー夫妻は1898年4月、ピッチブレンド（瀝青《れきせい》ウラン鉱）の分析に取りかかり、100gの試料を乳棒と乳鉢で擦り潰す作業に着手した。2人は7月、ピッチブレンドから新元素ポロニウムを発見し、12月にはさらに強い放射線を放出するラジウムを見つけ出した。1トンのピッチブレンドから分離・精製できたラジウム塩化物はわずか0・1gだったが、夫妻はすさまじい努力を重ね、原子量などが測定できるほどの純粋ラジウム塩を得るまでに、じつに11トンのピッチブレンドを処理しつづけた。

2人はまた、これら放射性元素が、放射線を出すことによって自然に消滅（崩壊）していき、一定時間ごとに原子数が元の半分に減少することに気づいた。すなわち、「半減期」の存在を見出したのである。

キュリー夫妻はこうして、それ以前の常識だった「元素は不変である」という考えを覆《くつがえ》し、「元素は自然に崩壊する」という新たな科学的事実を提示した。それは、原子物理学のみならず、人類の自然観に大変革をもたらすインパクトを秘めたものだった。

前述のとおり、メンデレーエフが自ら、ベクレルとキュリー夫妻のもとを訪れるのは、それから4年後の1902年のことである。

「第3の放射線」の存在

このような状況のなかでウラン鉱の放射線を研究しはじめたのが、ニュージーランド生まれのイギリスの物理学者・化学者アーネスト・ラザフォード（１８７１～１９３７年）である。

ウランから2種類の放射線が出ていることを確認したラザフォードは、１８９９年に放射線によるアルミ箔の透過性を調べていた際に、原子が他の種類の原子に変換するとき、原子核から放射線が出ることを発見した。そのうち、プラスの電荷をもつものを「α線」、マイナスの電荷をもつものを「ベータ線（β線）」と名づけた。

一方、放射線の飛跡の研究をしていたフランスの化学者・物理学者ポール・ヴィラール（１８６０～１９３４年）は、飛跡の写真から、電荷をもたず、透過力の高い第３の放射線の存在を発見し、１９００年に発表した。ヴィラールの発見は当初、注目されずにいたが、１９０３年にラザフォードが「ガンマ線（γ線）」と名づけると、α線、β線に続く放射線として注目を集めるようになった。

こうして天然元素の中に、みずから放射線を放出して異なる元素へ壊変する例が多数知られるようになると、人々はそれを人工的に作り出すことを考えていった。ラザフォードは、１９１９年に質量数14の窒素^{14}Nにα線を照射すると、質量数17の酸素^{17}Oと水素原子核が生じることを見出した。これは人工的に原子核を変換した最初の例である。

1934年に、フランスの原子物理学者フレデリック・ジョリオ＝キュリー（1900〜1958年）は、妻でキュリー夫妻の娘でもある原子物理学者イレーヌ（1897〜1956年）と一緒に、アルミニウムにα線を照射すると人工放射性同位元素である^{30}Pが合成できることを発見した。これが、世界初の人工放射性同位元素となった。このような進歩に支えられて、科学者たちはさらに、天然に存在しない元素の合成へと探求をはじめた。

放射線を医療に使う

X線は、レントゲンによって発見されるとすぐさま医療への応用が実施された。早くも発見の翌1896年から、乳がんや狼瘡《ろうそう》（慢性の潰瘍）の治療のために、X線照射が試みられている。文献的に最初に報告されたがんのX線治療は、進行期の上咽頭がんの疼痛《とうつう》緩和照射であった。がんなどへのX線照射法はその後、改良が重ねられて今日まで続いている。

「核医学の父」とよばれるハンガリー生まれの化学者ゲオルク・ド・ヘベシー（1885〜1966年）は、放射性同位元素（ＲＩ）を「トレーサー」として最初に研究に利用した人物である。トレーサーとは、医療検査をおこなう際に、調べたい対象を追跡する役割を果たすものをいう。ヘベシーは1913年、天然の鉛のＲＩを用いて鉛化合物の溶解度を測定することに成功し、

「放射性トレーサー法」を開発した。

1930年代に入って、ローレンスが前述の円形加速器「サイクロトロン」を建設すると、イタリア生まれの物理学者セグレは1936年、ローレンス・バークレー国立研究所を訪れた際に所長のローレンスに依頼して、サイクロトロンで加速した重陽子線を衝突させたモリブデン箔を帰国後に送ってもらった。セグレが、ペリエの協力を得てパレルモ大学でこのモリブデン箔を分析し、43番新元素テクネチウムを発見したのはすでに紹介したとおりである。

最初の人工元素発見に沸き立つパレルモ大学では、パレルモのラテン名にちなむ「パノルミウム」という名前を提案していたが、1947年になって「テクネチウム」と命名された。ギリシャ語で「人工」を表す「τεχνητός（technitos）」が語源となった。

幻の元素「ニッポニウム」

ここで再度、232ページ図5-6を見ていただきたい。

メンデレーエフの元素周期表中では、モリブデン（Mo）とルテニウム（Ru）の中間に空欄があることがわかるだろう。メンデレーエフは、この空欄に入るはずの元素を「エカマンガン」と名づけた。「エカ」とは、サンスクリット語で「1」を表す言葉で、周期表で「マンガンの1マス下」にある元素という意味で命名したものである。

19世紀から20世紀初頭にかけて、多くの研究者がエカマンガンを発見することに熱中した。その一人として、日本の化学者・小川正孝（1865〜1930年）が知られている。小川は1908年、43番元素を発見したと発表し、「ニッポニウム（nipponium, Np）」と命名した。

しかし、小川の発表からしばらくして、43番元素が地球上には存在しないことが明らかにされた。この元素の半減期はきわめて短く、地球が誕生してから現在までのあいだに、ほぼすべてが崩壊してしまったことが判明したのである。

小川の発見は取り消され、元素記号として使用される予定だったNpも、93番元素ネプツニウムに使用されることとなった。小川が命名したニッポニウムは憂き目を見ることとなったが、現在では、彼が発見した元素はテクネチウムより1周期下のレニウム（Re）だったと認定されている。

43番元素は「簡単に発見できるだろう」と思われていたが、1936年にサイクロトロンで合成されるまで、誰も得ることができなかった。

テクネチウムとはどのような元素か

ここで、テクネチウムについて、あらためて確認しておこう。

現在知られているテクネチウムはすべて放射性であり、40種類近くの同位体が存在している。最も長寿命の同位体は^{98}Tcで、その半減期は420万年である。したがって、46億年前の地球誕生

式6-3

① $^{99}\mathrm{Mo}_{42}$（半減期65.976時間）

↓

$^{99m}\mathrm{Tc}_{43}$（半減期6.0072時間）$+\beta$

↓

$^{99}\mathrm{Tc}_{43}+\gamma$（141 keV）

② $^{99}\mathrm{Mo}$(n、γ) $^{99}\mathrm{Mo}$

↓

$^{99m}\mathrm{Tc}$

時に存在していたテクネチウムはすでに、すべて崩壊していて現在は存在しない。

ところが、アメリカの天文学者ポール・メリル（1887～1961年）は1952年、赤色巨星から不安定な元素であるテクネチウムのスペクトルを検出した。これは、赤色巨星の中で重元素の合成がおこなわれていることを示す証拠である。ウランの核分裂でできたモリブデンが壊変する過程で、テクネチウムが生成される（式6-3①）。

さらに、地球上でも1968年、ウラン鉱石からごく微量のテクネチウムが検出された。

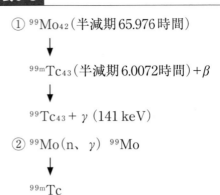

理想的な放射性同位元素

ここで注目したいのは、$^{99m}\mathrm{Tc}_{43}$（半減期6・0072時間）である。$^{99m}\mathrm{Tc}$は、半減期が約6時間と短く、放射線（γ線）のエネルギーも141keVと高くない。身体への影響が小さいことから、医療用RIとして理想的な元素である。$^{99m}\mathrm{Tc}_{43}$を人に投与して、それが発するγ線を体外から計測すれば、注射から計測まで３時間程度で十分であり、より負担の小さい診断が可能である。

$^{99m}Tc_{43}$の製造法として最もよく使われているのは、原子炉を利用する方法である（式６-３②）。^{98}Moに中性子を照射して^{99}Moを製造すれば、その後は放射平衡を待って^{99m}Tcを取り出すことができ、^{99m}Tcを繰り返し使用できる利点がある。ここで「放射平衡」とは、放射性元素がＡ→Ｂ→Ｃと次々に崩壊して、ある程度の時間が経過したとき、ＢとＣの放射能量がほぼ一定の割合で存在する状態を指す。また、このように放射性元素が崩壊するとき、崩壊前のＡを「親核種」、親核種が崩壊して生じるＢやＣを「娘核種」とよぶ。

^{99m}Tcは^{99}Moの娘核種で、^{99}MoをMoO_4^{2-}の形でアルミナカラムに吸着させて１日放置すると、^{99m}Tcが得られる。生理的食塩水で溶出すると過テクネチウム酸イオン（$^{99m}TcO_4^{-}$）が得られるため、このアルミナカラムを「^{99}Mo－^{99m}Tcジェネレータ」といい、この作業を「ミルキング」とよんでいる。

「核医学」の発展

サイクロトロンを用いれば、さまざまなＲＩが製造できる。１９３６年以降、カリフォルニア大学のローレンスの研究グループは、サイクロトロンで作製した人工ＲＩを使って、病気の治療や診断をおこなう試みを開始した。これらの研究成果から、「核医学」という新しい分野が発展していった。

第二次世界大戦が終結したアメリカでは、それまで軍事用に使用されていた原子炉で生成されるＲＩの医学利用が可能になった。１９４８年にシカゴの民間会社がＲＩの供給を始め、政府や大学の研究所で研究が重ねられて、核医学の技術が実際の医療現場に普及していった。１９５０年には、アメリカで初となる放射性医薬品「^{131}I人血清アルブミン」が発売され、翌１９５１年には「^{131}Iヨウ化ナトリウム」の甲状腺疾患への診断使用が、初めてＦＤＡ（アメリカ食品医薬品局）の承認を受けた。

その後も核医学に関する研究は続々と進められ、１９５７年には^{99}Mo－^{99m}Tcジェネレータの開発によって、$^{99}Mo_{42}$から$^{99m}Tc_{43}$が容易に得られるようになり、核医学の発展に大きく寄与することとなった。一方、測定装置に関しては、アメリカの医学物理学者ハル・オスカー・アンガー（１９２０〜２００５年）が１９５８年、画期的なガンマカメラ（「アンガーカメラ」ともいわれる）を発明した。

このように、１９５０年代から１９６０年代にかけては、核医学の研究や応用が急速に進み、核医学診断の有用性が広く認識されることとなった。日本にＲＩが初めて輸入されたのは１９５０年、放射性医薬品として初めて厚生省に承認されたのは１９５９年のことであった。

テクネチウムの発見と、その後の放射性医薬品としての開発と実用化は、現在に続く「新元素の合成・発見への意義」を与えることとなった。自然界に存在しない元素が見出され、既存の元素には見られない、あるいは知られていなかった新しい物性や機能が発見されれば、医療や産業に大いに貢献できると考えられる。

テクネチウムは、自らが理想的な医療用ＲＩであるだけでなく、新元素探究の新たな目標と価値をも体現しているのである。

6-4 2種類の放射性医薬品

放射性医薬品には現在、病気の診断に使う診断用と、病気の治療に使う治療用の2種類が知られている。

「診断用放射性医薬品」は、放射性核種やその錯体などを投与して、核種が放出するγ線を体外から計測・画像化して、病気の原因を探るための化合物である。

一方の「治療用放射性医薬品」は、α線やβ線、γ線を放出する核種やその錯体を投与して、特定の組織や臓器に集積させ、放射線のエネルギーによって病気の原因を除去するための化合物である。

この両医薬品について、概略的に紹介しておく。

(F)肝臓	**肝臓機能、肝臓形態の診断**
	ガラクトシル人血清アルブミンジエチレントリアミン五酢酸テクネチウム
	肝疾患、脾疾患の診断、悪性黒色腫、乳がんのセンチネルリンパ節の同定、リンパシンチグラフィ
	スズコロイドテクネチウム
	肝疾患、脾疾患の診断、悪性黒色腫、乳がんのセンチネルリンパ節の同定、リンパシンチグラフィ
	フィチン酸ナトリウム水和物・フィチン酸テクネチウム
(G)肺	**肺血流分布異常部位の診断**
	テクネチウム大凝集人血清アルブミン
(H)がん	**脳腫瘍**
	過テクネチウム酸ナトリウム
(I)血管	**血管性病変、血行動態の診断**
	人血清アルブミンジエチレントリアミン五酢酸テクネチウム
❷ インジウム 111（γ線）	
脳脊髄液腔病変の診断	
ジエチレントリアミン五酢酸インジウム	
神経内分泌腫瘍の診断	
インジウムペンテトレオチドキット	
造血骨髄の診断	
塩化インジウム	
❸ ガリウム 67（γ線）	
関節炎、腹部膿瘍、結核、骨髄炎、サルコイドーシス、塵肺、胆嚢炎、肺炎、肺線維症、び漫性汎細気管支炎、炎症性疾患の炎症性病変の診断、クエン酸ガリウム注射液	
❹ タリウム 201（γ線）	
心臓疾患の診断、甲状腺腫瘍、脳腫瘍、肺腫瘍、骨・軟部腫瘍、縦隔腫瘍の診断、副甲状腺疾患の診断、塩化タリウム	

表6-1 診断用放射性医薬品

診断薬

❶ テクネチウム 99m（γ線）	
(A)脳	**脳血液量：血管性病変、血行動態の診断**
	人血清アルブミンジエチレントリアミン五酢酸テクネチウム
	エキサメタジムテクネチウム
	脳血流：局所脳血流シンチグラフィ
	エチレンジシスティネートオキソテクネチウム
	エキサメタジムテクネチウム
	過テクネチウム酸ナトリウム
(B)心臓	**ポンプ機能**
	人血清アルブミンジエチレントリアミン五酢酸テクネチウム
	心臓疾患の診断、心機能の診断
	テトロホスミンテクネチウム
	ヘキサキスメトキシイソブチルイソニトリルテクネチウム
	ピロリン酸ナトリウムテクネチウム
(C)骨	**骨疾患の診断**
	ヒドロキシメチレンジホスホン酸テクネチウム
	ピロリン酸ナトリウム・ピロリン酸テクネチウム
	骨疾患の診断、脳血管障害、脳腫瘍の診断
	メチレンジホスホン酸テクネチウム
(D)甲状腺・副甲状腺	**甲状腺疾患の診断、脳血管障害、脳腫瘍の診断**
	過テクネチウム酸ナトリウム
	ヘキサキスメトキシイソブチルイソニトリルテクネチウム
(E)腎臓	**腎疾患の診断**
	ジエチレントリアミン五酢酸テクネチウム
	ジメルカプトコハク酸テクネチウム
	腎疾患、尿路疾患の診断
	メルカプトアセチルグリシルグリシルグリシンテクネチウム、ベンゾイルメルカプトアセチルグリシルグリシルグリシンテクネチウム

放射性医薬品の代表的核種

まずは、診断用放射性医薬品から見ていこう。

診断に用いられている核種としては現在、4種類が知られている（表6-1）。

これらのなかで、とりわけ①^{99m}Tcはよく用いられる。先に紹介したように、放射性医薬品の開発は^{131}Iの利用から始まった。I^-とClO_4^-は古くから甲状腺に取り込まれることが知られていたが、これらのイオンのように甲状腺や唾液腺、胃壁に集積する核種として過テクネチウム酸イオン（$^{99m}TcO_4^-$）が注目された。また、^{99m}Tcの半減期とγ線のエネルギーは人体に強い影響を与えないため、体外計測には理想に近い核種として選ばれた。加えて、^{99}Mo－^{99m}Tcジェネレータを用いて^{99m}Tcを簡単に取り出すことができ、その後、^{99m}Tcに種々の配位子を結合させて化合物をつくることができるため、^{99m}Tcの集積部位を変えることができる。

このような多くの利点をもつ^{99m}Tcは、放射性医薬品として代表的な核種として広く利用されている。

インジウム、ガリウム、タリウム

表6-1の②^{111}Inは、静脈内に注射されると血液中のタンパク質であるトランスフェリン（TF）

と結合する。^{111}In－TF複合体は、骨髄で産生されたばかりの赤血球細胞のトランスフェリン受容体に結合し、細胞内に取り込まれる。

^{111}Inは、このイオンが鉄イオンの半径に似ているために（表6－2）、TFがもっている鉄イオンの再利用・代謝調節機能を反映すると考えられる。^{111}Inが骨髄に集積して得られるシンチグラムは、鉄イオンの代謝過程を表し、骨髄の造血機能を画像化して考察することができる。

③ガリウムイオン（Ga^{3+}）は、生体内で鉄イオン（Fe^{3+}）とよく似た性質を示す。特に、イオン半径がかなり近似していることなどが経験的に知られているため（表6－2）、鉄イオンが関与する生体反応に加わることができると考えられている。

この性質を利用して、疾患を推定する検査であるシンチグラムに^{67}Gaを含むガリウム塩が使われている。ガリウムの生物学的な役割はまだ詳しく知られていないが、近年、代謝の促進を促すことが明らかにされている。

イオン	配位構造	イオン半径(Å)
Fe^{3+}	4	0.49
	6	0.55～0.65
Ga^{3+}	4	0.47
	6	0.62
In^{3+}	4	0.62
	6	0.80
K^{+}	6	1.38
	8	1.51
	12	1.64
Tl^{+}	6	1.50
	8	1.59
	12	1.70

表6-2 放射性医薬品として用いられる元素のイオン半径

図6-4
診断用テクネチウム錯体

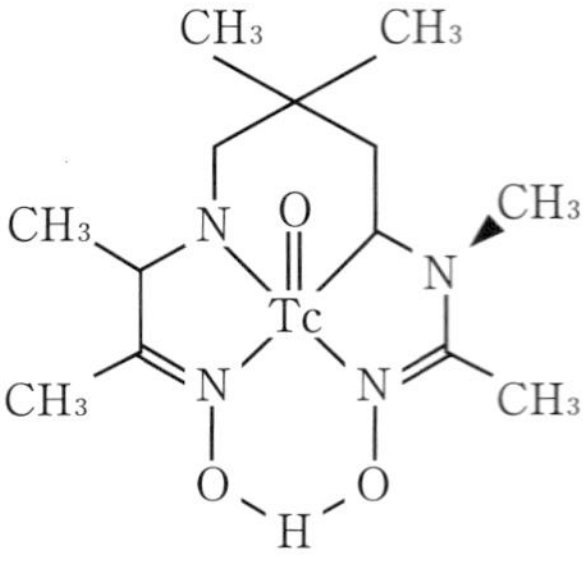

(F)ヘキサメチルプロピレンジアミンオキシムテクネチウム

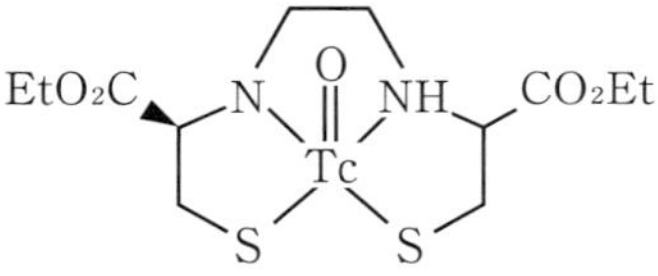

(G)エチレンジシスティネートジエチルエステルテクネチウム

④タリウムイオン（Tl^{+}）は、カリウムイオン半径に類似し（表6-2）、生体内ではカリウムとよく似た挙動を示す。このため、悪性腫瘍を診断する目的で、$^{201}Tl^{+}$が心筋血流シンチグラフィなどに使われている。

テクネチウムの化学

テクネチウムは、元素周期表の第7族元素であり、マンガンとレニウムの同族体であり、レニウムによく似た化学的性質を示す。酸化数は、−1から+7まで知られている。

このうち+7が最も安定であり、過テクネチウム酸イオン（図6-4Ⓐ）として、この化学形で放射性医薬品として利用されている。+6や+5の酸化状態は不均化したり酸化したりするが、+7は安定である。+5から+1までの酸化状態では、d電子を含む電子配置をとるため、窒素、酸素、硫黄、リン原子を含む配位子と強く結合し、$Tc(N_2S_2)$、$Tc(N_3S)$、$Tc(O_4)$、$Tc(P_4)$型の錯体をつくる。

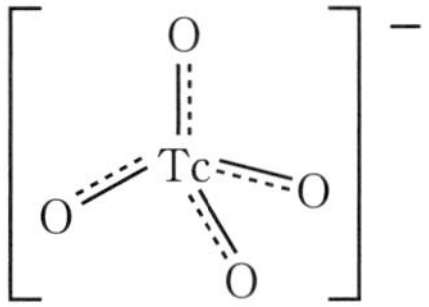

(A) 過テクネチウム酸イオン

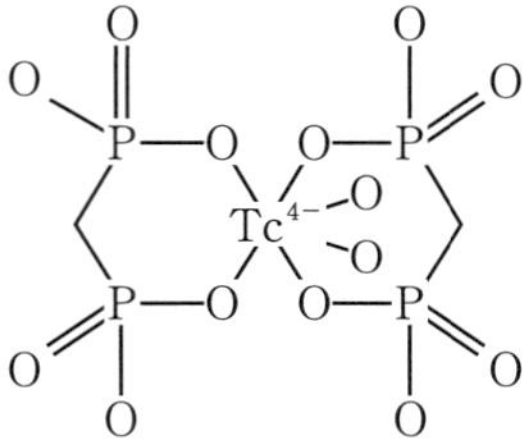

(B) メチレンジホスホン酸テクネチウム

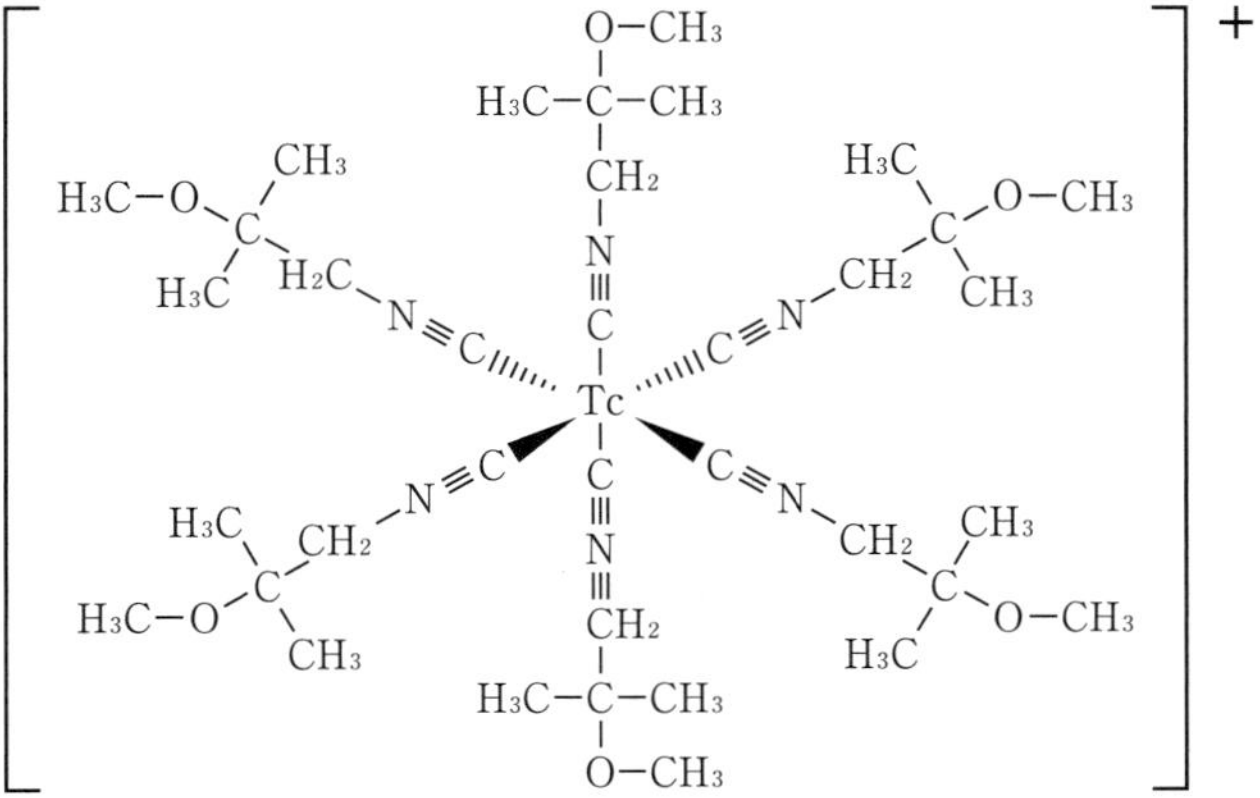

(C) ヘキサキス(2−メトキシイソブチルイソニトリル)テクネチウム

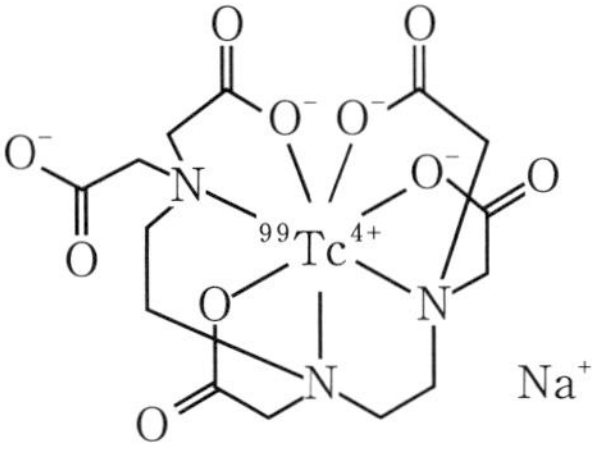

(D) エチレントリアミン五酢酸
テクネチウム

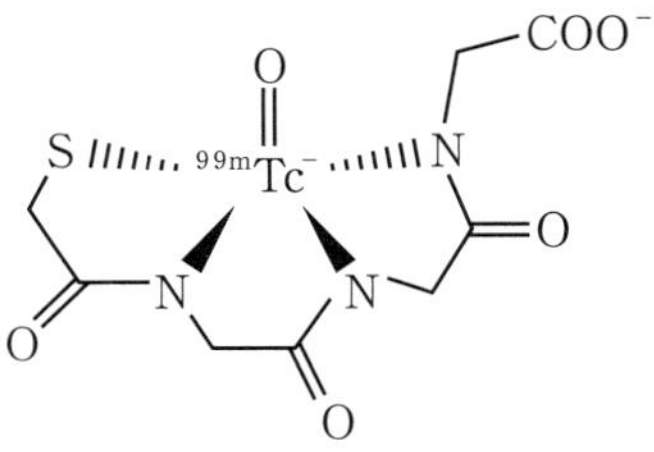

(E) メルカプトアセチルグリシル
グリシルグリシンテクネチウム

たとえば、脳血流診断薬としてはエキサメタジムテクネチウムやエチレンジシステイネートジエチルエステルテクネチウム（図6-4Ⓖ）が、腎血流診断薬としてはメルカプトアセチルグリシルグリシルグリシンテクネチウム（図6-4Ⓔ）などがある。

過テクネチウム酸イオンを強い還元剤で還元すると、+3や+1の酸化状態となる。アメリカの化学者ラルフ・ピアソン（1919～2022年）によるHSAB則（Hard and Soft Acids and Bases：硬い酸は硬い塩基と結合しやすく、柔らかい酸は柔らかい塩基と結合しやすいことを示す酸と塩基の法則）にしたがえば、テクネチウムの酸化状態が小さくなると、酸としては柔らかくなり、共有結合性の高い錯体を形成する。たとえば、心筋血流診断薬に用いるヘキサキス（2-メトキシイソブチルイソニトリル）テクネチウム（図6-4Ⓒ）は、Tc^{+}を含む6配位正八面体型錯体である。

放射性医薬品として用いられているテクネチウムは、+7、+5、+4、+3および+1である。

金属元素を用いた「RI内用療法」

次に、治療用放射性医薬品について見ていく。

治療用放射性医薬品は、患部を治療する際に放射線を体外から照射するものと、体内から照射するものに分けられる（表6-3）。

(1)ヨウ素 131（β線、γ線）
甲状腺疾患治療薬（放射性医薬品）
ヨウ化ナトリウム（I 131） （放射性ヨウ素の臨床利用は1940年代から始まった；Hamilton JG, *et al.* 1942）
(2)骨転移疼痛緩和薬（β線）
塩化ストロンチウム（Sr 89）注射液
(3)インジウム 111（γ線）
放射免疫治療薬 抗悪性腫瘍剤・放射標識抗CD20モノクローナル抗体
インジウムイブリツモマブ・チウキセタン（遺伝子組換え）
神経内分泌腫瘍 （インスリノーマ、ガストリノーマ、グルカゴノーマ、カルチノイドなど）
ソマトスタチンレセプターに特異的に結合
インジウムオクトレオタイド
(4)イットリウム 90（β線）
抗悪性腫瘍剤・放射標識抗CD20モノクローナル抗体
イットリウムイブリツモマブ・チウキセタン（遺伝子組換え）
(5)ラジウム 223（α線）
RI内用療法薬・骨転移性前立腺癌
塩化ラジウム 223

表6-3 治療用放射性医薬品

体外から放射線を照射する方法は、19世紀末のX線やラジウムの発見から始まった。抗生物質や抗がん剤の開発、あるいは外科的手術がまだ確立されていなかった時代のがん治療にとって、体外からの放射線照射は唯一の手段であった。

この方法は、放射線によって細胞を死滅させる効果を利用するものだが、放射線は正常細胞にも傷害を与える危険性がある。そのため、きわめて高い技術を用いて、幅広いがんの治療に用いられている。

一方、放射性同位元素（ＲＩ）や、それを錯体化した化合物を経口、あるいは静脈内投与して病気を治療するＲＩ内用療法が開発されている。ここでは、金属元素を用いるＲＩ内用療法を紹介する。

ストロンチウムによるブレイクスルー

金属イオンは一般に、経口または静脈内投与すると全身に分布するが、元素によっては特定の臓器に選択的に取り込まれるものがある。

金属イオンを含むＲＩから放出されるα線やβ線の飛程《ひてい》が短いことを利用して、それらを錯体化した放射性医薬品をつくり、代謝がさかんながん細胞などに取り込ませ、集積させる治療がおこなわれている。飛程とは、α線やβ線などの粒子が物質中を進むとき、電離作用によってエネルギーを失い、ついには粒子が停止するまでの距離のことである。

こうしたＲＩ内用療法は、１９４０年代から甲状腺機能亢進症や甲状腺がんを治療する^{131}Iの利用から始まった。治療効果は、^{131}Iから放出されるβ線によるが、^{131}Iはγ線も出すため、投与後はγ線の体外からの計測を利用して、^{131}Iの全身への分布を確認できる利点がある。

^{131}Iに次ぐＲＩ内用療法は、ストロンチウムから始まった。

1939年、ベルギーの物理医学者であったチャールズ・ペッチャー（1913〜1941年）は、カリフォルニア大学で開発されたサイクロトロンを用いてストロンチウム89（^{89}Sr）などを合成していた。ストロンチウムは、周期表ではカルシウムと同じ第2族元素である。このため、カルシウムと同じ代謝経路をたどって骨に取り込まれることが予想され、骨がんなどを治療できるのではないかとペッチャーは考えていた。

実験した結果、β線を放出する^{89}Srは、骨や骨形成部位に選択的に取り込まれ、集積した。さらに、前立腺がんによる骨転移患者に^{89}Srを投与すると、疼痛が治まることを見出した。

β線のみを放出するイットリウム

ペッチャーの没後、1970年代になって、塩化ストロンチウムを用いた本格的な研究が開始された。現在では、^{89}Srは造骨活性が活発な骨転移部位に選択的に集積し、骨のハイドロキシアパタイト結晶にイオン結合して、骨新生を活性化するコラーゲンの合成と、それに続くミネラル化を促進して痛みをやわらげると考えられている。

^{89}Srだけではがんをコントロールできないため、わが国では2007年から、全身多発性がんによる疼痛をともなう転移にのみ適用されている。しかし、2019年1月から、塩化ストロンチウム（^{89}Sr）注射液の販売は中止されている。

その後、再発性、あるいは難治性の悪性リンパ腫の治療用として、抗ＣＤ20モノクローナル抗体とイットリウムの同位体（^{90}Y）を抱合させた放射性免疫疼痛薬が開発された。つまり、悪性化したがん細胞が固有の部位（ＣＤ20抗原）をもつとき、その部位に放射性元素で標識した抗ＣＤ20モノクローナル抗体を特異的に結合させ、免疫攻撃と放射線攻撃の両面によって、がん細胞を弱体化、もしくは死滅させる方法である。

^{90}Yはβ線のみを放出する核種であるため、あらかじめリンパ腫の分布状態を知る必要がある。このため、^{111}In製剤で、リンパ腫部位を確認する方法が用いられている。

α線を放出するラジウム

一方、欧米では２０１３年から、また、わが国では２０１６年から、α線を放出するラジウム（^{223}Ra）化合物や塩化ラジウム（$^{223}RaCl_2$）の使用が承認され、用いられている。ラジウムは、カルシウムと同じ第2族元素であり、ハイドロキシアパタイトのカルシウムと置き換わって結合する。放出するα線によって、がん細胞のＤＮＡの2本鎖を切断すると考えられることから、骨転移の可能性のある前立腺がんの骨転移治療に用いられ、患者の生存期間が延びる効果が認められている。

＊

本章では、無機系医薬品と放射性医薬品に焦点を当てて、「金属を薬として使う」試みについて紹介してきた。金属元素は生命の誕生から進化はもちろん、それを維持するメカニズム、そして健康にまで大きく関与していることがおわかりいただけただろう。

「生命と金属」をめぐる本書の旅も、まもなく終着点に近づいているが、その旅にはまだ「続き」が残されている。どんな景色が待ち受けているのか、さらなる旅程をお見せして、本書を閉じることにしよう。

エピローグ　金属と生命の未来――「今なお残る謎」の解明を目指して

フランスの画家ポール・ゴーギャン（1848〜1903年）が1897年から1898年にかけて描いた絵画『われわれはどこから来たのか　われわれは何者か　われわれはどこへ行くのか』をご覧になったことがある人は少なくないだろう。

ゴーギャンの作品のうち、最も有名な絵画の一つとされている。

われわれはどこへ行くのか

この作品を見ると、右から左へと描かれている3つの人物のグループは、この絵の題名を象徴している。画面右側の横たわる子どもと3人の人物は人生の始まりを、中央の人物たちは成年期を、そして左側の人物たちは死を迎え、諦観の境地にある老女を、それぞれ意味している。

ゴーギャンは、11歳から16歳までをオルレアン郊外のラ・シャペル＝サン＝メマン神学校の学生として過ごした。この学校で学んだ3つの基本的な問題、すなわち「人間はどこから来たのか」「どこへ行こうとするのか」「人間はどのように進歩していくのか」は終生、彼の脳裏から離れることがなかったようだ。

『われわれはどこから来たのか　われわれは何者か　われわれはどこへ行くのか』（ボストン美術館蔵）　フランスの画家ポール・ゴーギャンが1897年から1898年にかけて描いた絵画

この絵は、「人が遠い過去からどのようにして生まれてきたか」、そして「どのように未来へとつないでいくか」を問いかけているように思える。過去から未来へとつないでいる〝隠れたもの〟は、いったいなんだろう。ゴーギャンが人々に投げかけた問いは、哲学から自然科学、人類学にいたるまで幅広い分野からさまざまにアプローチされてきたが、おそらくは永遠に答えを得ることのできない難題であろう。

本書では、「過去から未来へとつなぐ隠れたもの」の一つの可能性として、生命の誕生から今日まで、私たちの体内にその痕跡をとどめる生体必須微量元素、すなわち〝金属〟を提案してきた。

近代科学技術の最も輝かしい時代

この絵が描かれた１８９７年から１８９８年は、どのような時代であったのか。科学の歴史から見てみよう。

１８９５年のレントゲンによるＸ線の発見から１９０２年

のキュリー夫妻によるラジウムの精製までの7年間は、人類が経験した近代科学技術の最も輝かしい時期である。人類の科学に対する考え方を一変させた新時代の幕開けであったとともに、得られた科学的成果をすぐさま他の科学者や社会と共有できる時代の到来を告げる、まさしくパラダイムシフトが起きたタイミングであった。

その真っただ中の1897年には、イギリスの物理学者J・J・トムソンが、原子の内部に電子という粒子が存在することを発見し、のちのブドウパンモデルによる原子構造の解明にいたる糸口を与えた。翌1898年には、トムソンの門下生であったラザフォードが、ウランから2種類の放射線（α線とβ線）が出ていることを発見し、これに続く原子核の発見とラザフォードの原子模型へとつながった。そしてキュリー夫妻が、ポロニウムとラジウムを発見し、原子は時とともに崩壊する物質であり、原子もまた過去から未来へと流れる存在であることを示した。

1897年からの2年間は、原子の姿を構築する基礎をつくった時期であるとともに、原子には過去と未来で異なる描像があることを示したきわめて重要な画期であった。この2年間はまた、芸術と科学がともに地球の、そして生命と科学の未来を考える視点を準備してくれた素晴らしい時代でもあった。

解かれるべき疑問はまだまだ残っている

本書を通じて、生命の誕生から生物進化への長い道のりを金属元素という視点から解説してきた。しかし、まだまだ解明されていない多くの疑問が残されていることは、ここまで読んでくださったみなさんなら容易に理解できるだろう。

おもだったものをまとめてみると、次のような疑問として整理されるのではないかと思われる。これまでに紹介した事柄から、断片的には理解できる部分もあるが、全体像はとらえきれていない部分が多く残っている。

ゴーギャンの問いかけと同じく、永遠の課題とも思えるこれらの難問に、未来の子どもたちや未来の研究者たちが挑戦し、これらの疑問に応える研究を展開し、人類が抱える大いなる問いの解明に向けて、新たな光を与えてくれることを期待したい。

①生命の始原物質（アミノ酸、単糖、脂肪酸、コレステロール、核酸塩基、ビタミン類など）の合成に、金属元素はどのように関与したか？

②アミノ酸が重合して生成されるペプチドやタンパク質の合成に、金属元素はどのように関与したか？

③細胞をつくるさまざまな粒子や細胞の合成に、金属元素はどのように関与したか？

④単細胞が接着して多細胞生物が登場する際、金属元素はどのように関与したか？

⑤生命をつないでいく遺伝子の誕生に、金属元素はどのように関与したか？

⑥多細胞から成り立つ複雑で多様な生物個体の登場に、金属元素はどのように関与したか？

⑦生物の進化の過程で、金属元素はどのように関与してきたか？　そして、未来の生物進化に、金属元素はどのように関与していくだろうか？

——すなわち、生命にとって金属とはなにか？

「マリグラヌール」の発見

右に掲げた疑問のなかで、最も研究が進んでいる領域は、①～③の小さな物質が大きな物質へと変換される「重合反応」であると思われる。それは重合反応が、生体をつくる最も重要な物質であるタンパク質合成の基本となる反応であるからであろう。

柳川弘志（1944年～）と江上不二夫は1976年、アミノ酸を含む人工海水中に6種類の遷移金属を高濃度で溶かして105℃に加熱したところ、ペプチドを含む高分子化合物「マリグラヌール（marigranule）」ができることを発見した。この結果から、海水中のどこにでも存在する無機塩類や金属イオンは、アミノ酸の重合化を促進しているのではないかと考えられるようになった。

M・G・シュヴェンディンガーとB・M・ロード（1946～2022年）は、1989年におこなった実験でグリシン溶液に塩化ナトリウム（0・5～5M）を加えて85℃で加熱したが、塩化ナトリウムを加えてもペプチドはできなかった。しかし、そこに塩化銅（Ⅱ）を加えるとペプチドが合成されることに気づいた。

アミノ酸からペプチドへの合成に、遷移金属イオンの存在が重要であることが判明したのである。その後の研究で、ペプチド形成にはマグネシウム（Ⅱ）やニッケル（Ⅱ）、亜鉛（Ⅱ）などに比べて銅イオン（Ⅱ）が特に有効であり、加えるアミノ酸と銅イオンの比は2対1がベストであることが明らかとなった。

また、構造の異なるアミノ酸を加えると、それらがペプチドにさらに重合していくことがわかり、タンパク質がどのようにして合成されるかに関する興味深いヒントが示された（枠内に示した式参照）。

GlyGly + Asp → GlyGlyAsp
GlyGlyAsp + Leu → GlyGlyAspLeu
GlyGlyAspLeu → GlyGly + AspLeu

なにかを加えてみたら……？

一方、地球が誕生したころにつくられた鉱物が、アミノ酸の重合を促進させる触媒としての役割を果たしていた事実も報告されている。黄鉄鉱（32ページ図1 - 2Ⓐ参照）には、その表面でペプチドを生成する能力があることが1988年に示された。2011年にはエドワード・

シュライナーらが、黄鉄鉱が生命の誕生に重要な役割を果たしたと考えられるとする論文を発表した。鉱物はつねに、生命と金属との関係を考える材料を、私たちに提供してくれている。

さらに、さまざまな粘土鉱物を用いてペプチドの生成量の違いが観察されたところ、セピオライト（ケイ酸塩鉱物、海泡石《かいほうせき》）やモンモリロナイト（ケイ酸塩鉱物）よりヘクトライト（ケイ酸塩鉱物）のほうが、多くのペプチドに関して生成量が高いことがわかった。

セピオライト（$Mg_4Si_6O_{15}(OH)_2 \cdot 6H_2O$）は、白色、灰色またはクリーム色をした活性炭よりも吸着性の優れた鉱物である。モンモリロナイト（$(Na,Ca)_{0.33}(Al,Mg)_2Si_4O_{10}(OH)_2 \cdot nH_2O$）は白色の粘土鉱物の一種であり、単結晶系に属する。この鉱物も水分を多く保持できるため、吸着性が高い。ヘクトライト（$Na_{0.3}(Mg,Li)_3Si_4O_{10}(OH)_2$）は柔らかく、ベタベタした被膜状の白い鉱物である。鉱物の構造や性質が異なることで極性の大きさに違いが生まれ、マグネシウム－酸素（Mg－O）結合やリチウム－酸素（Li－O）結合を含むヘクトライトはペプチドの生成を促進すると考えられた。鉱物の表面にはペプチドの重合度を増す、つまり伸長を促進する触媒としての機能が高いことが示された。

また、ブジャックとロードは2004年、グリシンの入った溶液をモンモリロナイトとともに85℃で加熱したところ、触媒が存在しても低級ペプチドの生成量は大きく変わらなかったが、6量体以上の長鎖ペプチドの量は2倍以上に多くなることを見出した。この粘土鉱物はペプチドを保護し、かつ伸長する機能をもつ重要な触媒であることが推定されている。熱水条件下では、粘土鉱物はペプチドの生成および伸長を促進する触媒機能や、分解から保護する保護材としての重要な機能を果たすことがわかる。

果たしてこのような現象が、原始地球の深海に存在した熱水噴出孔の付近でも起こったのだろうか？

柳川と江上によるものをはじめ、いくつかの興味深い実験について紹介してきた。彼らに共通するのは、実験の過程で「なにかを加えてみた」ことである。

「なにかを加えてみると、新しいことが起こる」のは、化学進化や生物進化のプロセスにおいて不可欠のようである。それでは、「加えるべきなにか」とはなにか？

——金属元素かもしれない。

ノーベル賞につながった偉業

最後に、「なにかを加えてみる」試みが、現代化学の発展に重要な役割を果たした例を紹介しよう。

現代文明に欠かすことのできないポリエチレンは、1世紀以上も前の1898年にドイツのハンス・フォン・ペヒマン（1850〜1902年）が、ジアゾメタンを熱分解している際に偶然に発見した。それまでは、カイガラムシの分泌物を原料とした「シェラック」とよばれる天然樹脂がプラスチックの前身として使われており、レコード盤の原料となっていた。

１９３０年代になって、イギリスのインペリアル・ケミカル・インダストリーズの研究者によって酸素分子を開始剤とするポリエチレンの高圧合成法が開発され、工業的な合成が開始された。高圧合成法は１０００〜３０００気圧の高圧でエチレンを液化し、１５０〜４００℃の高温でラジカル重合によって短時間で反応させることで、重合体を生成する方法である。

第２次世界大戦が終わるとポリエチレンの需要が高まり、より簡単な合成法が研究されていった。有機金属錯体の研究をしていたドイツの化学者カール・ツィーグラー（１８９８〜１９７３年）はあるとき、高圧や熱の代わりに有機金属錯体を加えてポリエチレンができるかどうかを試してみた。１９５３年にトリエチルアルミニウムと四塩化チタンの混合物を加えると、高圧をかけなくても１００℃以下の温度でエチレンが重合し、ポリエチレンができることを発見した。

さらにその後、イタリアの化学者ジュリオ・ナッタ（１９０３〜１９７９年）が、三塩化チタンを加えれば、それまで重合が困難と考えられていたプロピレンの重合が起きること見出した。

こうして、「なにかを加えてみる」ことによって、「チーグラー・ナッタ触媒」が完成した。チーグラー・ナッタ触媒は、石油化学工業の発展を支える重要な重合触媒としてだけでなく、その後の有機金属化学の隆盛を導く契機ともなった。技術と科学の両面で、多大な貢献をした偉大な発見は、まさしく「なにかを加えてみると、新しいことが起こる」典型であった。ツィーグラーとナッタの2人は、これらの業績によって、1963年のノーベル化学賞を受賞している。

われ思う、ゆえに「金属」あり

彼らよりも少し前の1951年には、アメリカのフィリップス石油の研究者らが、酸化クロムを触媒として加えることでポリエチレンの合成に成功している。高性能のポリエチレンが安価に製造されるようになり、世界的にポリエチレン製品が広まっていった。

そして1976年には、ドイツの化学者ヴァルター・カミンスキー（1941～2024年）がメタロセン骨格をもつ金属触媒（ジルコニウムやハフニウム）を開発し、ポリエチレンの分子量や分岐数などの制御のほか、2種類以上のモノマーが重合してできる共重合体コポリマーの合成も容易となった。

メタロセンとは、シクロペンタジエニルアニオン2個が配位子として、金属イオンを中に挟み込んだサンドイッチ型の有機金属化合物のことである。1951年に初めて鉄（Ⅱ）を含むフェロセン（次ページの図参照）が発見され、構造解析がおこなわれた。その後、チタン（Ti）やジルコニウム（Zr）、ハフニウム（Hf）を含むメタロセンが合成されて、重合によるポリエチレンの

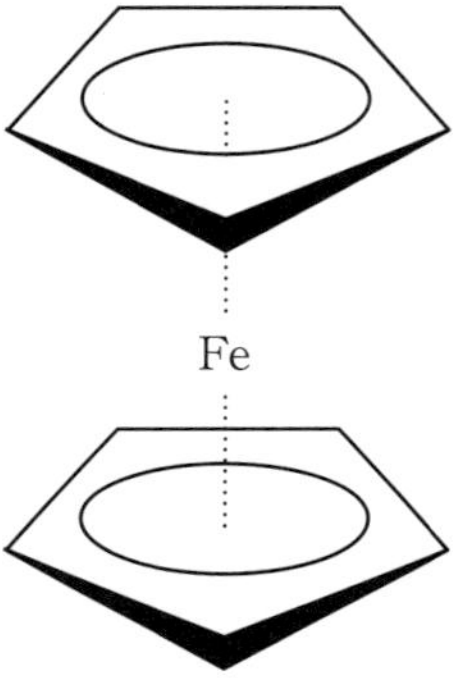

鉄(II)を含むフェロセン

合成触媒として用いられている。これらは「カミンスキー触媒」とよばれている。

また、エチレンからポリエチレンに重合するときには、必ずしも1本の鎖のみができるのではなく、いろいろな方向に枝分かれした構造のポリエチレンができる。その枝分かれした数、つまり「分岐数」の違いによって、さまざまなタイプのポリエチレンが合成されている。

現在では、分岐がなく密度が高いポリエチレンは、エチレンを原料にして、1〜6気圧の低圧下ではチーグラー・ナッタ触媒を用いて、また、30〜40気圧下では酸化クロム系触媒を用いて合成されている。そして分岐が多く密度の低いポリエチレンは、1000気圧以上の高圧条件で合成されている。

*

金属元素は、化学触媒であると同時に、生物触媒であることを疑問の出発点として考えることが大切だと考えている。少し「なにかを加える」だけで、未知の、そして神秘の世界が広がっていくに違いない。

「Cogito, ergo metallum.」――われ思う、ゆえに「金属」あり！

地殻の元素存在度

順位	原子番号	元素記号	濃度(ppm)
1	8	O	474000
2	14	Si	277000
3	13	Al	82000
4	26	Fe	41000
5	20	Ca	41000
6	11	Na	23000
7	12	Mg	23000
8	19	K	21000
9	22	Ti	5600
10	1	H	1520
11	15	P	1000
12	25	Mn	950
13	9	F	950
14	56	Ba	500
15	6	C	480
16	38	Sr	370
17	16	S	260
18	40	Zr	190
19	23	V	160
20	17	Cl	130
21	24	Cr	100
22	37	Rb	90
23	28	Ni	80
24	30	Zn	75
25	58	Ce	68
26	29	Cu	50
27	60	Nd	38
28	57	La	32
29	39	Y	30
30	7	N	25
31	3	Li	20
32	27	Co	20
33	41	Nb	20
34	31	Ga	18
35	21	Sc	16
36	82	Pb	14
37	90	Th	12
38	5	B	10
39	59	Pr	9.5
40	62	Sm	7.9
41	64	Gd	7.7
42	66	Dy	6

順位	原子番号	元素記号	濃度(ppm)
43	70	Yb	5.3
44	68	Er	3.8
45	72	Hf	3.3
46	55	Cs	3
47	4	Be	2.6
48	92	U	2.4
49	50	Sn	2.2
50	63	Eu	2.1
51	73	Ta	2
52	32	Ge	1.8
53	33	As	1.5
54	42	Mo	1.5
55	67	Ho	1.4
56	18	Ar	1.2
57	65	Tb	1.1
58	74	W	1
59	81	Tl	0.6
60	71	Lu	0.51
61	69	Tm	0.48
62	35	Br	0.37
63	51	Sb	0.2
64	53	I	0.14
65	48	Cd	0.11
66	47	Ag	0.07
67	34	Se	0.05
68	80	Hg	0.05
69	49	In	0.049
70	83	Bi	0.048
71	2	He	0.008
72	52	Te	0.005
73	79	Au	0.0011
74	44	Ru	0.001
75	78	Pt	0.001
76	46	Pd	0.0006
77	75	Re	0.0004
78	45	Rh	0.0002
79	76	Os	0.0001
80	10	Ne	0.00007
81	36	Kr	0.00001
82	77	Ir	0.000003
83	54	Xe	0.000002
84	88	Ra	0.0000006

元素	K	L	M	N	O				P			Q	
					5s	5p	5d	5f	6s	6p	6d	7s	7p
77 **Ir**	2	8	18	32	2	6	7		2				
78 **Pt**	2	8	18	32	2	6	9		1				
79 **Au**	2	8	18	32	2	6	10		1				
80 **Hg**	2	8	18	32	2	6	10		2				
81 **Tl**	2	8	18	32	2	6	10		2	1			
82 **Pb**	2	8	18	32	2	6	10		2	2			
83 **Bi**	2	8	18	32	2	6	10		2	3			
84 **Po**	2	8	18	32	2	6	10		2	4			
85 **At**	2	8	18	32	2	6	10		2	5			
86 **Rn**	2	8	18	32	2	6	10		2	6			
87 **Fr**	2	8	18	32	2	6	10		2	6		1	
88 **Ra**	2	8	18	32	2	6	10		2	6		2	
89 **Ac**	2	8	18	32	2	6	10		2	6	1	2	
90 **Th**	2	8	18	32	2	6	10		2	6	2	2	
91 **Pa**	2	8	18	32	2	6	10	2	2	6	1	2	
92 **U**	2	8	18	32	2	6	10	3	2	6	1	2	
93 **Np**	2	8	18	32	2	6	10	4	2	6	1	2	
94 **Pu**	2	8	18	32	2	6	10	6	2	6		2	
95 **Am**	2	8	18	32	2	6	10	7	2	6		2	
96 **Cm**	2	8	18	32	2	6	10	7	2	6	1	2	
97 **Bk**	2	8	18	32	2	6	10	9	2	6		2	
98 **Cf**	2	8	18	32	2	6	10	10	2	6		2	
99 **Es**	2	8	18	32	2	6	10	11	2	6		2	
100 **Fm**	2	8	18	32	2	6	10	12	2	6		2	
101 **Md**	2	8	18	32	2	6	10	13	2	6		2	
102 **No**	2	8	18	32	2	6	10	14	2	6		2	
103 **Lr**	2	8	18	32	2	6	10	14	2	6		2	1
104 **Rf**	2	8	18	32	2	6	10	14	2	6	2	2	
105 **Db**	2	8	18	32	2	6	10	14	2	6	3	2	
106 **Sg**	2	8	18	32	2	6	10	14	2	6	4	2	
107 **Bh**	2	8	18	32	2	6	10	14	2	6	5	2	
108 **Hs**	2	8	18	32	2	6	10	14	2	6	6	2	
109 **Mt**	2	8	18	32	2	6	10	14	2	6	7	2	
110 **Ds**	2	8	18	32	2	6	10	14	2	6	9	1	
111 **Rg**	2	8	18	32	2	6	10	14	2	6	10	1	
112 **Cn**	2	8	18	32	2	6	10	14	2	6	10	2	
113 **Nh**	2	8	18	32	2	6	10	14	2	6	10	2	1
114 **Fl**	2	8	18	32	2	6	10	14	2	6	10	2	2
115 **Mc**	2	8	18	32	2	6	10	14	2	6	10	2	3
116 **Lv**	2	8	18	32	2	6	10	14	2	6	10	2	4
117 **Ts**	2	8	18	32	2	6	10	14	2	6	10	2	5
118 **Og**	2	8	18	32	2	6	10	14	2	6	10	2	6

基底状態にある各元素の原子の電子配置

元素	K	L		M			N		O
	1s	2s	2p	3s	3p	3d	4s	4p	5s
1 **H**	1								
2 **He**	2								
3 **Li**	2	1							
4 **Be**	2	2							
5 **B**	2	2	1						
6 **C**	2	2	2						
7 **N**	2	2	3						
8 **O**	2	2	4						
9 **F**	2	2	5						
10 **Ne**	2	2	6						
11 **Na**	2	2	6	1					
12 **Mg**	2	2	6	2					
13 **Al**	2	2	6	2	1				
14 **Si**	2	2	6	2	2				
15 **P**	2	2	6	2	3				
16 **S**	2	2	6	2	4				
17 **Cl**	2	2	6	2	5				
18 **Ar**	2	2	6	2	6				
19 **K**	2	2	6	2	6		1		
20 **Ca**	2	2	6	2	6		2		
21 **Sc**	2	2	6	2	6	1	2		
22 **Ti**	2	2	6	2	6	2	2		
23 **V**	2	2	6	2	6	3	2		
24 **Cr**	2	2	6	2	6	5	1		
25 **Mn**	2	2	6	2	6	5	2		
26 **Fe**	2	2	6	2	6	6	2		
27 **Co**	2	2	6	2	6	7	2		
28 **Ni**	2	2	6	2	6	8	2		
29 **Cu**	2	2	6	2	6	10	1		
30 **Zn**	2	2	6	2	6	10	2		
31 **Ga**	2	2	6	2	6	10	2	1	
32 **Ge**	2	2	6	2	6	10	2	2	
33 **As**	2	2	6	2	6	10	2	3	
34 **Se**	2	2	6	2	6	10	2	4	
35 **Br**	2	2	6	2	6	10	2	5	
36 **Kr**	2	2	6	2	6	10	2	6	
37 **Rb**	2	2	6	2	6	10	2	6	1
38 **Sr**	2	2	6	2	6	10	2	6	2
	2	8		18					

元素	K	L	M	N				O				P
				4s	4p	4d	4f	5s	5p	5d	5f	6s
39 **Y**	2	8	18	2	6	1		2				
40 **Zr**	2	8	18	2	6	2		2				
41 **Nb**	2	8	18	2	6	4		1				
42 **Mo**	2	8	18	2	6	5		1				
43 **Tc**	2	8	18	2	6	5		2				
44 **Ru**	2	8	18	2	6	7		1				
45 **Rh**	2	8	18	2	6	8		1				
46 **Pd**	2	8	18	2	6	10						
47 **Ag**	2	8	18	2	6	10		1				
48 **Cd**	2	8	18	2	6	10		2				
49 **In**	2	8	18	2	6	10		2	1			
50 **Sn**	2	8	18	2	6	10		2	2			
51 **Sb**	2	8	18	2	6	10		2	3			
52 **Te**	2	8	18	2	6	10		2	4			
53 **I**	2	8	18	2	6	10		2	5			
54 **Xe**	2	8	18	2	6	10		2	6			
55 **Cs**	2	8	18	2	6	10		2	6			1
56 **Ba**	2	8	18	2	6	10		2	6			2
57 **La**	2	8	18	2	6	10		2	6	1		2
58 **Ce**	2	8	18	2	6	10	1	2	6	1		2
59 **Pr**	2	8	18	2	6	10	3	2	6			2
60 **Nd**	2	8	18	2	6	10	4	2	6			2
61 **Pm**	2	8	18	2	6	10	5	2	6			2
62 **Sm**	2	8	18	2	6	10	6	2	6			2
63 **Eu**	2	8	18	2	6	10	7	2	6			2
64 **Gd**	2	8	18	2	6	10	7	2	6	1		2
65 **Tb**	2	8	18	2	6	10	9	2	6			2
66 **Dy**	2	8	18	2	6	10	10	2	6			2
67 **Ho**	2	8	18	2	6	10	11	2	6			2
68 **Er**	2	8	18	2	6	10	12	2	6			2
69 **Tm**	2	8	18	2	6	10	13	2	6			2
70 **Yb**	2	8	18	2	6	10	14	2	6			2
71 **Lu**	2	8	18	2	6	10	14	2	6	1		2
72 **Hf**	2	8	18	2	6	10	14	2	6	2		2
73 **Ta**	2	8	18	2	6	10	14	2	6	3		2
74 **W**	2	8	18	2	6	10	14	2	6	4		2
75 **Re**	2	8	18	2	6	10	14	2	6	5		2
76 **Os**	2	8	18	2	6	10	14	2	6	6		2
				32								

- Impact-induced amino acid formation on Hadean Earth and Noachian Mars. Takeuchi Y., *et al. Scientific Reports* 2020, **10**, 9220.
- Selective Formation of Certain Amino Acids from Formaldehyde and Hydroxylamine in a Modified Sea Medium Enriched with Molybdate. Hatanaka H. and Egami F. *J. Biochem.* 1977, **82** (2), 499-502.
- Discovery of New Hydrothermal Activity and Chemosynthetic Fauna on the Central Indian Ridge at 18° –20°S. Nakamura K., *et al. PLoS ONE* 2012, **7** (3): e32965.
- Marigranules from glycine and acidic, basic, and aromatic amino acids in a modified sea medium. Yanagawa H. and Egami F. *Proc. Japan Acad. Ser.* 1978, *B* **54** (1), 10-14.
- Possible Role of Copper and Sodium Chloride in Prebiotic Evolution of Peptides. Schwendinger M. G. and Rode B. M. *Anal. Sci.* 1989, **5**, 411-414.
- Peptide synthesis in aqueous environments: the role of extreme conditions and pyrite mineral surfaces on formation and hydrolysis of peptides. Schreiner E., *et al. J. Am. Chem. Soc.* 2011, **133** (21) 8216-8226.
- On the mechanisms of oligopeptide reactions in solution and clay dispersion. Bujdák J. and Rode B. M. *J. Pept. Sci.* 2004, **10** (12) 731-737.
- Eukaryotization of the early biosphere: A biogeochemical aspect. Fedonkin M. A. *Geochem. Intern.* 2009, **47**, 1265-1333.
- Prebiotic amino acids bind to and stabilize prebiotic fatty acid membranes. Cornell C. E., *et al. Proc. Natl. Acad. Sci. USA*. 2019, **116** (35) 17239-17244.
- Neoproterozoic glacial origin of the Great Unconformity. Keller C. B., *et al. Proc. Natl. Acad. Sci. USA*. 2018, **116** (4) 1136-1145.
- Roles of magnesium and calcium ions in cell-to-substrate adhesion. Takeichi M. and Okada T. S. *Experimental Cell Research* 1972, **74** (1) 51-60.
- 「地殻・マントルの地球化学」野津憲治,『*地球化学*』1985, **19** (1-2), 71-84.
- 「化学進化に果たした硫化鉱物の役割」大原祥平,『*地球化学*』2011, **45**, 239-250.
- 「鉄酸化細菌:その多様な鉄・硫黄代謝」上村一雄, 金尾忠芳,『*生物工学*』2014, **92** (6), 315-319.
- 「化学進化におけるペプチド生成」淵田茂司,『*地球化学*』2012, **46**,171-180.
- 「初期地球における隕石衝突によるアミノ酸および核酸塩基の生成に関する研究」古川善博,『*地球化学*』2016, **50**, 1–9.
- 「生体必須微量重金属元素と海洋の化学環境——生物進化とMussel Watch」北野康,『*有機合成化学*』1981, **39** (11), 993-1001.
- 「元素の太陽系存在度と地球存在度」海老原充,『*地質ニュース*』1984, (361), 8-19.
- 「鉱物表面におけるアミノ酸重合反応機構について」北台紀夫,『*Viva Origino*』2008, **36** (3), 69-71.
- 「深海熱水噴出孔で起こる電気化学反応」北台紀夫、『*化学*』2019, **74** (11), 12-16.
- 「金属放射性同位元素の診断・治療への利用」佐治英郎,『*薬学雑誌*』2008, **128** (3), 323-332.

- 『百万人の化学史――「原子」神話から実体へ』筏英之著、アグネ承風社、1989年
- 『化学元素発見のみち』D. N. トリフォノフ、V. D. トリフォノフ著、阪上正信、日吉芳朗訳、内田老鶴圃、1994年
- 『メンデレーエフ伝――元素周期表はいかにして生まれたか』G. スミルノフ著、木下高一郎訳、講談社ブルーバックス、1976年
- 『メンデレーエフの周期律発見』梶雅範著、北海道大学図書刊行会、1997年
- 『メンデレーエフ――元素の周期律の発見者』梶雅範著、東洋書店、2007年
- 『周期表――いまも進化中』E. R. Scerri著、渡辺正訳、丸善出版、2013年
- 「メンデレーエフの元素周期表誕生150年」桜井弘著、『*化学と教育*』67 (6) 262-267、2019年
- 「元素周期表と化学・生物進化」桜井弘、大野照文著、『金属』91 (9) 719-728、2021年
- 「"金属"で病を治す」桜井弘著、『まてりあ(Materia Japan)』**63** (8) 528-531、2024年
- 『The Periodic Table: Its Story and Its Significance』E. R. Scerri, Oxford University Press, 2007.
- Origin and early evolution of transition element enzymes. Egami F. *J. Biochem.* 1975, **77**, 1165-1169.
- Activated acetic acid by carbon fixation on (Fe,Ni)S under primordial conditions. Huber C. and Wächtershäuser G. *Science* 1997, **276** (5310), 245-247.
- Peptides by Activation of Amino Acids with CO on (Ni,Fe)S Surfaces: Implications for the Origin of Life. Huber C. and Wächtershäuser G. *Science* 1998, **281** (5377), 670-672.
- Natural gold particles in *Eucalyptus* leaves and their relevance to exploration for buried gold deposits. Lintern M., *et al. Nature Communications* 2013, **4** (1), 2274.
- Molecular and genetic features of zinc transporters in physiology and pathogenesis. Fukada T. and Kambe T. *Metallomics* 2011, **3** (**7**), 662-674.
- The Physiological, Biochemical, and Molecular Roles of Zinc Transporters in Zinc Homeostasis and Metabolism. Kambe T., *et al. Physiol. Rev.* 2015, **95** (3) 749-784.
- Pigmentation and TYRP1 expression are mediated by zinc through the early secretory pathway-resident ZNT proteins. Wagatsuma T., *et al, Communications Biology* 2023, **6**, 403. https://doi.org/10.1038/s42003-023-04640-5
- Transition to an oxygen-rich atmosphere with an extensive overshoot triggered by the Paleoproterozoic snowball Earth. Harada M., *et al. Earth and Planetary Sci. Lett.* 2015, **419**, 178-186.
- *Halomonas titanicae* sp. nov., a halophilic bacterium isolated from the RMS *Titanic*. Sánchez-Porro C., *et al. Int. J. Syst. Evol. Microbiol.* 2010, **60** (12), 2768-2774
- Bacterial chemolithoautotrophy via manganese oxidation. Yu H. and Leadbetter J. R. *Nature* 2020, **583**, 453-458.

●『元素と周期律〈改訂版〉』井口洋夫著、裳華房、1978年
●『遷移元素』E. M. Larsen著、森正保訳、化学同人、1966年
●『Metalloproteins: Chemical Properties and Biological Effects』S. Otsuka and T. Yamanaka (Eds.), Elsevier, 1988.
●『入門生物無機化学』中原昭次、山内脩著、化学同人、1979年
●『生物無機化学〈第2版〉』桜井弘、田中久編著、廣川書店、1993年
●『金属は人体になぜ必要か——なければ困る銅・クロム・モリブデン……』桜井弘著、講談社ブルーバックス、1996年
●『生物無機化学』S. J. Lippard、J. M. Berg著、松本和子監訳、坪村太郎、棚瀬知明、酒井健訳、東京化学同人、1997年
●『無機生化学』J. A. Cowan著、小林宏、鈴木春男監訳、化学同人、1998年
●『ミネラルの事典』糸川嘉則編集、朝倉書店、2003年
●『元素の百科事典』J. Emsley著、山崎昶訳、丸善、2003年
●『薬学のための無機化学』桜井弘編著、化学同人、2005年
●『生命と金属の世界』原口紘炁著、放送大学教育振興会、2005年
●『生物無機化学——金属元素と生命の関わり』増田秀樹、福住俊一編著、穐田宗隆、伊東忍ほか著、三共出版、2005年
●『生命元素事典』桜井弘編、オーム社、2006年
●『金属なしでは生きられない——活性酸素をコントロールする』桜井弘著、岩波科学ライブラリー、2006年
●『生物無機化学』山内脩、鈴木晋一郎、櫻井武著、朝倉書店、2012年
●「元素は友だち」桜井弘著、『*Biomedical Research on Trace Elements*』26 (3) 140–146, 2015年
●『クライトン生物無機化学』R. R. Crichton著、塩谷光彦監訳、東京化学同人、2016年
●『レーダー生物無機化学』D. Rehder著、塩谷光彦訳、東京化学同人、2017年
●『元素118の新知識〈第2版〉——引いて重宝、読んでおもしろい』桜井弘編著、講談社ブルーバックス、2023年
●『元素検定』桜井弘編著、化学同人、2011年
●『元素検定2』桜井弘編著、化学同人、2018年
●「日本人の食事摂取基準(**2025**年版)」厚生労働省、**2024**年
●『毒薬は口に苦し——中国の文人と不老不死』川原秀城著、大修館書店、2001年
●『奇蹟の医書——五つの病因について』パラケルスス著、大槻真一郎訳、工作舎、1980年
●『サプリメントデータブック』吉川敏一、桜井弘共編、オーム社、2005年
●『元素発見の歴史〈1〉』M. E. ウィークス、H. M. レスター著、大沼正則監訳、朝倉書店、1988年
●『元素発見の歴史〈2〉』M. E. ウィークス、H. M. レスター著、大沼正則監訳、朝倉書店、1989年
●『元素発見の歴史〈3〉』M. E. ウィークス、H. M. レスター著、大沼正則監訳、朝倉書店、1990年
●『新放射化学・放射性医薬品学〈改訂第5版増補〉』佐治英郎、向高弘、月本光俊編集、南江堂、2024年

参考文献

- 『生命の起原への挑戦——謎はどこまで解けたか』A. I. オパーリン、C. ポナムペルマ、今堀宏三著、講談社ブルーバックス、1977年
- 『生命の起原——生命の生成と初期の発展』A. I. オパーリン著、石本真訳、岩波書店、1969年
- 『化学進化——宇宙における生命の起原への分子進化』M. カルビン著、江上不二夫、桑野幸夫、大島泰郎、中村桂子訳、東京化学同人、1970年
- 『化学進化——生命の起源の化学的基礎』原田馨著、共立出版、1971年
- 『生命を探る〈第2版〉』江上不二夫著、岩波新書、1980年
- 『生命の誕生——先カンブリア時代・カンブリア紀』秋山雅彦著、共立出版、1984年
- 『生命の起源を探る』柳川弘志著、岩波新書、1989年
- 『生命と地球の歴史』丸山茂徳、磯﨑行雄著、岩波新書、1998年
- 「地球創造の150億年　イラスト大特集」『Newton』1998年3月号
- 『新しい生物学〈第3版〉——生命のナゾはどこまで解けたか』野田春彦、日髙敏隆、丸山工作著、講談社ブルーバックス、1999年
- 『地球と生命の起源——火星にはなぜ生物が生まれなかったのか』酒井均著、講談社ブルーバックス、1999年
- 『生命と地球の共進化』川上紳一著、NHKブックス、2000年
- 『生命40億年全史』リチャード・フォーティ著、渡辺政隆訳、草思社、2003年
- 『生と死の自然史——進化を統べる酸素』ニック・レーン著、西田睦監訳、遠藤圭子訳、東海大学出版会、2006年
- 『生命とは何か——物理的にみた生細胞』E. シュレーディンガー著、岡小天、鎮目恭夫訳、岩波文庫、2008年
- 『鉄学　137億年の宇宙誌』宮本英昭、橘省吾、横山広美著、岩波科学ライブラリー、2009年
- 『地球46億年全史』リチャード・フォーティ著、渡辺政隆、野中香方子訳、草思社、2009年
- 『宇宙は何でできているのか——素粒子物理学で解く宇宙の謎』村山斉著、幻冬舎新書、2010年
- 『地球進化　46億年の物語——「青い惑星」はいかにしてできたのか』ロバート・ヘイゼン著、円城寺守監訳、渡会圭子訳、講談社ブルーバックス、2014年
- 『生物はなぜ誕生したのか——生命の起源と進化の最新科学』P. ウォード、J. カーシュヴィンク著、梶山あゆみ訳、河出書房新社、2016年
- 『星屑から生まれた世界——進化と元素をめぐる生命38億年史』B. マクファーランド著、渡辺正訳、化学同人、2017年
- 『科学の超真相　カンブリア爆発とはなにか!? ——生命の爆発的な進化の謎にせまる!』田中源吾監修、土屋健著、講談社、2019年
- 『元素で読み解く生命史』山岸明彦著、インターナショナル新書、2023年
- 『生命と非生命のあいだ——地球で「奇跡」は起きたのか』小林憲正著、講談社ブルーバックス、2024年

【ま・や・ら行】

【た行】

【な・は行】

【さ行】

【あ行】

【か行】

【アルファベット・ギリシャ文字・数字】

さくいん

【金属元素(イオンも含む)】

【人名】

N.D.C.464　318p　18cm

ブルーバックス　B-2284

生命《せいめい》にとって金属《きんぞく》とはなにか

誕生と進化のカギをにぎる「微量元素」の正体

2025年2月20日　第1刷発行
2025年4月8日　第2刷発行

著者　桜井《さくらい》 弘《ひろむ》
発行者　篠木和久
発行所　株式会社講談社
〒112-8001 東京都文京区音羽2-12-21
電話　出版　03-5395-3524
販売　03-5395-5817
業務　03-5395-3615
印刷所　（本文印刷）株式会社新藤慶昌堂
（カバー表紙印刷）信毎書籍印刷株式会社
本文データ制作　ブルーバックス
製本所　株式会社国宝社

定価はカバーに表示してあります。

ISBN978－4－06－538554－8

発刊のことば

科学をあなたのポケットに

二十世紀最大の特色は、それが科学時代であるということです。科学は日に日に進歩を続け、止まるところを知りません。ひと昔前の夢物語もどんどん現実化しており、今やわれわれの生活のすべてが、科学によってゆり動かされているといっても過言ではないでしょう。

そのような背景を考えれば、学者や学生はもちろん、産業人も、セールスマンも、ジャーナリストも、家庭の主婦も、みんなが科学を知らなければ、時代の流れに逆らうことになるでしょう。

ブルーバックス発刊の意義と必然性はそこにあります。このシリーズは、読む人に科学的に物を考える習慣と、科学的に物を見る目を養っていただくことを最大の目標にしています。そのためには、単に原理や法則の解説に終始するのではなくて、政治や経済など、社会科学や人文科学にも関連させて、広い視野から問題を追究していきます。科学はむずかしいという先入観を改める表現と構成、それも類書にないブルーバックスの特色であると信じます。

一九六三年九月

野間省一